ニュートン新書

軍事の科学

M・スーザン・リンディー＝著
河村 豊＝監訳 小川浩一＝訳

Published by arrangement with Harvard University Press
through The English Agency (Japan) Ltd.

ドットに捧ぐ

目次

序章 7
第1章 銃を持つ 49
第2章 大量生産の論理 99
第3章 塹壕、戦車、化学兵器 143
第4章 動員 189
第5章 忘れがたき炎 243

第6章　身体という戦場　291
第7章　心という戦場　347
第8章　ブルーマーブル　389
第9章　隠れたカリキュラム　443
終　章　理性、恐怖、大混乱　491
謝　辞　519
注　釈　526
参考文献　544

序章

軍事に用いられる機械や科学には、魅惑的で美しく、創造性に富んだものが多い。潜水艦、戦闘機、ミサイル、さらには戦車にも、思わず魅入られてしまいそうな猛々しさが備わっている。その特質は、第二次世界大戦における「千の爆撃機による空襲《サウザンド・ボンバー・レイド》」作戦の刺激的な空撮画像や、冷戦時代の、前景に揺れるヤシの木を配した驚くべき核爆発の写真などにもはっきり捉えられている。現代に目を移せば、ドローンやジェット戦闘機といった製品を紹介する画像には、決まってキラキラ光る金属面の光沢が表現されており、その魅力はほとんど性的な域に達している(いわゆる「テクノポルノ」)。軍事技術には実に見栄えのするものが多く、その巧妙さ、形状の美しさ、性能の高さについつい引き込まれてしまう。見ていて楽しく、その見た目に魅了されて、すっかりとりこになることも少なくない。

私も一時期、戦車に夢中になったことがあり、当時はメリーランド州のアバディーン性能試験場にあった陸軍兵器博物館に足を運んでいた。博物館へは学生を連れて、思い出深いウィリアム・アトウォーター博士(すでに退職しているが、現在でも講演や研究に精力的に取り組んでいる)の話を聞きに行ったこともある。兵器に詳しい博士は、ソ

図1　2004年春、アバディーン性能試験場にて。当時、私の授業を受けていた博士課程の学生たちと。左から、クリストファー・ジョーンズ、私、ウィリアム・アトウォーター博士。前かがみの二人は、ダニエル・フェダーとコリンナ・シュロンブス。後列は、エリック・ヒンツ、ペリン・セルサー、デイモン・ヤーネル、ロジャー・ターナー、マット・ハーシュ。［著者提供］

ビエト連邦、イギリス、日本と、世界各国の古い戦車を案内して回りながら、戦車の仕組みやその弱点、時代による違いなどを教えてくれた（図1）。ソ連の初期の戦車は車内が男性には狭すぎたため女性が運転していたという話を聞くと、私も戦車の運転を習いたくなった。学生からは男子児童向けと思われる戦車のおもちゃをプレゼントしてもらった（どう見ても、フェミニズムや平和主義に傾倒している大人の女性学者向きではない)。ずんぐりとした形の戦車は動きがぎこちなく、それほど安全ともいえないが、それでも誘惑されてしまいそうな魅力がある。戦車のなかでは、何の危険もなく人生を歩んでいける気がする。ほかの軍事技術も同じだろうが、防御力と攻撃力を兼ね備えた戦車は、危険な世界にあって身の安全を保証してくれる頼もしい存在に思えるのだ。

本書は科学技術戦争(technoscientific war)の台頭を扱った論考だが、ここで語られる物語のカギとなるのが、美しい科学技術である。科学技術の美しさに誘惑された人間は、そのとりことなって、過剰な期待を抱きがちになる。産業革命以降の「西洋」は、一つの文化として、軍事技術の驚異と栄光に絶えず関心を抱いてきた。だから、本書も誘惑されるところからスタートすべきだろう。時として軍事機械は、その並外れた巧妙さと美しさによって(その技術的詳細や物理的形状が「かっこいい」という理由で)、自らの存在を正当化してきたように思われる。そして公平に言えば、その巧妙さこそが本書の歴史物語の核心をなしている。軍事にかかわる技術や科学は人間の知能を結集した産物であって、多くの場合、その時代で最も有能な思想家によって生み出される。生み出された軍事技術はその非凡な才能の証である。本書の読者には、軍事技術に潜む誘惑の存在に気づくこと（物語を検討する際にその重要性を認めること）に加え、誘惑の力に対しては分析によって公平な立場をとること（つまり誘惑から逃れること）が同時に求められている。読者は、本書で語られる物語の「内部」にある誘惑に気づいておかなければならないが、それを受け入れる必要はないのだ。その意味で、本書は軍事技術に魅力を感じている読者を「幻滅」させることになるかもしれない。

軍事技術の周辺で見受けられるテクノフィリア（テクノロジー愛好）は、そのテクノロジーが人間知能の究極の成果として位置づけられていることの表れだろう。軍事技術の多くは、科学と呼ばれる知識の体系的な追究によって生み出されてきた。だからそれは、人間の創意と思考における潜在能力の反映である。私たちは問題を解決するために軍事技術をつくり出す。魔法のように呪文一つでそれを生み出してしまうのだ。

同時に、軍事技術は証拠の一つでもある。科学研究者が自然界のどの部分に注目したのかということに目を向ければ、彼らがどのような社会に住んでいて、何を中心的課題と考え、何を周辺的なものとして捉えているのか、などが見えてくることがある。専門家が注目し、関心を向ける対象は、彼らの社会的・歴史的な環境、観点、状況を反映している。これは、たとえば人種、民族、性差、犯罪、精神疾患など、社会的に問題となっているテーマに関する科学研究においても明白だ。しかし、社会や政治の知識は、生物学、化学、物理学、数学などのはるかに抽象的な学問においても掘り起こすことができる。科学者や技術者が当たり前と考えていること（何を前提とし、何を注目の外に置いているのか、満足のいく、信頼に値する解決策とはどのようなものか）を方向づけているのは、歴史的・社会的な状況や問題なのである。このことは生み出された洞察に必ずしも欠陥があることを指すわけではないが、科学的発想の多くはそれらが生まれた時代の反映であることを示している。

したがって、こうした発想や技術そのものが、過去の社会・政治システムの仕組みや構造を示す興味深い歴史的証拠になる。小説（フィクション）や礼儀作法（精巧な社会的慣習）が、それ以前の時代の社会経験や価値観を理解する助けとなるのと同じように、科学的発想や技術革新は、過去の文化や権力システムを理解するのに役立つ。言い換えれば、本書は、科学の内容が時代背景によって説明されるという立場（私の専門の科学史でかつて物議を醸した「エクスターナリズム」ではなく、逆に科学技術の内容によって、過去の文化や社会秩序の重要な側面が明らかにされるという立場に立っている。というわけで、本書が探究するのは、実際には一つの重要な問いだ。すなわち、私たちは今ある知識をどのようにして手に入れたのか。

私たちはどうして都市を破壊するのに必要なプルトニウムの量を知っているのだろうか。どうして地球の曲率に沿って投射物を発射する方法を知っているのだろうか。どうして弾丸が猫の脳を崩壊させる正確な速度を知っているのだろうか。

ところで、この最後の質問は実際の方程式と関係がある。

第二次世界大戦中の1942年、プリンストン大学のある研究室で、創傷弾道学の研究グループが麻酔をかけられた猫を撃ち始めた。猫は兵士の身代わりだった。猫の身体は男性兵士の身体の代用品であり、使用された弾丸のサイズは、平均的な男性の身体と陸軍の標準的な弾丸の比例関係を模して縮小された（14ページ図2）。この研究の目的は、どのような弾丸をどのように発射すれば身体に最も損傷を与えることができるのかを正確に測定することだった。これが創傷弾道学というもので、弾道学に修正を加え、

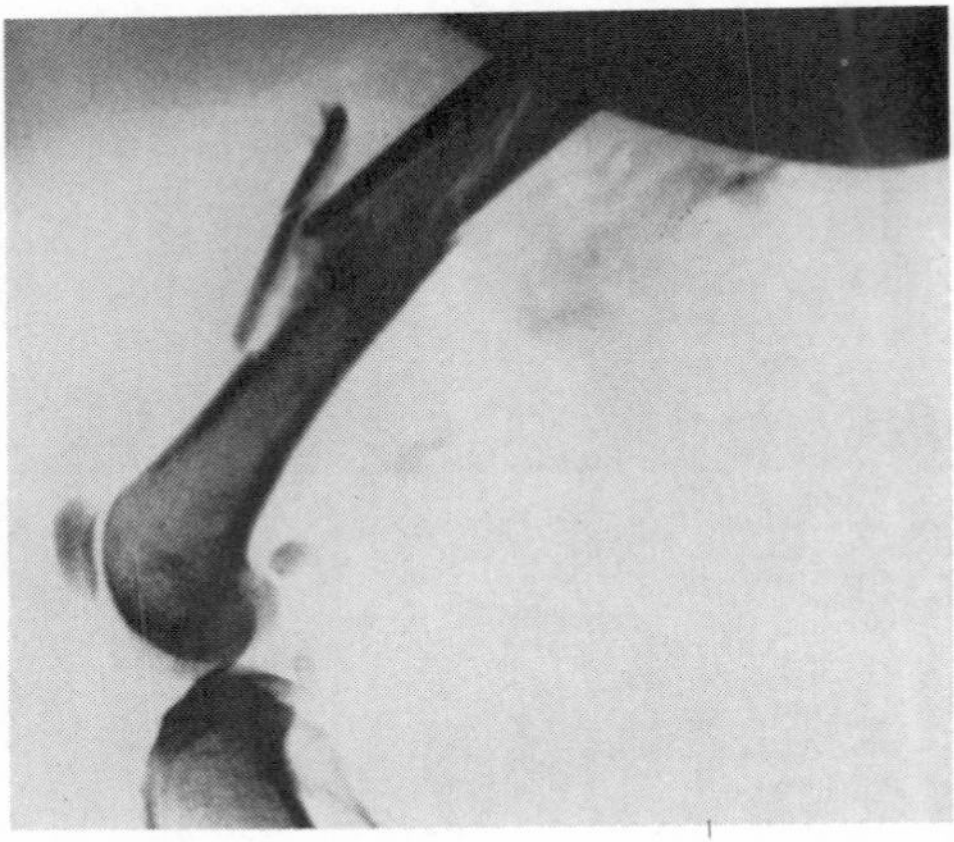

図2　第二次世界大戦中にE・ニュートン・ハーヴェイの研究室で撮影された写真。［James Boyd Coates, ed., *Wound Ballistics* (Washington, D.C.: Office of the Surgeon General, Department of the Army, 1962), figure 69］

弾丸がより大きな損傷を与える方法を研究する学問だ。この研究の過程で、研究チームは弾丸が猫の組織に与える衝撃を数学的に特徴づける遅延方程式を考案した。[1]

私たちはどうして弾丸が猫の足を打ち砕く正確な速度を知っているのだろうか。私たちが今ある知識を手にし、それ以外の知識を手にしていないのはどうしてだろうか。科学者は往々にして、自分の専門分野では相変わらず答えよりも疑問のほうが多いと言う。地質学、天文学、生物学、化学、物理学といった分野で人間が知り得る可能性のある知識のうち、現在私たちが知っているのは全体の約５％にすぎないと推定する科学者も少なくない。医学の知識には多くの欠落があり、不確かなことはよく知られている。私たちが今ある知識を手に入れ、（それゆえ？）それ以外の知識を手に入れなかったのはどうしてだろうか。

その答えを見つけるには、科学技術の知識を支え、それを意味づけた政治的構造をまず考察する必要がある。科学技術は、人間がそれを重要なものとみなすからこそ重要なのであり、それ自体が重要なわけではない。技術製品の有効性を生み出すのは、ある意味、社会的・政治的秩序なのだ。実際、ほとんどの科学技術は、人間と人間以外の要素から構成されている。[2]たとえば、電気システムには、電線やエネルギー、規則やプロトコル、システムを構築する政府機関、システムを維持する労働者、システムを利用する消費者、安全性を協議する法律専門家などが必要になる。人間と非人間という行為主体間の関係はシステムによって異なるが、こうした関係を無視して技術システムを語ることは、重要な何かを見逃してしまうことになる。

軍事技術の歴史を何度も繰り返し調べてみると、社会的信念や時代背景が技術の使用にいかに深く関係していたかがよくわかる。ヨーロッパの戦場ではうまく機能していたマッチロック式銃は、フリントロック式を好むニューイングランドのアメリカ先住民にとっては魅力的ではなかった。この違いは、この技術の利用法に関する両者の考え方を反映していた。第一次世界大戦ではすべての参戦国が自由に(さほど気にも留めずに)使用した化学兵器は、その後、ほとんどの国で公式に使用されることはなかった(この状況には多くの説明があるが、決定的なものはない)。第一次世界大戦後に開発されたサリンのような致死性ガスは言うまでもなく、催涙ガスでさえその使用に対する政治的障壁は依然として高く、違反が起こると、国際的に厳しく非難される。[3] そして、多くの科学技術(たとえば多様な砲術)は、それが社会的団結の中心となり、集団のコンセンサスの中心となったときに最もよく機能する。だから、戦場での有効性や実用性は、社会的連携の賜物なのだ。基本的に、砲兵隊は科学論でいう「社会技術システム」になった。本書で探究する社会技術システム内の人たちは、さまざまな場所に位置している。たとえば、物理学者、化学者、技術者ら専門家は核兵器を製造した。キャリア公務員、選挙で選ばれた政治指導者、コンサルタント、民間産業関係者、さらにはジャーナリストまでもが、外交や政治の権力闘争のチェスの駒として核兵器にかかわった。労働者は危険物質を扱い、核実験の後始末をした。軍人は核兵器の警備・維持・移動に携わった。兵器には、生産者、労働者、多様な使用者、何種類かの消費者（たとえば、その意図した効果を戦場での軍事技術として体験する兵士）がいた。科学と戦争に関する歴史的理解にとっては、こうした人たちがみな重要になる。

核兵器を歴史的・医学的に理解するために最も重要なのは、広島・長崎で被爆した人たちであり、1950年代にアメリカ、ソ連、イギリス、フランス、中国の大気圏核実験計画において世界中で炸裂した推定2000回の核爆発を直接経験した人たちである。私は、この種の被曝者を核兵器の「最終消費者」と呼んでいる。これはもちろん、消費者という概念の通常の使い方ではない。消費者とは、消費したり購入したりするものを欲しがる人のことだと普通は考えられている。しかし私は、兵器全般（原爆に限らず）の影響を受けた人たちを消費者として位置づけることで、彼らを読み取りやすい関係者として、工業化した「サプライチェーン」のなかに完全に引き入れようとしているのだ。彼らの存在は、科学技術を評価する際には必ず考慮しなければならないものであり、兵器の歴史的説明の一部であるべきものなのだ。[4] 私が言いたいのは、兵器を自分の身体で経験している人は、そのような技術の生産、備蓄、試験、使用が何を意味するのかを最も身近に知っているということである。その意味で、彼らはそうした技術の（不本意ながらの）消費者であり、彼らの経験は、科学、技術、戦争の歴史を再構築するうえで中核をなすものなのだ。

近代科学は、誕生の時点ですでにある程度軍事化されていた。専門家は、正式に専門家として認められるとすぐに、兵器、弾道学、化学、地図作成、衛生などの現実問題を解決するように求められた。オスマン帝国では、ガリレオは何よりも砲術に関する論文で有名だった。軍事化は新しい自然哲学に加えられた外力ではなく、科学革命から現在に至るまで、次第に増大していくその正統性、権威、妥当性の欠くことのできない部分だった。すべての知識が国家権力にかかわっているわけではなかったが、国家はそのような知識を探し求めた。さらに、ヨーロッパでは科学と近代国家が手を携えて成長した。卓越した歴史家ポール・フォアマンの1973年の論文によれば、この関係には相反する緊張があった。「17世紀の半ばには、『科学の共和国』（国境や国家に対する忠誠心を超越した知識活動と知識体系）という概念と、科学者個人の国籍や科学的成果の帰属国に対するきわめて強烈な意識との、一見矛盾した結びつきが高度に発展した形で存在していた」[5]。その強烈な意識の一部には、科学の黎明期から現在に至るまで連綿と受け継がれてきた、技術先進国を高く位置づける価値観が反映されていた。

この1世紀のあいだ、少なくとも第一次世界大戦で欧州列強が自滅して以来、アメリカは世界に冠たる軍事大国として圧倒的な地位を占めてきた。科学技術大国でもあるアメリカは、過去70年のノーベル賞受賞者数で世界をリードしている（２０１９年の時点で３７５人、次点のイギリスは１２９人）。アメリカ経済は、大規模な工業研究所、連邦政府が資金提供する科学研究センター、世界をリードする大学、新しい知識の生産にかかわる富裕な財団を支えてきた。この知識の大半が国家の軍事的優先度を軸に方向づけられてきたことは、おそらく十分に認識されていない。

２０１８年、アメリカは国防費として６４９０億ドルを費やした。この額は2位以下の13カ国分を合計した額よりも多かった。世界の国防費の36％はアメリカによるもので、中国は世界の軍事費の14％を占めるにすぎず、サウジアラビア、ロシア、イギリス、インド、フランス、日本は4%未満だった。国内総生産（GDP）に占める国防費の割合を見ても、アメリカは約3・2%と異例の高さを誇っている。この割合を超えている国はほかにもいくつかある。アルジェリア、アンゴラ、南スーダン、バーレーン、アルメニア、オマーンなどがそうだ。しかし、安定した富裕国の多くは国防費をGDPの2%以下に抑えている（この数字はすべて、ストックホルム国際平和研究所が蓄積した見事なデータベースに基づくもので、兵器市場と国防費を丹念に追跡し、最新の情報を提供している）。

2018年の数字は、長期にわたる歴史的傾向を反映している。1898年の米西戦争から2001年の9・11同時多発テロまでの「アメリカの世紀」と呼ばれた時代、アメリカは新しい技術的知識に的を絞った積極的な戦略により、世界での軍事的優位を確立し、それをずっと維持してきた。アメリカは、化学兵器、生物兵器、核兵器、心理戦、コンピュータ・情報科学など多くの分野に豊富な資金をつぎ込み、研究計画を推進した。このような科学的優位と軍事的優位の合流は偶然ではない。この二つの領域は重なり合っており、そのどちらもが、身近で日常的な世界と地政学や貿易といった大きな世界の両方で、現代生活に影響を与えているのである。

アメリカ国民の多くは、この国防費の日常生活に対する影響をほとんど理解していない。そこで一つ、インターネットを使った練習課題を出してみよう。アメリカ国防総省は毎日午後5時に、その日に発注した700万ドル以上の契約をすべて発表している(https://www.defense.gov/News/Contracts/)。

私がこの文章を書いたのは2018年5月25日の午前だが、その前日の午後5時に発表された1日分の発注済み契約は16件で、緊急脱出用呼吸装置のさらなる開発のために、学術団体と医療業界団体の連合体に9億6900万ドル、ロッキード・マーティン社に5億5500万ドル、ボーイング社に4億1600万ドル、モトローラ社に1900万ドル、オセンコ社に2800万ドルの契約が成立した。2018年5月24日の総契約額は、1日で約25億ドルだった。これには700万ドル未満の契約は含まれていない。毎日更新されるこのリストには、大学の工学部や医学部、芸術科学への発注が出てこないが、これはおそらく700万ドルという1日の制限によるもので、大学の研究者に700万ドル以上の発注が行われるケースはあまりないからだろう。

2018年には、国防総省が、国立衛生研究所と国立科学財団に次いで、学術的基礎科学の第3位のスポンサーだった。工学系やコンピュータ・情報科学系の学部では、国防総省がトップの資金提供者となっている。生命科学は、国防保健プログラムから多額の支援がある。国防総省の研究資金の約5分の1は、国防拠点や研究所での内部プロジェクトのために確保されている。残りの多くは民間産業や学術機関に回される。2016年に国防総省が防衛研究開発に割り当てた額は、700億ドルだった。学術界にとって最も重要なのは、カテゴリー6・1「先見の明があり、用途は未詳だが高収益が見込める研究」で支援されているプロジェクトだ。しかし、本書で示すように、使いみちがまだよくわからない知識でも、その後国防にかかわることになるものも少なくない。

第二次世界大戦以前は、アメリカの大学の科学研究に対する国防費からの資金援助は最小限にとどまっていた。アメリカでは、1938年に科学に対する研究支援のあらゆる資金提供源をたどる連邦政府の調査が始まったが、これは政府が科学研究に対する資金提供がどのようになされているかに組織的に関心をもっていることの表れである。

１９４０年以降、こうした調査の範囲が拡大し、より詳細になったことで、とりわけ政府の支援を受けた産業研究が注目を浴びるようになった。第二次世界大戦の動員前には、多くの科学者が陸軍・海軍が関心を示していた問題を研究し、さまざまな軍事計画に関与するようになったが、軍の資金援助は学術支援の重要な源泉ではなかった。しかし、戦時中、大学キャンパスは急速に変貌を遂げた。国防計画を促進するためにあらゆる分野の科学者が勧誘され、軍事的ニーズを支援するために新しい機関が設立された。１９４２年に大統領命令で設立され、エンジニアのヴァネヴァー・ブッシュが運営を取り仕切っていた科学研究開発局（ＯＳＲＤ）は、戦時中に実用的な新しい知識を生み出すのに貢献した（そして今に至るまで、政府機関は重要な研究活動の中心となっている）。[6] 戦後すぐの１９４６年、海軍は大学の科学者と海軍上層部とのあいだで培われた協力関係を維持するために、海軍研究局（ＯＮＲ）を設立し、１９５１年には陸軍省と空軍省も同様の目標を掲げてそれぞれ研究局を設立した。１９５０年の時点で、海軍研究局はアメリカで進行中の基礎科学研究の40％を支援していた。ほとんどの説明では、第二次世界大戦が科学に対する軍事資金提供の転換点だったと認識されている。[7]

その結果、戦争支援の旗印のもとに、あらゆる分野にまたがる国立研究所や研究センターの大規模システムが発展した。[8] テネシー州オークリッジ、ワシントン州ハンフォード、ニューメキシコ州ロスアラモス、カリフォルニア州リバモアの各研究所は、あらゆる科学者、エンジニア、数学者の重要な雇用主となった。マイケル・デニスが言うように、こうした科学に対する資金提供の変容は、科学の本質に関する核心的疑問をめぐる論争を活発化させた。それは科学者を雇われ技術者の身分に落とし、彼らを高度に訓練された知識生産者ではなく、訓練された労働者に変えてしまう恐れがあった。このような状態は、科学者の普遍性、中立性、自律性に対する専門家としての主張を弱らせてしまう可能性がある。[9]

基礎科学に対する研究支援は、軍の資金援助が圧倒するようになった。国立科学財団（1950年設立）や国立衛生研究所（正式な設立は1930年だが、連邦公衆衛生プログラムの歴史は長い）といった一部の非軍事連邦機関が科学研究を支援するうえで大きな役割を果たすようになった一方で、1950～1960年代には、軍の資金援助が研究支援を圧倒するようになった。1958年には、アメリカの大学で行われた全基礎研究の41％が、国防総省の機関やプログラムからの資金提供を受けていた。しかし、1960年代に入ると、アメリカのベトナム戦争参戦にかかわる大学での騒乱や教員の抗議が高まり、状況は一変した。多くの大学では、秘密主義の防衛研究は大学の使命と矛盾しているとみなされるようになった。各大学の評議会は国防総省からの資金提供の禁止を決議し、大学はマサチューセッツ工科大学（ＭＩＴ）ドレイパー研究所やスタンフォード研究所のような国防総省から資金提供を受けている研究所との組織的な関係を絶った[10]。国防総省は、上記のほかにも政府からの資金提供を受けている16の研究センターへの支援を取りやめた[11]。

国防と大学の科学者の密接な関係は、1981年にロナルド・レーガンがアメリカの大統領に選出されると、再び活気を取り戻した。軍の資金援助への教員の抵抗は、学内での機密研究の範囲を限定する方針によって緩和された。国防総省の資金提供機関も、研究プロジェクトが明らかに（あるいはすぐに）実用化されるようなものでなくても、その種のプロジェクトを以前よりも明確に支援するようになった。大学からの圧力の結果、秘密保持の各種制限は緩和され、科学者は自分の研究を学会で発表したり、論文を出版したりできる可能性が高くなった。しかし、1980年にアメリカ国務省が大学構内で外国人科学者の調査を開始すると、新たな緊張が生まれた。これがきっかけとなり、1984年にカリフォルニア工科大学、スタンフォード大学、MITの各学長が、国防総省が研究内容の発表・出版を制限した場合には、大学側は特定の種類の研究を行うことを拒否するという声明を発表した。[12]

このような反応のなかには、共産主義であれ資本主義であれ、民主主義であれファシズムであれ、あらゆる政治体制において、科学者と科学が特別な位置を占めることに対する、以前からの緊張関係が反映されている部分もある。20世紀のファシズムと共産主義に対するリベラルな西洋側の反応には、科学は抑圧や暴力とは相容れないものであり、資本主義的民主主義のなかでのみ繁栄できるという考えを推し進めようとする意図が含まれていた。デイヴィッド・ホリンジャーが雄弁に述べたように、科学社会学者のロバート・K・マートンが戦時中の1942年に明確化した「科学的エートス」は、科学と民主主義はたがいに入れ替え可能な表現であるという考え方を反映したものだ。[13]マートンは両者がファシズムに脅かされている状況を目の当たりにした。そして、ファシズムと戦うためには、すべての市民に科学の核となる価値観を植えつける必要がある。マートンら社会科学者たちによれば、「科学を通した協力関係」は、正直で自由な探究心、決定的証拠に基づいた知識、反権威主義的な価値観をもつ市民であれば、誰でも真似できるものである。科学は自由な社会の体現であり、民主主義を維持するために不可欠なものだった。マイケル・ポランニーをはじめとする哲学者が主張したように、本当に自由な社会には科学が必要だったのだ。[14]

ジェームス・コナント（第一次世界大戦時に化学兵器の研究をしていた化学者であり、のちにハーバード大学の学長）も、科学の実践が自由社会のあるべき姿の典型例だと主張している。つまり、自由社会は、理性と証拠を重んじる人たち、本当に真なるものの観点から世界で行動できる人たちによって構成されるべきだというのだ。コナントの「レッドブック」として知られる報告書『自由社会における一般教育』によれば、科学こそが民主的ヒューマニズムの「精神的価値」の基盤である。彼が問題にしているのは、名を成した科学者ではなく、科学界の社会的支援を受けなくても科学者のように行動する人たちのことだ。科学の中立性は、論文の査読と批判的論評によって鍛えられた人たちにとっては「ヒロイズムとは無縁の日常」だった。ヒロイズムは、科学界の外部で科学者のように考え、行動できる人たちのなかにあった。[15] こうした見方は、20世紀の戦争がもたらした殺戮《さつりく》と、合理的な思考が悲劇につながる可能性という新たな認識に呼応したものだった。1940年代にはすでに、科学の驚異の一つに大量破壊技術が含まれていたのである。

大量破壊技術などが生み出されたことにより、今度は、技術的専門家に新たなフィールド調査の場がもたらされ、そこでは損傷がさらなる損傷への導きの糸となった。戦争の混乱がもたらす偶然の結果は「付随被害」と呼ばれており、一般的には、非戦闘員の死（子ども、女性、高齢者）、当初の標的ではなかった交通網や都市部の破壊などが含まれる。つまり、付随被害は意図にかかわる用語であり、空襲の目標ではなかったものの破壊などを指すために使われる。私の「付随データ」という概念もある程度は同じもので、これは戦争がもたらした人間や環境に対する被害の結果として、新たな知識を収集・評価する機会を「意図せず」生み出すことである。

少なくとも1940年代以降の戦場は、大規模なフィールド調査の場となっている。

たとえば、第二次世界大戦中のイタリア戦線で行われたリアルタイムのショック研究では瀕死の重傷を負った兵士が研究のために科学者に引き渡された。[16]戦後、広島と長崎は、廃墟と被爆者の両方が広範囲に及ぶ長期的な科学研究の対象となり、物理学、ガン、心的外傷、遺伝を理解するためのフィールド調査の場となった。[17]１９５０年には、朝鮮戦争が勃発すると同時に科学技術的フィールド調査も開始され、衣類や遮蔽《しゃへい》物、避難手順、戦地医療のやり方などのテストが行われた。それ以前の戦場にもまして、朝鮮半島の戦場は科学的好機であり、実戦中の前線でリアルタイムにデータを収集する機会であると理解されていた。次第に、戦場や廃墟となった都市は、軍事専門家や科学チームが採掘する豊かな実験の場と解釈されるようになっていった。科学研究が侵略計画に組み込まれる可能性もあったし、暴力が知識生産の川下《かわしも》の結果であるのと同じように、知識が暴力の川下の結果の一つになる可能性もあったのだ。

科学者にとって、こうした新しい知識生産のあり方は、技術的専門家であるという経験を変えた。本書には、科学が戦争のやり方に与える影響だけでなく、軍事化が科学界に与える影響についても書かれている。社会的に認められた暴力と洗練された技術的専門知識の関係の進展は、人類の歴史にとって根本的なことだと私は考えている。それは、主権国家の台頭、ヨーロッパによる世界の多くの地域の征服、国際紛争の一般的な展開（これは軍事史や政治史に分類されることが多い）に劣らず、重要なことなのだ。実際、本書で取り上げた出来事、人物、物体、物語は、こうした領域のすべてにおいて中心的な位置を占めている。主流の歴史的説明では、科学技術を、持続的で複雑な人間の行動や選択によって意図的に構築されたものではなく、決定論的で自律的な力として、何らかの形で（魔法によって？）「舞台に登場する」ものとして提示されることがあまりにも多い。本書では、こうした意図的な人間の行動と選択、そしてその影響を探究している。

私が追跡する歴史物語には、アイロニー、悲劇、優れた才能、創造性が含まれている。その核心的アイロニーには人間の知能がかかわっている。長らく、人間の思考力（あるいは心）は、「人間」を「猿」と区別する「人間例外主義」的性格を示してきた。過去3世紀にわたって、この思考力は兵器化されてきた。同時に、心は新たな戦場となり、地政学的な力と技術的な破壊が交差する場となった。人間の知能はさらなる人間の損傷を生み出すための資源であり、公的資金の援助を受けた専門家は、身体、心、都市、景観に損傷を与える、より効果的な方法を考案し続けている。さらに同時に、心そのものがきわめて攻撃されやすい標的であり、21世紀の戦争においては、さまざまな意味で工場や軍事施設よりも重要な存在となっている。テロリズム流の戦争を通して、人間の心は武器そのものになってしまった。また、プロパガンダを通じて生み出される恐怖と怒りは、社会や政治に被害を与えることができる。

本書には、直観に反するように思える箇所があるかもしれない。本書は道徳を考察の対象にしているが、道徳的判断を問題にしているわけではないからだ。私は、現代の軍事化された科学技術を道徳的大惨事だと考えている。人間の心の最も優れた特性が、人間の苦しみを最大化するために利用されてきたからだ。しかし私は、費用対効果計算のリストや、賢明な専門家とそうでない専門家のリストを提示しようとしたわけではない。本書は、私たちはみなこのような状況を可能にした世界のなかにいるという私の信念を部分的に反映している。科学論研究者のダナ・ハラウェイがかつて私たちに確認することを勧めたように、現代の科学技術社会には、純粋無垢な立ち位置などどこにもない。1980年代のほかのフェミニスト学者と同様に、ハラウェイは現代科学の認識論的な力との折り合いをつけようと奮闘した。科学は世界についての確かな真実(どんな尺度から考えても貴重なものだ)を約束してくれるが、さまざまな抑圧的プロジェクトにおいて、周知の役割を果たしてもいる。たとえば、科学における人種差別や性差別の事例を通して、彼女は、「知識の主張全体に対する根本的な歴史的偶発性」と「『現実』世界を忠実に説明しようという真摯な取り組み」を調和させるような科学の説明を構築しようとしたのである。ハラウェイによれば、後者は、「部分的に共有が可能で、地球規模の問題(有限の自由、適度な物質的豊かさ、苦しむことのささやかな意味、わずかばかりの幸福)に関するプロジェクトに配慮した取り組み」ということになる。彼女に言わせれば、フェミニストは「超越を約束する客観性の教義」など必要としていなかった。そうではなくて、フェミニストが探し求めたのは、「私たちが理解の方法を学んでいる対象に対する答えとなるような」知識のつくり方だった。[18]

大量殺傷力を最大化することに焦点を当てた技術システムのなかで、人類の幸福に対して明確な職業的責任をもつはずの科学者、技術者、医師らは、人間や社会をより効果的に損傷させる方法を追究したのだ。したがって、私が本書で探究するものはどれもみな、当事者がそのことに注目するかどうかは別として、本質的に道徳色が濃いものだ。しかし、私に言わせれば、技術を利益と破壊の観点から追跡する歴史的記述（たとえば、軍事技術の川下の民間人への利益や、戦争が医療の「役に立つ」という側面、道徳的な科学者と不道徳的な科学者との比較など）は、戦争が川下に利益をもたらすという費用便益計算を密かに提示しているのだ。たとえば、核兵器は（おそらく安価な）原子力発電をもたらし、軍事医学におけるトラウマ経験は、民間の思い切ったトラウマ治療をもたらす。戦争による身体的・物質的損傷の結果として生み出された技術的知識が、川下の民間人の利益につながっていることは事実である。しかし、私は、知識の軍事化がもたらす結果をそのような特定の規模で評価することに積極的にはなれない。

この分析にはもう一つの別の視点が重要である。世界を分析的に敵と味方に分けてしまわない立場から始めることが重要なのだ。多くの軍事史は、ナショナリズム（勝利に至るまでの系統立った説明や卓越した戦略と統率力の解明）に傾いている。このような仕事も有益であり、時には魅力的ですらある（私もそれなりに読んできた）。けれども、本書の目的はそうではない。だから、読者にはぜひ私とともに別の糸をたどっていただきたい。アメリカの軍事力の恩恵を受けたことがある方にとっても、こうした軍事システムの被害を受けた方にとっても、読みやすく有益な本だと思う。この話における決定的な線引きは、善と悪、正と誤、敵と味方のあいだには存在しない。私が追っているのは、理性と暴力の境界線だ。本書は、そのぼんやりとした境界線の周辺をめぐることになる。理性は善なるものを、暴力は悪なるものを含んでいるかもしれないが、私が探究している事例では、多くの場合、その両方が同時に行われていた。科学知識は治癒と損傷をしばしば同時にもたらす。この同時性をはっきり理解するには、ナショナリズムを、さらには戦争さえも脇に置いておくほうが実りがあるだろう。軍事的成功や国家的支配の問題も重要ではある。しかし、私が本書で提示しているのは、少し視点をずらしてみれば、戦争と科学が現在の姿をとるに至った経緯と理由についての新たな問いを、少しでも理解できるようになるかもしれないということである。

本書（原著）のタイトル『*Rational Fog*（理性の霧）』は、科学的合理性の力と「戦争の霧」についての考えを参照している。19世紀プロイセンの軍事戦略家カール・フォン・

クラウゼヴィッツは、戦争における「すべての行動は、言ってみれば、霧や月明かりのような、ある種の薄明かりのなかで行われ、しばしば物が奇怪で実際より大きく見える傾向がある」という有名な言葉を残している。彼はここで、戦略だけでなく、戦争の不確実性、合理性、感情にも関心を示している。彼の言葉に従えば、戦争とは暴力、偶然、計算の「魅力的な三位一体」なのだ。戦争に関してロマンチックな考え方をもたない彼は、経済的観点から戦闘を評価する傾向があった。彼にかかれば、名誉や天才のような理想化された概念さえも「戦争の貸借対照表」にはめ込まれてしまうのだ。クラウゼヴィッツは、商業から用語を借用し、戦争を合理的かつ財務的なものとして考えた。たとえば、「戦略予算」の費用対効果計算における虐殺は、通常なら信用取引で行われる商売を一時的に現金取引で行うようなものだ[19]。

ピーター・パレットは、クラウゼヴィッツが誤読・誤解されてきたのは、その思想が彼の生きていた時代を離れて抽象化され、後代の議論のために再利用されてきたことが大きいと指摘している。確かに、クラウゼヴィッツは「20世紀後半の軍事分析家であるかのように読まれてきた[20]」。そして、歴史的には疑問の余地があるものの、その読み方こそが、クラウゼヴィッツが私にかかわってくる部分なのだ。冷戦の絶頂期にあったアメリカの軍事業界では、「戦争の霧」の概念が盛んに論じられていたが、おそらくクラウゼヴィッツの影響力は、彼自身の時代よりも彼の死後130年経った当時のほうが大きかっただろう(クラウゼヴィッツは1831年にコレラで急死したため、妻マリーが未完だった『戦争論』の最終稿をまとめ、1832年に出版した)[21]。核戦争を生き延びるための冷静な計算が記された、ハーマン・カーンの身も凍るような著作『熱核戦争論』(1963年)は、そのタイトルがクラウゼヴィッツへのオマージュになっている[22]。

1950年代に冷戦がエスカレートしていくにつれ、クラウゼヴィッツは当時最も頻繁に引用された軍事理論家の一人となり、彼の洞察は戦争の説明や政策の意味づけに援用されるようになった。これはクラウゼヴィッツが、戦争においては、論理的には敵の破壊が絶対かつ完全なものであるとの意見を示したことが一因となっている。誤解してはならないが、クラウゼヴィッツはそのような破壊を「提唱」したわけではない。クラウゼヴィッツが指摘したのは、敵が降伏しない限り、あるいは降伏するまでは、これが武力の論理にかなった理論的目標になるということだった。20世紀半ばの科学技術の発展が、この理論的目標をそれ以上のものにし、彼の言葉に不穏な響きを新たにつけ加えたのだった。

20世紀に彼の思想をこれほどまでに共鳴させた完全なる破壊は、実験室科学と、理性と合理性の力に明確な責任をもつ人たちによって生み出された。私が本書で考察する科学者、技術者、医師ら専門家の多くは、訓練された人間の思考力を信じていた。一般的に言って、専門家とは合理性の潜在能力を中心に職業生活を送ってきた人たちだ。しかし、クラウゼヴィッツが抜け目なく観察した将軍たちのように、専門家は戦争の霧と薄明かりのなかで活動することも少なくなかった。時には、彼らの地域社会が引き裂かれ、その結果として彼らの職業生活が粉々に砕け散ってしまったこともある。

これこそが、私が探究する「理性の霧」である。私は歴史的な観点から、過去3世紀にわたって現実の事例を特徴づけてきたのと同じような力、強度、複雑さで、知識と暴力を結びつけようとしている。その過程で、真実を追求するために訓練を受けた人たちが川下の暴力の代理人となったグレーゾーンを詳しく検証する。

本書では、主にアメリカでの出来事に焦点を当てている。まずは１５００年以降のヨーロッパなどでの銃の使用というきわめて豊かなケーススタディから始める。次に1800年以降の工業化された科学技術に目を転じ、特に20世紀アメリカの科学技術に注目する。アメリカは私の生まれた国であり、私の学術研究も、そのほとんどがこの国を対象にしている。

ロシア（ソビエト連邦）、ドイツ、イギリス、フランスなどの科学技術史にも、同様の潮流や傾向が多く見られる。これらの文献も部分的に参照・引用しているが、本書はアメリカの軍事科学史に焦点を当てる。

私の探究テーマは、専門家が国家との関係をどのように処理しようとしたのか、秘密主義と安全保障が科学者や技術者であることの意味をどのように方向づけてきたのか、科学技術によって戦場はどのように再構成されたのか、どのようにして男らしさや勇気が、次第に徳性や品性ではなく規律と訓練の観点から操作されるようになっていったのか、といったことである。資料には一次資料と二次資料の両方を用い、特に科学、技術、医学の歴史における豊富で説得力のある学術文献を参考にした。本書では、人間の才能と創造力が遺憾なく発揮された技術的専門知識が戦争の変容を引き起こし、皮肉なことに人体を損傷するために利用されるに至った過程を示す。この戦争の変容は「必然」でも「自然」でもなく、偶発的で歴史的なものだった。そして、それは、歴史的な説明ではしばしば無視されてきた方法で、近代史全般に深くかかわっているのである。

過去数世紀の優れた頭脳の多くは、その才能を人体を効率よく損傷させることに向けてきた。客観的に優れた人間(これまでに生きてきた人間のなかで最も印象的な思想家たちの一部)は、人間の身体や心、都市、社会を破壊するために、意図的にそれと知りながら、これまで以上に破壊的な方法を構築することに取り組んできた。そして、彼らは成功した。メアリー・カルドーがかつて「バロック兵器工場」と呼んだものが、今は本当に利用可能になっている。この兵器工場には、多様なミサイル、爆弾、戦車、ドローン、地雷、生物・化学兵器、潜水艦、心理的拷問プログラム、プロパガンダ、インターネット、情報監視手法など、人間に損傷を与える多様な方法があふれている。[23] 今日、この兵器工場は、合法的な市場と違法な市場の両方で流通しており、誰でもさまざまな場所で入手できる。これは、ほぼすべての国際関係に重要な結果をもたらす。[24] そして、秘密性と公開性の機能をともに備えたこの兵器工場は、ピーター・ギャリソンが

「反認識論」と呼ぶものの中心であり、「知識の伝達を妨げるために驚くほど多大な努力が費やされている」。ギャリソンによれば、認識論とは知識がどのようにして発見され、定着するかを問うものであるが、「反認識論は、知識がどのようにして覆い隠されるかを問うものである。分類は、反認識論のなかでもとりわけ優れたものであり、非伝達の技術である[25]」。科学技術が戦争を決定的に変えてしまっただけではない。戦争への関与によって、科学もまた変えられてしまったのだ。

知識の生産と暴力の生産を結びつけている(この二つの計画をきつく縫い合わせている)この歴史的軌跡は、現代のゲリラ戦、テロリズム、サイバー戦争をも生み出している。21世紀の紛争の多くは、工場よりもむしろ感情が重要な標的となっているが、これは科学が富裕国にもたらした途方もない技術的優位の結果である。今日「テロリズム」と呼ばれている一種の戦争は、高度な兵器の有効性と過剰性に対抗するための科学技術的な次善策なのだ。この残虐性と純粋な真実の集合体は、どのようにして構築されたのだろうか。本書は、その問いを明確にする試みである。本書は、科学、技術、戦争の正統的歴史ではなく、技術的暴力についての内省的な探究である[26]。本書は、フェミニズム理論、科学技術論、民族誌・社会学的研究の文献から多くの情報を得ている。私が探究する主題の多くは、特定の国、技術、科学分野、軍事作戦についての並々ならぬ、時にスリリングな学術的研究できわめて詳細に検討されてきた。私はこのような学術文献を頼りに出来事を再構成し、それらの関連性を考察した。もっと詳しく学びたい読者のための案内も提供している。また、私自身のこれまでの研究（１９４５年以降のアメリカの科学、特に科学界がつくり出した原子爆弾についての解釈）も参考にした。

次の章からは、科学と戦争の歴史のなかで、主要な科学技術や科学分野がどのように重要な役割を果たしたかを追跡する。最初の事例は、銃のきわめて興味深い歴史である。この単純な技術は、社会技術システムという考え方と、多様な「使用者」の決定的重要性を理解するのに役立つ。戦闘中に銃を撃てと命令された人のなかには、どうしても撃たなかった人もいた。「疑似射撃」が発見されたのは20世紀に入ってからだが、のちに意味深い歴史的現実として再構築されることになった。第2章では、工業化のプロセス（交換可能な部品、効率性、合理的管理）と科学技術戦争におけるその役割に目を向ける。大量生産の論理は総力戦の論理でもあり、最終的には無差別都市爆撃の論理にもなる。1940年代には、民間労働者による飛行機の生産が、民間地域を爆撃目標とする空軍戦略を正当化することにもなった。第3章で論じる第一次世界大戦のころには、戦場は、ノーベル賞を受賞した化学者や物理学者の労働力を巻き込んだ科学技術の成果の場、泥と知識、残虐性と真実の場になった。また、この戦争は国際科学界をも打ち砕いた。ドイツの化学者は毒ガスを初めて使用したことで非難を浴び、10年近くものあいだ、科学者会議で歓迎されなかった。この戦争は、1939年以降に欧米で指導的役割を果たすことになる科学者、技術者、医師の世代にとって、多くの意味で「訓練場」だった。第4章で示すように、彼らは科学と技術が重要な軍事資源であるという過酷な教訓を身をもって学び、その教訓を、アメリカやイギリスだけでなく、ドイツ、イタリア、日本においても、巧みに、そして創造的に応用したのである。枢軸国と連合国の両方が専門家を兵器化し、大規模動員によって彼らのキャリアや生活、科学的方針が新たに方向づけられた。最も重要な動員プロジェクトの一つが原子爆弾である。私は、原爆がどのようにしてつくられたのか、また、原爆による被害が新しい知識を生み出すためにどのように利用されたのかを探究する。第5章では、原爆投下後の広島と長崎が、日米の専門家（物理学者、遺伝学者、心理学者、植物学者、医師など）による重要な科学研究の拠点となったこと、戦略爆撃調査やマンハッタン計画の科学者によるフィールド調査が行われたことを示す。しかし、私の見るところ、広島・長崎を調査した人たちは、注目し問題化することと、注目せずに見ないでおくことを選別していた。

第6章では、軍事とかかわる科学研究が、暴力を中心とした人体のイメージをどのように構築したかを考察する。1943年、イェール大学の生理学者ジョン・フルトンは同僚に対し、脳を「脳脊髄液で満たされた硬い箱のなかの、弾性があまりない留め具によって吊り下げられている半流動体」と表現した。フルトンが選んだのは、銃器による破壊に関連する脳の特性だった。私に言わせれば、彼の観点は、1900年以降、身体を標的あるいは戦場とみなす生物医学の一般的な出現を反映するものだった。一方、ほぼ同時期に人間の心も特別な研究対象となり、研究者は心がどのようにして打ち砕かれ、破壊され、操作されるのかについて、その解明に取り組んだ。第7章では、心を変えることがどのようにして国家の重要なプロジェクトとなったかを考察する。プロパガンダとコミュニケーション、心理戦、洗脳とマインドコントロール、権威への服従などに関する科学的・社会学的研究は、多くの場合、軍事的支援を得て、経済的・政治的関係の統制のために感情や思考を科学的にコントロールする方法を確立するのに役立った。この研究は、心を科学技術戦争に不可欠な戦場にした。しかし、それ以外にも新たな戦場がいくつも存在し、1980年には地球全体が文字通り技術的成果で「満たされた」戦場となっていた。第8章「ブルーマーブル」では、冷戦時の軍拡競争がどのようにして、科学技術、兵器、兵士、空軍基地、ミサイル、核爆発といったものを、それまでは人を寄せつけず、誰にも気づかれず、軍事とは何の縁もなかった未知の場所（熱帯の楽園、凍てつく極寒の地、砂漠、島々、さらには、空気もなく冷たい宇宙空間や大気圏上層部、あるいは海中まで）にもたらしたのかを探る。こうした場所は、軍事計画立案者の目には、遠隔の地で所有者も占有者もおらず、無価値で使い捨て可能な空き地に見えていた。そして、それらの場所は、巨額の費用をかけ、巨大な規模でつくられた工学的・科学的偉業を示す場となった。最後に、知識の軍事化がその知識をつくった人たちにとってどのような意味をもつのかを考察して、この章を終える。第9章では、物理学から社会学まで、さまざまな分野の専門家が、どのようにして自分の研究が国家に力を与えるために調整されていることに気がついたのか、また、社会的利益としての知識を生み出すことが職業的使命であるという教育を受けた科学者が、どのようにしてそれとはまったく異なる仕事に従事していることに気がついたのかを考察する。次いで、彼らの不安と解決策を模索する努力を追跡する。さらに、彼らが自分では制御できないシステムのなかでうまく折り合いをつけようとしたときに下す専門家としての、そして個人としての決断も追う。最後は、あらゆる技術的知識が暴力のための資源となってしまっている、悩ましい現況についての考察で締めくくる。

反科学的な政治という新しい種類の厄介な政治が台頭している今、国家が主導する国際的暴力における技術的知識の役割に注意を喚起するには、現在はおそらく不都合な時期だろう。厳密で信頼できる知識生産システムとしての科学の正当性が、アメリカをはじめとする世界各地で攻撃を受けている。政治、宗教、ビジネスのリーダーや一般市民は、ワクチン、進化、気候変動その他の自然現象に関する科学的評価に異議を唱え、拒絶さえしてきた。評論家は、科学全体が信頼できないことを示すために、食事療法の指導における経時的な変化を引き合いに出す。この拒絶には、科学的方法の正当性や技術的知識の信頼性に対する一般的な懐疑心が含まれている。

私に弁明できるのは科学的方法がその実用的な価値を数えきれないほど何度も証明している分野があるとすれば、それは戦争だということだけだ。本書の物語は、科学と呼ばれる思考と研究のシステムの途方もない力を例証し、実際に機能する技術的知識システムの圧倒的な正統性と権威を追跡している。科学、技術、戦争の歴史は、科学的方法が強力で信頼できる洞察を生み出せることを十分に示している。科学的方法の正当性に懐疑的な人は、火薬における化学、原子爆弾における物理学、ユッカマウンテンの放射性廃棄物処分計画における地質学、ドローンの軌道や地理空間地図における数学、などの科学的研究について考えてみるとよいかもしれない。これらは、国際秩序をつくり変えてきたシステムである。少なくとも、これらのシステムは、科学的方法を効果的に活用すれば新しい知識を生み出せることを示している。軍事科学技術は一般的に、何度も標榜されてきた「人類の幸福」という近代科学の目標に貢献していると称賛されてはいないが、その実際的な正統性を疑う余地なく証明している。これらのシステムは、科学が真実を生み出すことができるということを、きわめてわかりやすく証明しているのだ。

現代の戦争は、暴力と知識、残虐性と真実を結びつける。つまり、科学、医学、工学といった技術的知識と国家の戦争遂行能力とを結びつけているのだ。このよく知られた交差地点は、現代の社会的・政治的秩序のある種の特徴が特に浮き彫りになる地点である。本書の目的は、これらの特徴を解明することである。私は、戦争と科学がなぜ現在の姿をとるに至ったのかを考えている。シュワルツらは、見事な経済的監査がなされた論文において、核兵器システムにどれだけの資金が費やされたかを正確に追跡した。[27] 本書では、別の監査を行う。私は、軍事的暴力にどれだけの技術、知能、洞察が注がれてきたかを探究する。

さあ、私の監査を始めよう。

第1章

銃を持つ

歴史家によると、過去500年間、人類の運命を決定づけるうえで銃ほど大きな役割を果たした技術はないという。

私は、この因果関係の枠組みがはたして一般的に機能するのかどうかについては懐疑的だが、その遍在性については否定しない。銃は近代化の原動力として、また「西洋」、近代国家、奴隷貿易、帝国主義、ヨーロッパの文化的・経済的支配といったものが台頭するカギとして登場してきた。印刷機でさえ、銃ほどの重要性を与えられてはこなかった。歴史家は、火薬と銃を、変容をもたらし、将来を方向づける力をもつ技術と考え、多様で一見無関係に見える、世界的に重要な歴史的変化の原因であるとみなしてきた。多くの点で、銃は、技術決定論によって歴史がどのように説明されるのかを示す格好の実例となっているのだ。

銃は、少なくともその原理においては、比較的単純な技術である。火を狭い所に閉じ込め、その燃焼ガスが金属製の管のなかの投射物を押し出すというだけのことだ。自明とまではいえないかもしれないが、銃は弓矢をモデルにしており、人間の筋力の代わりに、爆発を制御して投射物を発射する。

しかし、技術自体はきわめて単純だったにもかかわらず、長距離にわたる大規模な軍事作戦を維持するために、銃を体系的に使うとなると、きわめて複雑なものになった。銃に依存する大規模な軍隊は、乾燥した高品質の火薬を確実に常時確保しておく必要があった。火薬は現場で調合・製造することが不可能だったので、補給ラインや輸送車両を用意し、火薬が化学変化を起こして不良品になることがないようにしておくことも必要だった。

さらに火薬をつくるには化学の専門知識が不可欠だった。そこで国家は、火薬づくりを推進する研究機関、火薬に欠かせない成分である硝石（家畜や人間、鳥などの糞に含まれる有機物）の供給源、そして専門家（化学者）を新たに用意する必要に迫られた。

また、銃自体についても、信頼性の高い銃をつくるのはそう簡単なことではなかった。歴史家のケン・アルダーが論証したように、18世紀後半のフランスにおいて交換可能な部品が登場した直接の原因は、信頼性の高い銃をつくり出すことが国家の利益につながるからだった。結局のところ、銃は工業的大量生産に最適の技術だったのだ。職人の技量がものをいう、一挺一挺が独自な工芸品として生まれた銃は、その後、自ら技術革新を「招き入れた」のである。部品の標準化は、多くの軍事的問題を解決することになった。

さらに、兵士が戦闘で銃を効果的に使えるようになるには、そのための訓練が必要だった。装填、発射、再装填における複雑な手順を、生命を脅かす過酷な状況下であっても(無意識に)実行できるように、あらかじめ自動化しておく必要があったのである。そのような芸当は、体系的な教練(ドリル)によって可能になった。また、狙いを定めて他人を撃ったり、殺したりといった行為は、いざ実戦になるときわめて困難になる恐れがある。だから、その心理的抵抗を克服するための訓練を行う必要も生じた。

つまり、この技術のまわりには、さまざまなシステム(技術的、物質的、制度的、精神的などのシステム)が構築されていたのだ。この技術を機能させるためには、あらゆる面に注意を払う必要があったのである。

科学技術史家は、このようなシステムを「社会技術システム」と呼んでいる。これは、技術的物体が社会的・政治的秩序を方向づける方法を、その技術的特性や物理的性質だけでなく、関連するシステムや制度という視点からも検討できる便利な概念である。技術的物体をうまく処理して、その可能性を現実のものとして引き出すには、システムや制度が必要だからだ。銃を理解する唯一の方法は、銃を機能的で生産的な軍事技術に仕上げたこれらの複雑なシステムに注意を払うことなのである。

歴史家が、近代国家の台頭や大西洋奴隷貿易、ヨーロッパの植民地帝国の台頭を引き起こす原因となった銃について語るとき、その歴史家は、こうした社会技術システムを銃という技術のなかに織り込んでいるのだ。時には、そのような要素を切り離してみることも有益な作業である。そうすることで、銃という永続的で根深い影響を及ぼしてきた物体を、多面的に理解することができるだろう。そういうわけで、この章では、銃のもつ（否定できない）力をつくり出しているさまざまな要素を切り離してみようと思う。

銃の歴史は、関連する諸技術がもつ、さまざまなシステム（意味、身体、慣行、社会秩序）としての側面をくっきりと浮かび上がらせる。銃は小型の爆発装置をはるかに超えた存在であり、ほかの多くの技術と同じく、社会的関係を通じてその効果を発揮する強力な象徴的物体なのだ。さらに、身体の歴史においても、銃はきわめて重要な技術の一つである。銃の台頭にともない、遠くからでも、人体に多様で深刻な損傷を与えることが可能になったのである。

銃に先立ち、火薬が登場する。火薬は9世紀の中国で、錬金術的好奇心によって誕生したと考えられている。中国の道教では錬丹術という不老不死の研究が進められており、その過程でたまたま発見されたらしい。中国以外の地域で火薬が研究(または使用)されていた可能性もある。たとえば、インドの古い文献には爆発性粉末に対する言及が見られる。11世紀の中国では、武器に使用する目的で、火薬が定期的に製造されていたことがわかっている。中国で開発された火槍《かそう》は、攻撃目標に火をつけることを意図した武器で、火薬を詰めた筒が槍に取りつけられていた。重くて扱いにくく、それほど遠くに火を飛ばせるわけでもなかったが、十分な数の火槍があれば、攻撃目標に火をつけることができた。

1200年ごろ以降に、中国で本物の銃が開発された。「本物の」銃とは、銃身、濃硝酸火薬、単一の投射物を備えた、という意味だ。同じころ、中国国内の戦争では、銃、手榴弾、ロケット弾などの焼夷《しょうい》兵器が常用されるようになった。モンゴル、宋、金が入り乱れて戦っていた戦乱の時代に、こうした技術は、大規模な陸軍や海軍による包囲戦や海戦に広く使われた。中国の戦場は火薬技術にあふれ、各軍はその技術を活かせるような新たな戦術を編み出していった。

だから要するに、歴史家のピーター・ロージが明快に結論づけたように、近代戦争は１２００年から１４００年のあいだに中国で生まれたのである。[1]このことは、はっきりさせておく必要がある。というのも、ヨーロッパの歴史家が過去2世紀にわたって記してきた銃の台頭に関する文献の多くは、中国における火薬戦争の話を省略するか、申し訳程度にしか触れていないからだ。ヨーロッパ史において、銃はきわめて重要な現実的役割を果たしてきたが、同時に、ヨーロッパの優越性を示す記号としての（どうにもうんざりさせられる）象徴的役割も果たしてきた。同様の傾向は、銃以降の軍事技術にかかわる話にも見られ、そこには技術的誘惑の威力がはっきりと見てとれる。

私の考えでは、技術の相違を、特定の国や大陸の優越性を示す指標としてことさらに称揚するのは（ここでは語り口が重要になる）、真摯な歴史分析とは真逆の行為である。しかし、このような記述は、非常に立派で真摯な歴史文献にも頻繁に見られる。軍事革命に関する文献は、その手の記述であふれており、これにはまったく落胆させられる。そこでは、重砲、一斉射撃、帆船軍艦などにおけるヨーロッパの技術的優位性を解説することで、ヨーロッパによる世界支配が多かれ少なかれ跡づけられているのだ。[2]

けれども実際には、ヨーロッパの発明家や王国、新興近代国家は火薬と銃を取り入れて積極的に改良を加え、その種類と用途を多様化したのである。銃はまず中国で発明され、その後、1320年ごろに、シルクロードをはじめとする当時の交易路を経てヨーロッパ、インド、アフリカに伝わったのだ。それなのに、中国の火薬技術は「後進的」だと思われるようになってしまった。同じころ、中国から同じ交易路を通って到着したのが、「黒死病（ペスト）」だった。1346年から1353年までの短い期間に、ヨーロッパ諸国は人口の約半分を失った。この深刻な社会的・生物学的トラウマは、銃という変革をもたらす可能性を秘めた技術に対するヨーロッパ人の反応に少なからぬ影響を与えたのではないだろうか。これは、とても興味深い問題だと思う。

ヨーロッパの戦場で火器が存在感を発揮し始めたころ、銃や大砲は万人に称賛されていたわけではなかった。16世紀初頭のマルティン・ルターは、大砲や火器は、悪魔がつくらせた「残酷で忌まわしい機械」であると述べている。シェイクスピアも同じころ、『ヘンリー4世』において「悪辣な硝石採取人」を批判し、登場人物の一人に「この卑劣な大砲さえなければ、進んで兵士になっていたものを」と言わせている。シェイクスピアをはじめ、当時の人には、銃は戦いの栄光を損なうものだと考えられていたのだ。[3]イタリアの偉大な政治思想家マキァヴェッリも、1521年に出版された『戦争の技術』（その内容は、『君主論』と同じく、今なお古びていない）において、銃を否定的にしか扱っていない。彼は火薬兵器を軽んじ、見下していたが、それというのも、一つには火薬兵器が古代の歴史資料に出てこないからだった。ある歴史家によれば、マキァヴェッリは、その技術革新が彼のまわりで展開されていたにもかかわらず、火器を重要な軍事的・政治的革新として認めることができなかった。もし認めれば、彼の軍事的美徳の模範を傷つけることになってしまうから、というわけだ。[4]当時、銃はあまり高潔なものとはみなされておらず、軍司令官のなかには、銃兵を憎むあまり、捕らえた敵の射撃兵の手首を切り落とした者もいたほどだった。白兵戦や騎士による一騎打ちとは異なり、銃は、個性や社会的・道徳的地位といったものをまったく反映することなく死をもたらし

[5]た。銃を使えば、農民であっても敵を殺すことができたのだ。

16世紀になると、銃撃による戦死者の数が急増し始めた。銃が大型化し、軍が縦射《じゅうしゃ》（敵が隊列を組み、ゆっくりとした動きで規律正しく行進しているときに、銃を隊列方向に発射すること）などの戦法を採るようになったのが、主な理由である。

銃は、少なくとも二つの技術から構成されている。発射管（最終的には引き金が取りつけられた）と、火薬（銃がつくり出される何世紀も前に、アラブ世界や中国で使用されていた爆発物）だ。発射管と引き金をつくるのは比較的簡単だったが、火薬づくりはそうではなかった。実際、火薬不足が貿易の形を変え、帝国の建設を促したのである。火薬は、木炭、硫黄、硝石を巧妙に調合した混合物である（図3）。火薬にはさまざまなレシピがあり、どのような配合比率にすれば完璧な火薬をつくれるかについては多くの主張があった。木炭の原料となる木の種類にこだわりをもつ人も一部にいたが、一

図3　中央ヨーロッパの硝石工場。［Francis Malthus, Pratique de la guerre, continant l'usage de l'artillerie, bombes et mortiers, feux artificiels & petards, sappes & mines, ponts & pontons, tranchées & travaux (Paris, 1681), following p. 150. The Huntington Library］

般的に、木炭と硫黄はどちらも手軽に手に入れることができた。[6] 問題は、硝石だった。硝石は、糞尿や腐りかけの植物、さらには動物の死体といった有機物の腐敗によってできる自然の産物で、黒色火薬の成分の約60~75%を占める。古くから、繊維の漂白、石鹸づくり、冶金といった人間の生産システムで使われてきた物質である。チーズの防腐剤として使われることもあったし、各地で花火にも使用されていた。おそらく、その可燃性は頻繁に目撃されていたことだろう。

火薬兵器の台頭にともない、硝石の獲得はヨーロッパ列強にとっての最重要課題となった。硝石は、動物の糞、人間や動物の尿、グアノと呼ばれるコウモリや鳥の糞など、腐敗（微生物による分解）が進みやすい自然原料を使って「栽培する」ことができた。硝石に対する需要の増加は排泄物の価値を高めることになったが、このことから、近代国家の台頭期における個人の財産権をめぐる状況の変化を読み取ることができる。国家は、国民が私有する動物の糞、人間の便所の汚物、豚の糞、鳩の糞などを堂々と押収することが可能だったし、実際にその権利を行使した。これらの原料は今日の石油やウランに相当する軍事資源であり、国家権力の維持には欠かせないものだった。

一例を挙げれば、デイヴィッド・クレッシーは、エリザベス朝イングランドにおける硝石採取人たちの傍若無人ぶりを生々しく描き出し、糞尿収集が王権の行使であった実態を浮き彫りにしている。王の臣民たる国民は、糞尿を国家に引き渡すことを義務づけられ、硝石採取人がこの貴重な原料を採取するために個人の家屋や家畜小屋、教会を無慈悲に（時には何の予告もなく）掘り起こすのを甘受しなければならなかった。硝石採取人は家に押し入ってあちこちの部屋を掘り起こしたり、女性たちが排尿していたとされる教会の長椅子を引きはがしたりといった「狼藉」を働き、地主を激怒させた。イングランドの家庭や教会、農場から糞尿を略奪・採取する行為は、１６３０年ごろにインドで新たな硝石供給源が見つかったことでようやく下火になった。[7] しかし、こうした侵入行為の記録によって、地域の財産と権利の不当な（衝撃的でさえある）侵害が正当化されるくらい、火薬不足が深刻だったことがわかる。

　１４００年から１９００年にかけて、ヨーロッパ諸国は軍事的安全保障を硝石に依存していた。火薬兵器がヨーロッパの戦場における主役になると、当時の強国のなかには、硝石の供給が間に合わず、攻撃的優位性を失う国家が出てきた（スウェーデンなど)。一方、「遅れている」と思われていた国家のなかには、イングランドのように、硝石を通じて帝国主義的野心を募らせ、技術的な領域と力を拡大・増強した国もあった。[8]ヨーロッパには火薬を自給できる国がほとんどなかったので、火薬を手に入れるには、取引をする、同盟を結ぶ、発展途上国(グローバルサウス)の供給源からグアノを購入する、糞尿を処理できる大規模な「硝石栽培場」と契約を結ぶ、などの方策が必要だった。その後、グアノは次第に火薬用途だけでなく、人口急増にともなって需要が増大した食料生産のための肥料としても必要とされるようになった。[9]高品質の火薬をつくるには化学者の専門知識が不可欠であり、そのためヨーロッパ諸国の多くは、1700年以降、火薬を研究する化学研究所を支援するようになった。これは、国家の科学研究に対する支援として特筆すべきものである。火薬の分析研究においては、完璧な配合比率を発見し、さまざまな化学結合からそのような結果が得られる理由を判断することに焦点が当てられた。化学者は火薬についての科学論文を次々と発表した。火薬は政治的に重要であると同時に、化学的にも興味深い物質だったのだ。[10]

火薬における重要な技術革新の一つに、コーニングと呼ばれる技法がある。それまでは、でこぼこの悪路を通って火薬の粉末を運搬すると、成分が重さごとに分離してしまい、火薬の効果が弱まってしまうことがあった。コーニングではまず、火薬の粉末に少量の水を加えて完全に混ぜ合わせる。次に、それを乾燥させてから、機械的に砕いて「穀物の粒《コーン》」状にする。コーニングによってできた粒は、どれもが正しい成分比率を保っていた[11]。

17世紀になると、ヨーロッパの軍隊は大規模化していった。それ以前の軍隊は、5000人ほどの兵士で編成された比較的小規模なものが多かったが、火薬を使用する軍隊の台頭と新興国間における緊張の高まりを受け、10万人にも及ぶ巨大な軍隊へと成長した。こうした規模の大きな軍隊では、かなりの量の火薬と銃を供給する必要に迫られる。銃と火薬は、次第に国営の兵器工場でまとめて生産されるようになっていった。領土の防衛に必要な量があまりに膨大になると、もはや封建領主にそれを維持する力はなかった。

そういうわけで、ヨーロッパは銃によって封建主義から抜け出したという図式が成り立つ。銃の出現にともなって、近代国家が生まれた。この新しい形の国家の特徴としては、常備軍の創設、多様な民族・言語グループを単一の市民秩序のもとにまとめる国家主義的アイデンティティの確立、課税制度の整備、銃や大砲、火薬といった軍事技術の大量生産などが挙げられる。文学研究者のシーラ・ナイヤールは、火薬と銃が近代の騎士道物語の出現を誘発したとさえ主張している。作家たちは、銃の台頭によって脅かされた「英雄的な男らしさ」という物語構造と折り合いをつけようとして、馬上槍試合、決闘、馬術といった郷愁に満ちた過去を呼び起こしたというのだ。[12]「騎兵が戦場での存在感を失いつつあった時代に、貴族的な男らしさを発揮するには、どうすればよかったのだろうか。さらに、装填済みマスケット銃を持った、例の『卑劣漢』を前にして、騎士のような勇気を示すには、どうすればよかったのだろうか」。ナイヤールによれば、道徳や教育だけでなく、科学技術にも文学の流行を左右する力があるのだ。[13]

1450年ごろ、ヨーロッパの一般的なマスケット銃の重さは、6・4〜7・7kgだった。引き金がついており、手に持って狙いを定めることができた（図4）。近代銃は1600年にはほぼ完成しており、腕利きの銃兵なら、約2分ごとに1発の弾丸を発射することができた。同じ時期にマッチロック式とフリントロック式という二つのタイプ

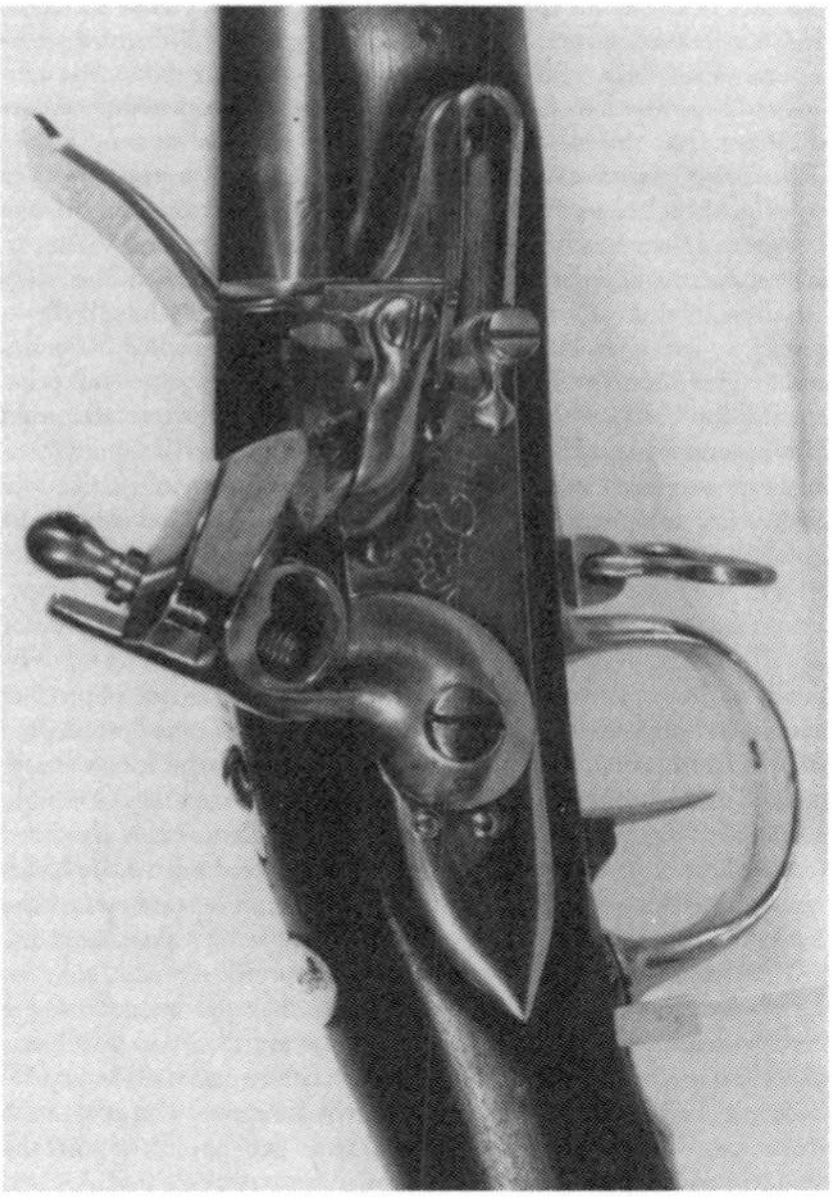

図４　1777年式サンテティエンヌ製マスケット銃の引き金。［軍事博物館（フランス）提供］

の銃が使われていたが、その違いは、火薬に点火するエネルギーの生成方法だけである。マッチロック式には、ゆっくり燃える芯がついており、それを火皿にまで下げて火薬に火をつけた。フリントロック式は、フリント（火打ち石）を使って火花を発生させることで点火した。

この2種類の銃は、その後ヨーロッパから交易路を通って、あるいは入植者とともに、世界各地に伝わっていった。これらの銃は、特に動作が速いわけでも精度が高いわけでもなく、また使いやすいというわけでもなかったが、まずはヨーロッパで、次に北米やアフリカで、そして最終的には世界中で、戦争のあり方を一変させた。

銃との接し方は、地域によってさまざまだった。

銃というのは、その使い方を銃自体が「自然に」教えてくれる——どのように銃を持ち、狙いを定め、発射し、理解すればよいのかということについては、あらかじめ決められた、明白で適切な方法がある——ように思えるが、実際にはそうではなかった。

銃という新しい技術がもたらしたさまざまな問題に対してヨーロッパが打ち出した対応策の一つに、体系的教練がある。マッチロック式銃に装填する手順は、動作をどのように分割するかにもよるが、8～42段階の工程があった。身体（手、腕、頭）の動かし方を指示するマニュアルをつくり、それを教練によって絶えず反復することで、若い兵士が戦闘中に冷静さを保っていられる確率が高まった。

教練というのは古代ローマで使われていた古くからの考えだが、16世紀後半にオラニエ公マウリッツ・ファン・ナッサウによって再考案され、新たな目的のために活用された。マウリッツは1585年から亡くなる1625年まで、ホラントとゼーラントの総督を務め、その役職において、並外れて有能な戦場指揮官であることを自ら証明した人物である。当時、新兵の訓練は目新しいことではなかった。どこの軍でも、新兵の入隊時には必ず訓練が行われていた。しかし、マウリッツは教練を常時継続的に行うべき任務と考え、段階を追って兵士に覚え込ませるようにした。配下の兵士は大声で発せられる命令に応えて、一斉に行動した。マウリッツの指導のもと、継続的な教練と優れた指揮統制によって、最終的には歴史家のジェフリー・パーカーが「死の生産ライン」と呼ぶものが実現することになった。[14]

マウリッツがモデルにしたのは古代ローマ軍で、彼はその際、ローマ軍の組織と訓練について書かれた文献を参考にした。そのうちの一冊は、2世紀に書かれたギリシア語の戦術書を、15世紀後半にラテン語に翻訳したもので、著者のギリシア人は、ローマ軍の武器の効率的な取り扱いと、十分に練られた、単語による一連の命令の重要性に着目しており、単語による命令には、規律を高める効果が見込めると記している。マウリッツはその考えに改良を加え、ヨーロッパの見通しのよい戦場での銃の使用を想定した訓練に応用した。彼が推進した訓練法によって、携帯火器は効率的かつ信頼性の高いものになった。マウリッツはまた、空き時間を危険なものだと考え、ひどく憂慮していた。そこで彼は、穴を掘る、教練を行う、掃除をするといった手順を用意しておき、若い兵士に休む暇を与えなかった。

大規模な軍隊には体系的な訓練が必要であり、多くの若者を統制するには、少なくとも彼らを常に忙しくさせておく必要があった。さらに、教練によって一斉射撃も容易に行えるようになった。これは、最前列の兵士が一斉に発砲すると、すぐに後退し、装填し終わって発砲準備が完了している次の隊列が再びすばやく発砲するという手法である。[15]

徹底した改革を行ったマウリッツ軍は、各部隊が、号令一つで簡単に統制できる小隊がいくつか集まって小さな戦術的陣形をとるような形で編成されていた。戦場では槍兵（パイク兵）、銃兵、騎兵が統合され、敵に狙われやすい銃兵（再装填に時間がかかる）

を槍兵が取り囲んで守った。兵士は、戦闘中も陣形を維持し、命令を即座に実行することが求められた。[16]

教練は技術的効率性を追求した一種の「振り付け」であり、その際の社会的・身体的統制は兵役には欠かせないものと考えられていた。教練によって、個々の兵士は厳密に制御された機械の歯車となり、命令に（目論見通り）盲従するようになった。教練規則には、いかめしい表情をせよとの指示さえあった。動作教練（マニュアルドリル）を受けているうちに、どの兵士も、特定の見方、そしておそらく特定の感じ方をするようになっていった。[17] 17～18世紀には、マウリッツ式の動作教練が、ロシア、スペイン、スウェーデン、イタリアの各軍の規範となった。ヨーロッパの戦場といえば、開けた土地に兵士が横一列に並んで敵と対峙している光景が思い浮かぶが、このイメージにはマウリッツ式の戦い方が反映されている。

しかし、銃、身体、敵、戦場の相互関係は、技術自体によって決定されるものではなく、環境が変われば、まったく別の方法で解釈される可能性もあった。

パトリック・マローンとデイヴィッド・J・シルヴァーマンが明らかにしたように、

17世紀のアメリカ先住民グループは、自分自身の弓矢の経験をもとに銃を理解していた。[18] ヨーロッパの射撃兵が、見通しのよい戦場を行進しながら足並みを揃えて教練を行うのに対し（マウリッツ式教練に狙いを定める命令は存在しない）、アメリカ先住民は木や岩の陰に隠れて待ち伏せし、特定の人間に命中するよう慎重に狙いを定めた。

入植者はそのことに衝撃を受け、彼らの「こそこそとした戦い方」を臆病で男らしくないと批判した。しかしその後、入植者たちがアメリカ独立戦争でイギリス軍と対峙したときには、彼ら自身がそのような森林戦戦略を採用した。アメリカ史の初歩的な教科書でよく見かける定番的記述だが、独立戦争の際、粗暴なアメリカ軍兵士は木の陰に隠れて個々の兵士に銃を向けている、とイギリス人は不満を述べていた。これはヨーロッパにおける戦争の基準と一致していなかった。ヨーロッパでは、そうした行為は臆病とみなされたのだ。しかし、この種の不平は初期入植者がアメリカ先住民に対して訴えていたのとまったく同じ不平だった。要するに、アメリカ先住民の戦法が、アメリカという新しい国家の軍事戦略に効果的に組み込まれたのだ。

マローンはイギリスからの入植者とアルゴンキン族の住民との技術の交換についての

興味深い研究で、アメリカ先住民がヨーロッパの技術を、またイギリス人がアメリカ先住民の技術をどのようにして採用していったのかを詳しく調べている。ニューイングランドの厳しい環境で暮らす入植者にとって、スノーシュー（かんじき）やノーケイク（野外食として有用なトウモロコシ粉の一種）は、実用的な利点があった。一方、アメリカ先住民は銃に強い関心を示し、その扱いにかけては、多くの入植者よりもはるかに優れた腕前を発揮した。

弓矢を使った戦いに長けていたアメリカ先住民は、その射的技術をすぐさまマスケット銃に応用した。逆に、イギリスからの入植者の多くは、階級的な理由から銃を所有していなかったと思われる。ニューイングランドのフランス、オランダ、イギリスの各植民地では、アメリカ先住民に銃を売ることはもちろん法律に反していたが、それでも商人はアメリカ先住民に銃を売っていた。そして、マローンが示すように、アメリカ先住民はすぐにマッチロック式よりもフリントロック式の銃を好むようになった。交易ではフリントロック銃に高値をつけ、マッチロック銃には手を出さなくなった。

マッチロック銃は焦げ臭いにおいがするので、木の陰に隠れていても岩陰で身を潜めていても、気づかれてしまうのだ。見通しのよいヨーロッパの戦場における、統制のとれた（しかも目につきやすい）陣形であれば、そのようなにおいはまったく問題にならない。しかし、森林戦で身を隠そうとする場合には、そのにおいは不利に働く。これも一種の技術的選択である。この選択に気づき、それを書き留めておいたのは、アメリカ先住民に銃を売っていた商人たちだった。

入植者のなかには、アメリカ先住民の狩猟技術を高く評価し、彼らに頼って狩りの獲物や毛皮を手に入れる者も出てきた。しかし、毛皮交易とそれを助長したヨーロッパのフリントロック銃は、北米の先住民グループに壊滅的な影響を及ぼした。その結果、シルヴァーマンが示す通り、先住民グループ間の戦闘が増加し、新たな奴隷貿易を招くことになった。アメリカ先住民グループのなかに、敵対するグループを捕らえて入植者に売り払うグループが現れたのだ。[19]

小規模でしっかり武装していない多くのアメリカ先住民グループは、ヨーロッパ人が征服する際に使ったのと同じ方法で、ほかのアメリカ先住民のグループによって文化的に抹殺された。その特徴としては、強制移住、コミュニティの喪失、言語の喪失、社会的条件づけのやり直しなどが挙げられる。たとえば、サスケハノック族は、メリーランド州とペンシルベニア州をまたいで流れる、今では部族名にちなんでサスケハナ川と呼ばれている美しい川沿いに住んでいたが、敵対する重武装のイロコイ諸族によって、その地から追い出された。天然痘の流行と周囲のアメリカ先住民グループの脅威によってサスケハノック族の数が激減すると、生き残った者は、現在のニューヨーク州にあるイロコイ諸族のコミュニティに移住のうえ、新たにイロコイ諸族としてのアイデンティティを与えられることになった。要するに、シルヴァーマンが示す通り、サスケハノック族という一つの文化グループが消滅してしまったわけだ。銃器が、アメリカ先住民同士の争いを暴力的な戦争に変容させ、このような消滅を促進したのである。[20]

しかし、完全武装したアメリカ先住民グループでさえ、自分たちのグループを守るには現状の技量と射撃技術では不十分だと考えていた。コロンブス以前の北米の人口を推定することは困難だが、一般的には、１７００年ごろまでに、北米のアメリカ先住民の少なくとも90％が病気（主に天然痘）や戦闘によって死亡したとされている。ジャレド・ダイアモンドが言うように、ヨーロッパ人は銃、病原菌、鉄をもたらした。[21]それに加え、彼らは新しい土地の富と資源を支配しようとし、その邪魔になる、以前からの居住者を一人残らず追い出すことに精力を傾けた。

日本における銃は、少し異質ではあるが、同じように興味深い運命をたどった。日本では中国とほぼ同じくらい古くから火器が知られていたようだが、国内の戦闘で広く採用されるようになったのは16世紀になってからだ。

ヨーロッパの火縄銃《アーキバス》（マッチロック銃）は、１５４３年に中国の貿易船に乗って日本に伝来した。１５１０年にインドに設立されたポルトガルの植民地ゴアで中国船に拾われた3人のポルトガル人冒険家が、火縄銃2挺《ちょう》と弾薬を日本に持ち込んだのだ。上陸後まもなく、彼らはその土地の領主が見守るなか、銃で鴨を仕留めてみせた。これに感心した領主は、射撃を習いたいと言ってその2挺の銃を買い上げ、刀工の長に鉄砲の製作を命じた。その後10年もしないうちに、日本全国で鉄砲がつくられるようになった。ヨーロッパの銃が日本に入ってきてからわずか17年後の１５６０年には、鎧《よろい》に身を固めた武将の一人が鉄砲傷がもとで亡くなっている。[22] １５５０年には、足軽たちが新しい武器を使った教練を受けていた。おそらく、こうした銃に対する日本人の反応は、戦国時代という当時の国内状況が関係していた。そのころの日本は、多くの大名が天下統一を目指して戦い合い、将軍と天皇が権力闘争を繰り広げていた時代だったのだ。ここで忘れてならないのは、当時の日本が世界的な武器生産国だったということで、日本は16世紀を通して、中国などの国に優れた刀剣を輸出していたのである。けれども、日本の歴史を左右するこの重要な時代に国内問題を解決したのは、ヨーロッパ式の銃だった。

１５７５年の有名な長篠《ながしの》の戦いでは、３万８０００人の織田信長軍のなかに、マッチロック式火縄銃を持った1万の兵士がいた。信長自身は、その身分にふさわしく槍を持って戦った。鉄砲を持って戦ったのは足軽だけだった。それから10年足らずの１５８４年には、戦闘において、第一次世界大戦さながらの膠着状態が見られることさえあった。部隊を突撃させても一斉射撃のえじきになるだけなので、さすがにそれを望む大名はおらず、結局、両軍とも塹壕《ざんごう》を掘って、そこでじっとしているほかなかった。[23]

しかし、銃は意外に早く人気を失った。その時点で、日本の鉄砲鍛冶《てっぽうかじ》は銃の複雑な仕組みを熟知しており、銃の改良にも取り組んでいた。そしてその後、実に巧妙なやり方だと思うが、鉄砲を統制するための方法として、鉄砲鍛冶の統制が行われたのである。

1586年、日本の関白太政大臣、豊臣秀吉は、社会的な名目にかこつけて密かに武器管理（刀狩り）を行った。巨大な大仏を建立することにしたので、日本中の武器に含まれる鉄が必要になると告知したのだ。秀吉は全国民に対し、この崇高な計画のために所持する刀剣と鉄砲を寄進するよう求めた。京都に建てる予定の大仏は、武器を集めるための口実にすぎなかった。[24] 秀吉の死後、朝鮮半島に対する帝国主義的野心を捨てた日本は、徳川幕府が大名間の関係の安定化を図ったため、国内に平和が戻り始めた。安定化政策の一環として鉄砲の統制が行われるようになり、鉄砲は国家の占有物となった。幕府は鉄砲鍛冶に発注する数を減らし、その代償として刀をつくらせた。その結果、少数の鉄砲鍛冶が毎年わずかばかりの注文を受けて忙しく鉄砲をつくっていたが、その鉄砲は大名行列などで使われる、ほとんど儀式的なものとなっていった。鉄砲が消滅してしまったわけではないが、その地位と意味が変化した。日本から一斉に外国人が追放されたのと同じく、外国の技術もそのほとんどが駆逐された。クラインシュミットは、この変化を、教練と供給の必要をはじめとする、銃の「社会的コスト」の高さに起因するものと考え、銃の地位の格下げ、その数の削減、戦場からの排除といった状況を指摘している。「日本では携帯火器の配備に対する社会的コストが高すぎると考えられていたようで、携帯火器は16世紀に約60年にわたって広く使用されたが、その後、兵器工場から締め出された」。さらに、「16世紀後半の中国でも同様の証拠が記録に残されている。ここでも携帯火器は動作教練に使用されており、そのための規則が教練マニュアルに記されていた。しかし、携帯火器は戦争での戦術的意義を得ることができなかった。［中略］東アジアには戦術的・戦略的に取り替えの利く別の武器が存在していたのである[25]」

日本の事例で強調しておくべき要素を列挙しておく。第一に、日本には高品質で効果的な銃を大量生産する力が十分にあった。第二に、銃の廃絶は、外国の技術や思想（キリスト教など）を日本から排除しようとする一連の取り組みの一つだった。そして最後に、廃絶のプロセスは、銃をつくれる個々の職人を統制することで巧みに行われた。

鉄砲鍛冶の家計を助けるために刀をつくらせ、かさんだ代価を支出することは、短期的には、高くついたかもしれない。しかし、長期的には、さまざまな理由で日本の国家目標や社会秩序に合わなくなった技術を排除するのに役立ったのである。19世紀に鎖国を解いた日本は（日本と定期的な通商関係を確立しようとしていたアメリカ海軍提督マシュー・ペリーは、1853年7月、その門戸を開かせることに成功したが、日本を交渉の場に引き出す際に役立ったのが銃砲である)、工業化した軍事技術を猛烈な勢いで瞬く間に取り入れた。その結果、日本はごく短期間で世界有数の海軍大国となった。しかし、それ以前の300年近くも続いた天下泰平の時代は、鉄砲がほとんど知られていなかった。銃拒絶の物語は、ノエル・ペリンが『鉄砲を捨てた日本人』(1979年)で語ったように、のちの歴史家によって解釈し直されてきた。[26] ペリンが引き出した「日本が銃を拒絶したという事実は、たとえば工業化された現代世界のほかの国でも拒絶が可能だということを示している」という教訓は、単純すぎるかもしれないが、話の詳細は十分に納得のいくものだ。日本の軍隊ではヨーロッパ式の銃が広く使われていたが、国の政策が変わると使われなくなった。

ブレンダ・ブキャナンが指摘しているように、約40年前にシカゴ大学の歴史家マーシャル・G・S・ホジソンとウィリアム・H・マクニールによって「火薬帝国」という概念が導入されたが、この概念は火薬自体にはほとんど関心が払われていなかった。ブキャナンが言うように、この用語は「仲間内での便利な符牒、ほとんど説明を要しない合い言葉になっている」のだ。[27]

実を言うと、私はかつて、どうして大英帝国は火薬帝国に含まれないのだろうと疑問に思っていた。しかし、この火薬帝国という用語は、銃の力で築かれたヨーロッパの帝国には適用されない。この用語は、火薬技術に物を言わせて広大な土地と多様な住民を支配した、イスラムの「軍を後ろ盾にした国家」――トルコのオスマン帝国、ペルシア（イラン）のサファヴィー朝、インドのムガル帝国――のみを指す用語なのだ。[28] いずれも、多くの言語、宗教、民族を一つに束ねた帝国であり、これらの帝国では、兵役における厳格な階級制度が実施された。多様な国民を統制下に置いておくことは、帝国の秩序にとっての生命線だった。また、帝国の拠り所である大規模な多民族軍を維持するには、資金、管理上の支援、日常的訓練が必要だった。いずれの火薬帝国も、ヨーロッパの銃が世界中で受け入れられるようになった1400年から1600年のあいだに誕生した。

そのなかで最も早く誕生し、最も長く続いた火薬帝国が、トルコのオスマン帝国である。日本と同じく、オスマン帝国の軍隊は、速やかにヨーロッパの軍事技術を取り入れ、手の内に入れた。オスマン軍は1520年ごろから、拳銃、野砲《やほう》、攻城砲といった武器を使用し始めていた。軍隊を中心として成立したオスマン帝国は、急速に領土を拡大し続け、16~17世紀の絶頂期には、エジプト、北アフリカ、バルカン半島、東ヨーロッパを支配するに及んだ。この帝国は400年にもわたって繁栄し、オスマン軍はヨーロッパ列強が対峙したなかで最も危険な軍隊だった。[29]

一説によると、オスマン帝国が崩壊したのは、地方分権的な多言語国家を近代国家のように運営しようとして費用がかさんだためだといわれている。おそらくは、教育の提供、大量生産の確立、国民の要求の充足といった政策が負担となって、帝国を弱体化させていったのだろう。19世紀後半には、不安定で、独立の動きが見え始めた広大な領土を支配し続けるために、オスマン帝国はイギリスから資金を借り受けるようになっていた。第一次世界大戦(1914~1918年)の後、帝国は崩壊した。

ペルシアのサファヴィー朝も火薬の使用に頼り、自分たちの優先順位に合わせてヨーロッパの諸技術をいち早く取り入れた。16世紀初頭、イスマーイール1世がサファヴィーの戦士キジルバシュを率いてイランに新しいペルシア帝国を樹立する。サファヴィー朝には火薬帝国の特徴とされる、高度に中央集権化された国家、十分に工業化された武器の生産、高度に訓練され、統制のとれた軍隊が備わっていた。サファヴィー朝は、約1世紀にわたって拡大と征服を繰り返したのち衰退に転じ、やがて崩壊した。インドのムガル軍も同様に、16世紀前半、マスケット銃や重火器、大砲の技術、さらにヨーロッパの軍隊で一般的だった教練を採用した。ムガル帝国は最終的に北インド全域と中央インドにまで領土を拡大した。その征服を可能にしたのが軍事訓練だった。インドの競合勢力にはまだ、大規模な軍隊（歩兵隊）を統制・供給するだけの組織も資金もなかったが、ムガル軍はイギリス軍と同じく、銃で脅して土地を奪った。

同時期の1440年から1750年ごろまで、ロシアもイスラムの火薬帝国と同様の拡張路線を突き進んでいた。共通点としては、高度に中央集権化された国家の台頭、大砲への依存度の高さ、広大な領土の支配、かなりの経済力などが挙げられる。ロシア軍は、大砲とマスケット銃の訓練を受けた職業軍人による恒久的な軍隊として組織され、ピョートル1世（在位1682～1725）の治世には、スウェーデンとポーランドに勝利を収めた。

銃はおそらく、手にしたのが誰であっても、ヨーロッパの社会的・政治的秩序を進展させただろう。この武器を体系的かつ大規模で防衛的に使うには、信頼性の高い火薬を安定して生産、貯蔵、輸送することが必要だった。また、常備軍（半永久的な戦争追求のためにいつでも招集可能な大量の兵力）も必要になった。常備軍の兵士に対しては、生活の面倒を見てやり、適切な軍服と軍靴を与え、教練を行い、規律を叩き込み、そして何より愛国心を教え込まなければならなかった。[30] グロスによれば、衣服は、科学的専門知識の権威を反映した一つの軍事技術として理解することができるという。[31] 確かに、近代常備軍の新しい服装規定は、産業技術力（産業革命が生んだ製織や紡績）を反映していた。

軍隊での兵役経験は、ある種の啓蒙活動の一部とさえ見られるようになった。国内各地から来た若者が一堂に集められ、同じ言葉や価値観、規律、近代国家に対する忠誠心が教え込まれた。兵士たちは、歩き方、服の着こなし方、話し方、信じ方を学んだ。21世紀になっても、兵役は、世界各地で兵士の一人ひとりに「近代性」を生み出すものだと考えられている。

先に挙げた火薬帝国はそれぞれ異なる点も多いが、火薬という新しい技術の影響を反映していたという点では共通していた。教練などの管理的慣行は銃の効果的な使用をもたらし、ひいては、社会的・政治的秩序を決定づけた。

イギリスの銃産業は、「奴隷貿易」という別種の帝国を繁栄させる原因にもなった。1690年以降、アフリカの奴隷商人は、イギリスのバーミンガム、ブリストル、リバプールで製造された「奴隷貿易銃」を対価として受け取ることが多かった。火薬帝国と同じく、黄金海岸と奴隷海岸沿いの奴隷輸出国は高度に軍事化され、かなりの大部隊で恐ろしい夜襲をかけて敵を捕らえ、奴隷として売り渡すようになった。18世紀に入ると、ヨーロッパの奴隷需要が急増する。アクワム族やデンキラ族、フォン(ダオメー)族、アシャンティ族はこの需要の高まりに乗じて銃を手に入れた。アフリカ商人は奴隷の対価として銃や火薬、弾薬を要求し、交易品では何よりも火器を好んだ。銃のおかげで、奴隷を効率よく集められるようになった。奴隷狩りには、致死弾(単体弾)の代わりに散弾を装填したフリントロック式マスケット銃が使用された。敵を驚かせて混乱状態に追い込み、無傷で生きたまま捕虜にするのが目的だった。オランダ西インド会社は

1700年まで、銃を欲しがる黄金海岸の商人の要求に応えることができなかった。ある推定によれば、西アフリカに輸入された火器全体の約半分がイギリス製の銃だった。[32]

1650年以降、奴隷海岸と黄金海岸への銃のおびただしい流入は、アフリカ大陸における国家間戦争に劇的な変化をもたらし、アフリカ諸国の政治的再編成が進んだ。銃の輸入の増加と奴隷貿易の増加のあいだに見られる高い相関関係は、歴史家によっても明らかにされている。一部のアフリカ国家は、1万2000人とも2万人ともいわれるマスケット銃兵を擁する、かなり大規模な軍隊を組織するようになった。大量の火器を有する国は、その強みを活かして奴隷輸出を牛耳り、他国を締め出すことで利益を得た。

私が強調しておきたいのは、ヨーロッパ式の銃は1450年から1700年ごろに世界中で採用されたが、この武器に接した民族・部族グループは、その文化、優先順位、独自の地理的・軍事的課題を反映した形でこれを採用したということである。あるグループは最初は乗り気ではなかったが、自衛のためにはヨーロッパの銃を手に入れざるを得ないと感じ、ヨーロッパ人を撃退しようとする過程で、次第にヨーロッパ的になっていった。別のグループは、すぐに銃の価値を認めたが、自分たちの独自の伝統に合わせてその使い方を変えた。

16世紀のマスケット銃は、文化における移動可能な部分であり、ヨーロッパの技術力の結晶だった。そして、この途方もない変動の時代を生きた人たちは気づいていなかっただろうが、その後多くの影響をもたらすことになった一つのシステムの重要な要素だった。その影響は地域によってさまざまだったが、この機械には人間を傷つけたり、獲物を殺したりする力が内在していた。生物学的技術である銃は、創傷という身体経験を生み出した。

拒絶されたにせよ受け入れられたにせよ、望まれたにせよ恐れられたにせよ、銃は世界に影響を及ぼした。

銃の威力を考えると、銃で人を殺せと命令された人たちにとって、銃を持つことが何を意味するのかをじっくり考えてみるのは興味深い。今では、銃を手にした兵士の多くが、何世紀にもわたって、弾が敵の頭上を通過するように撃っていたことが明らかになっている。

こうした実態が明らかになり、「疑似射撃」という名前で呼ばれるようになったのは、20世紀半ばになってからのことだ。しかし、その存在が知られ、可能性が認識されるようになってからは、以前より疑似射撃が行われていたことをうかがわせる痕跡が、将官の訴えや兵士の訓練規則、通信記録、実際の戦場に打ち捨てられた銃などから発見されるようになった。1950年代に初めて制度的な対応を促すことになった報告書の調査データはおそらく正確なものではなかったが、この現象が存在すること自体は否定できず、その後の訓練方法に大きな変化を引き起こし、その結果として、世界中の軍隊や治安部隊の発砲率に変化をもたらすことになった。

疑似射撃の発見はまったくの驚きだった。それが明らかになったのは、第二次世界大戦中に実施された、実際に前線で戦闘を経験したばかりのアメリカ兵を対象にした調査の結果によってだった。戦争体験をリアルタイムで記録しようとしていた陸軍史家のS・L・A・マーシャル将軍は、実戦を経験した兵士に一連の質問をした。聞き取り調査は戦闘の直後に行われ、時にはわずか2〜3日後のこともあった。

彼が尋ねた標準的質問の一つは、こうだ。銃を撃ち始めたのはいつか？　マーシャルは、アメリカ陸軍の（驚異的な）記録装置の一部として、この聞き取り調査の実施を依頼されていた。彼の関心は、敵と交戦した兵士の最前線での経験にあった。近代戦争では、戦闘部隊と後方支援部隊の比率は一般的に不均衡である。第二次世界大戦に従軍した兵士の約3分の2は、実際の戦闘に参加していない。だから、比較的数の少ない実戦参加者の体験談は赤裸々で真に迫っており、歴史的にも戦略的にも興味深いものだった。

マーシャルの調査チームは、ヨーロッパ戦線と太平洋戦線における400以上の歩兵中隊に属する何千人もの兵士に聞き取りを行ったが、その全員がドイツ軍や日本軍との接近戦に参加した経験の持ち主だった。マーシャルはのちに出版されたこの聞き取り調査についての著書で、実際に戦闘を経験した兵士のうち、敵に向かって銃を撃ったのはわずか15～20％にすぎないと述べている[33]。彼によれば、発砲しなかった兵士は、逃げたわけでも隠れたわけでもなかった。多くの場合、かなりの危険を冒して、仲間の兵士を救出したり、弾薬を運んだり、前線に命令を届けたりした。しかし、彼らは何度攻撃に直面しても、敵に向かって武器を使用しなかった[34]。

のちの批評家は、マーシャルが提示したデータの一部に疑念を抱き、彼の記録管理の方法には問題があったと結論づけている。[35] そのため、彼の調査とその結果は疑問視されてきた。おそらく彼は、統計を裏づけるデータをもち合わせていなかったのだろう。しかし、彼の発見は重要かつ実際的な結果をもたらした。世界中の軍隊の上層部が、マーシャルが「射撃率」と呼ぶものを研究し始めたのである。射撃率とは、手にした武器が何であれ、実際の戦闘で実際に発砲した戦闘員の割合のことだ。彼の調査結果は、部隊訓練についての疑問を引き起こし、世界の軍隊、さらには警察組織における方針転換につながった。

部隊訓練に関する疑問は、もちろん過去何世紀にもわたる訓練にも当てはまる。19世紀には、後装式火器への切り替えによって、隊列が以前よりもばらけ、火力が大幅に増加した。当時の軍上層部や軍事理論家たちは、肩を並べていない兵士、つまり密集するのではなく散開している兵士は、訓練通りに突進していかないのではないかと危惧した。そこで彼らは、兵士は人一倍強い「気迫」と「団結心」の持ち主であって、混乱した戦場であっても自制心を失うことはないとの考え方を広めた。しかし、上層部のこの懸念自体が、兵士が隠れてこっそり抵抗する可能性が認識されていたことを示している。

自分の命と仲間を守ろうとしている兵士にとって、敵を殺す必要があることは自明なようにも思えるが、それに抗う兵士もいた。「戦う」または「逃げる」という、一般的な二つの選択肢に加え、第三の選択肢があったのだ。これは社会的には見えない形の技術的選択だった。つまり、兵士は銃を撃っているように見せかけたり、実際に銃を撃つにしても、弾が敵兵に当たらないようにすることもできたのである。

それは予想外の驚くべき結果だった。彼らはなぜ発砲しなかったのか。

マーシャルの調査結果はアメリカ陸軍に重く受け止められ、彼の発見の結果として多くの訓練対策が施された。その後の研究によると、この変更措置により、兵士の発砲率が朝鮮戦争では55％、ベトナム戦争では90～95％に上がった。第二次世界大戦では推定15％だった発砲率をベトナム戦争で90％（現在では100％）にまで高めたのは、プログラミングまたは条件づけと呼ばれる訓練方法である。連邦捜査局（ＦＢＩ）もこの件に興味を示した。１９５０～１９６０年代に行われた法執行官の非発砲率の調査では、同様の結果が得られている。[36]

マーシャルの調査研究がもたらした結果として、（アメリカをはじめとする世界の）歴史家や軍の研究者たちは、理由はどうであれ、この種の目に見えない抵抗が、どれほど以前から問題になっていたのかを調べ始めた。

17世紀には早くも司令官たちが、敵に向かって発砲しない兵士に不満を募らせていた。１８６０年代のフランス将校に対する調査でも、似たような訴えが出されている。一部の兵士が銃を発砲しないというのだ。実際、以前から軍事史家は無駄な発砲について報告していたし、19世紀後半には、ナポレオン戦争における驚異的な低殺傷率に関する調査が行われ、入念な分析の結果、多くの主要な戦闘で多くの兵士が銃を撃っていなかった可能性が示唆された。

１９８６年にイギリス国防省の作戦分析機関が実施した研究がある。この研究では、19～20世紀の１００を超える戦闘を対象に軍部隊の殺傷効率が調査され、過去の実戦における戦死者数のデータと、同じ戦闘をパルス式レーザー銃を使って再現した模擬戦で得られた命中率が比較された。模擬戦の参加者は模擬兵器を使用していたので、実際に危害を敵に加える可能性も、敵から加えられる可能性もなかった。模擬戦では、自分が傷つけられたり他人を傷つけたりすることを心配する必要はなかったはずだ。模擬戦の参加者は、歴史上の戦闘で実際に殺された兵士の数よりもはるかに多くの敵兵を殺した。

1986年の研究チームは、戦場恐怖症だけでは、時間、場所、状況の違いにかかわらず、一貫して見られる大きな数値の隔たりを説明することはできないと結論づけ、ほかの兵士に向けて銃を撃つことを望まない機運が兵士のあいだに蔓延していたとの見解を示した。この消極的姿勢、この密かで見せかけのみの戦い方が、実際の歴史における殺傷率を予想をはるかに下回るレベルに押し止めていたのだ。[37]

発射率に関して最も注目すべきは、ゲティスバーグで得られたデータだろう。ゲティスバーグの戦いの後、戦場から2万7574挺のマスケット銃が回収された。正確な数がわかっているのは、軍の記録管理が徹底していたからだ。回収されたマスケット銃の約90%にあたる2万4000挺は、弾丸が装填されたままだった。この装填済みの銃の約半分は、複数の弾丸が装填されていた。そのうち、6000挺の銃身には、3～10発の弾丸が残されていた。なかには、23発の弾丸が発射されることなく、銃身に詰め込まれていた例さえあった。[38]

南北戦争の一般的な武器は、黒色火薬を使用する前装式のライフルマスケット銃だった。この銃を発射するには、弾丸と火薬が一つに包まれた紙製弾薬包を手に取って、包みを歯で引きちぎり、銃身に火薬を注ぎ込む。次に弾丸を入れ、銃を発火させるために槊杖《さくじょう》（細長い金属棒）を使って銃身の奥へ押し込む。これはたいへんな作業だった。では、どうしてこんなにも多くの装填済みの武器が戦場に残されていたのだろうか。どうして少なくとも1万2000人の兵士が戦闘中に最低でも2回の誤装填をしたのだろうか。

もちろん、敵に突撃しているあいだに撃たれた兵士もいただろうし、その場合は、装填した銃を持って走っていたことだろう。しかし、銃の扱いに費やす時間のうち、装填に要する時間がその約95％に達し、発射に要する時間はわずか5％ほどだった。だとすれば、戦場に残されたほとんどの銃は空であるべきだった。

マーシャルは、戦闘中の兵士は良心的兵役拒否者になり、敵兵を殺したり殺そうとしたりすることを目立つことなく消極的に拒否するのだと述べている。私は、撃たないことを選択した個々の理由にはかなりのばらつきがあったのではないかと思う。人を殺すことに対する根源的で内在的な抵抗から生じたというよりも、自分によく似た人物（若い男性で、おそらくいやいやながら兵役に就いた）に向けて銃を発射したくないという思いも含めて、多様な打算の結果だったのだろう。しかし、いずれにしても、何世紀にもわたってこれほど多くの兵士が銃を撃たないことを選択してきたという事実からは、技術の特異的効果と技術的選択の決定的な繊細さに関する一つの洞察を得ることができる。

どんな技術でも、それをどのように使うかを決めるのは、個々の使用者だ。そして時には、目に見えない選択が最良の選択である場合もある。そうすれば、実際にしていることが権力者に知られずにすむからだ。

銃の物語とその歴史的影響——帝国の創設や奴隷貿易、アフリカや北米における軍事的混乱、産業革命、さらには、戦場で撃つべきか撃たざるべきかという選択に直面した個人の道徳的葛藤における銃の役割——について考えてみれば、私たち自身が行っている技術の複雑な使用について見直してみるきっかけになるだろう。私たちはさまざまな技術に対して、当たり前のように受け入れる、無視する、そのとりこになる、予想外の方法で個人的に活用する（これはまわりの人を誤解させることになる）など、複雑な態度で接しているのだ。

火薬と銃は近代国家の台頭をもたらしたのだろうか。植民地帝国のきっかけになったのだろうか。銃は奴隷貿易を生み出したのだろうか。

ジャレド・ダイアモンドは、話題になった研究書『銃・病原菌・鉄』（1997年）において、書名の三つの要素が世界全体の政治的関係を決定づけているとの見解を示した[39]。ダイアモンドの狙いは、ヨーロッパによる世界征服がヨーロッパの生物的・文化的優位の表れであるという考えを弱体化させることにあった。彼によれば、ヨーロッパが他国から土地や資源を奪い取ることに成功した理由の一つは、その地域で使える地理的資源の違い、なかでも家畜化できる動物の種類と作物や食物の選択肢の違いにあった。彼はさらに、伝染病の影響と銃の生物学的な力も強調している。

ダイアモンドの議論は説得力はあるが、銃が世界に及ぼしたさまざまな影響については あまり考慮されておらず、したがって、技術的選択の問題には触れられていない。この章で述べてきたように、銃は木の陰に隠れている人であろうと、見通しのよい場所に集団で立っている人であろうと、誰でも使うことができた。一斉射撃と単発射撃のどちらも可能だったし、特定の個人を正確に狙って撃つことも、密集した敵軍に向けて的を絞らずに発射することもできた。さらには、弾丸が密集した敵軍の頭上を通過する可能性が高くなるよう意図的に発射することさえできたが、どうやらこれは個々の兵士がわりと一般的にとる選択だったらしい。

銃の使用には、姿勢や階級に関するルールが含まれることもあった。15世紀日本の鉄砲の手引き書には、銃を持つ者は、粗野で下品に見えないように、脇を締めて優雅に立つべしと書かれたものもある。この指示は、明らかに銃を持つ者が誰かに見られることを想定して書かれたものだ。ヨーロッパの教練マニュアルでは、銃を持つ兵士がその他の兵士と肩を並べて配置され、すべての兵士が定型化した装填・発射動作をすることになっていた。教練によって銃と身体がしっかり関係づけられ、全員で一斉射撃を行うと、全員で後方に下がった。アメリカ先住民は、交易を通じてヨーロッパの銃を手に入れる機会を得たが、ヨーロッパ人とはかなり異なる考えをもっていた。彼らは屈んで身を隠しながら、銃を撃った。弓矢を使う森林戦に慣れていた彼らは、新しい技術を自分たちの習慣に組み込んだのだ。アメリカ先住民にとっては、銃が見えないように持つことが銃の正しい持ち方だった。

また、誰が銃を持つべきかについても、さまざまなルールがあった。アメリカの初期植民地でアメリカ先住民に銃を売ったり交易したりすることは、法律違反だった。日本の鉄砲足軽には銃が許されていたが、それは、真の勇気を必要とする刀での戦い方を知らなかったからだった。イギリスでは、銃は裕福な地主のためだけのものだった。イギリスから北米にやってきた入植者の多くは、銃を扱ったこともなければ所有したこともなかった。イギリスでは、密猟者でさえ銃を使わなかった。銃は大きな音が出るので、密猟行為がばれやすくなるのだ。一方、上流階級の人たちも最初のうちは、狩猟で銃を使うことを恥ずべきことだと考えていた。

こうした銃に対するさまざまな反応は、すべて技術的選択である。そこには、銃のどの側面が重要で価値があるのか、あるいは問題があるのかという判断が含まれている。こうした選択の中心には、堅固な実物――重くて装填しづらく、精度が低くて危険な発砲機械――がある。しかし、この実物の銃は、その硬さと重さにもかかわらず、どのように見られ、どのように使用されることになるのかをすっかり決めてしまうわけではない。このことは、銃に関する法律や慣習が現代も国ごとに異なっていることからもわかるだろう。この物体が世界にどのような影響を及ぼすことになるのか、その結果がどのようなものになるのかについては、それぞれの文化における取り扱われ方によって違ってくる。たとえば、その所持を慎重に制限している国家もあれば、そうでない国家もある。

銃技術の物語は、比較的単純な軍事技術であっても、社会的には複雑であり、その後の結果を左右するような形で折り合いがつけられることを示唆している。銃が近代国家の台頭のきっかけになったのだとすれば、それは、既存の確立した文化と権力との相互作用の結果としてそうなったのだ。銃は技術的介入であり、その介入によってヨーロッパの列強は自国を、そして最終的には世界のほかの国々を再編成したのである。

第2章

大量生産の論理

工業化には、交換可能な部品、効率性、合理的管理といったプロセスが欠かせないが、これらは、科学技術戦争が台頭する主な要因でもあった。

大量生産の論理とは総力戦の論理にほかならず、最終的には無差別都市爆撃の論理、つまり「千の爆撃機による空襲」と都市炎上の論理にも重なる。1940年代には民間労働者が軍用機を生産しており、そのことをもって、民間労働者の住む地域の爆撃を正当化する空軍戦略が生まれた。

「工業化」という用語が最初に使われたのは1906年ごろのことだ。定義が多岐にわたるため明確さには欠けるが、1780年以降の農業経済から製造業経済への移行、家庭内の手工業生産から工場での機械生産への移行を大まかに説明する用語である。ほとんどの歴史家は、その起点をイギリスの各種工場、銃器を製造する工廠《こうしょう》においている。工業化の物語の終点になるのは、20世紀初頭のヘンリー・フォードによる組立ラインだ。フォードの自動車生産の実践と戦略によって、製造の工業化に潜む利点が完全に実現したのである。一般に工業化は、人間および社会を近代化し、資本と製造品からなる世界規模のネットワークに引き込むプロセスと思われているが、それればかりではない。工業化は経済的な勝者と敗者を生み出しもする。その影響は経済的なものにとどまらず、心理面にも及ぶ。競争によってアノミー（社会的価値観の崩壊）、疎外、絶望がもたらされるのだ。一方、工業化による利益は物質的な繁栄であるが、これは全員が享受できるわけではない。

歴史家が工業化に注目してきたのには、それなりの理由がある。工業化は、人類の進歩というような無邪気な計画ではなかった。私はむしろ、工業化をもつれ合ったプロセスと考えたい。工業化は、各個人を規則、機械、労務管理、社会的規律、感情的投資、身体的規律といった複雑なネットワークのなかにどんどん送り込む役割を果たしていた。その過程で、誕生から死へ、家庭から工場へ、州庁舎から戦場へと、人間の経験に大規模な変化をもたらした。工業化は、一部の人たち（特に１８６７年以降の著作におけるカール・マルクス）から厳しく批判されていたが、その一方で、生産性、進歩、改善をめぐる放談（工業化の多様な驚異を称賛するエリートが絶えず発していたコメント）を活性化させる役割を果たしているようでもあった。この放談は、工業化の実際の恩恵を測る尺度としてではなく、工業化が政治権力を生み出した方法の一つとして理解するのが一番よいだろう。工業化は、個人と「国家」(想像の共同体)の結びつきを深めることになった。工業化によって、個人は国家に対してある種の感情(消費者的欲望、忠誠心、ナショナリズム、ある種の勇気)を抱くようになったのである。

それはまた、総力戦と、それにともなう法的に交渉済みの社会的役割である「民間人」の終焉をも生み出した。この章では、このもつれ気味の糸を解きほぐしてみようと思っている。とはいえ、この試みは最終的なものではない。現代の暮らしに深刻な影響をもたらした、きわめて大規模なプロセスに対して、いささか別の視点から問いを投げかけてみようとしているのである。

工業化についての説明は、蒸気力、鉄道、電信、ライフルマスケット銃、ミニエー弾といった有名な技術と、交換可能な部品、組立ライン、大量生産といった生産方法に焦点が当てられることが多い。19世紀は、システムや技術が急速に変化し、発展した時代だった。

軍隊にとっては、これらの変化は、管理と供給体制の変更を意味した。ヨーロッパの軍隊はさらに増大し続け、昇進制度も以前と比べると平等主義的で実力が重視されるようになった。鉄道網の拡大にともない大量の人員と物資の移動が容易になると、軍の地理的範囲が拡大した。職人による手づくりの銃生産から大量生産へ移行したことで、大規模な銃の再装填がより短期間でできるようになった。科学戦争の勃興について論じたアントワーヌ・ブスケが重要視したのは、１７００年以降の機械主義的世界観（時計仕掛けの世界という考え）の台頭と、戦争は「歴史的運命を実現するための主要なベクトル」であるという新しい考え方だった。具体的には、彼が「熱力学的戦争」と呼ぶ、凝縮されたエネルギーのもつ重大な役割と１８００年以降に新たに出現した工業化された戦争がもたらした「兵站《へいたん》（ロジスティクス）」という二つの根深い問題である。[1][2]

武力紛争の歴史において、行軍中の軍隊が政治の中枢と連絡をとることは、多くの場合、ほぼ不可能だった。目標を設定し、計画を立てるのは政治中枢の仕事であっただろうが、現場で重要な判断を下すのは、作戦行動中の指揮官であることが多かった。こうした行軍中の軍隊への物資の供給も厄介な問題だった。火薬は使いものにならなくなったり、足りなくなることがあった。人間と馬の食料は現地で調達しなければならなかったので、略奪行為は供給計画の一部として最初から組み込まれており、それを予期した地元民から恐れられていた。

1850年には、多くのヨーロッパ諸国が定期的に税金を課すようになっており、軍事費をまかなうためのシステムが確立されていた。軍での昇進は、生まれではなく、手柄によって決まるという規則が制定され、ヨーロッパのほとんどの軍隊では、揃いの軍服を着用するようになった。一般的には、大量生産された布地を使用し、体系的で信頼性の高い、意味のある色や生地、デザインの軍服を着用するようになった。武器の規格化も進み、大量の武器が短期間で生産されるようになった。鉄道が敷設されると、補給ラインと電信通信が確保され、移動中の軍隊であっても、政治の中枢とつながり合うことになった。増大し続ける軍隊のニーズには、武器専門の商人が対応した。

やがて、これらの新しい戦争システムは、その複雑さ、規模、通信レベルの高さから、ヨーロッパの列強によって、戦争のルールに新たな問題をもたらすものとみなされるようになった。1874年以降の一連の会議や交渉で、ヨーロッパ諸国は技術の限界、新しいプロトコル、それから捕虜、民間人、スパイ、捕虜交換、とりわけ軍拡競争に関する規則について公然と議論し始めた。これらの議論は、理性を適用することによって戦争を人間化しようとする18世紀の動きを反映したものである。[3] ヨーロッパの主要国は、１８７４年のブリュッセル宣言と１８９９年のハーグ条約で、すさまじい破壊力を有する近代技術を団結して管理するべく努力した。

これらの議論では、主に民間人に焦点が当てられた。条約に基づき法的に正式な身分を与えられた民間人（あらかじめ戦争の標的にならないとの合意が得られている人）という考えは、民間人の脆弱性を促進するのと同じ近代技術によって生まれた。

ここで確認しておくと、人類の歴史を通して、非戦闘員は多くの軍事システムでごく普通に標的にされていた。古代ローマの戦争においては、ローマ世界の内側の非戦闘員は一般的に標的となることを免れたが、ローマ世界の外側の非戦闘員は免れられなかった。こうした区別は、ヨーロッパの一部の戦争では大体維持されていたが（近隣のヨーロッパ諸国の民間人が標的を免れる場合もあっただろう）、ヨーロッパ軍が土地や資源の支配を目論む植民地戦争では、この通りではなかった。そして、ヨーロッパ内においても、中世ヨーロッパにおける戦争では、村が焼かれ、女性や子どもであふれた城は破壊された。世界中のあらゆる場所で、戦争中に、女性や子どもが日常的に殺されたり、奴隷や捕虜として連れ去られたりしていた。どのように定義するにせよ、人間の戦争には、特定の人間を暴力の対象から排除するという、包括的または一貫した傾向があったということはできない。[4]

このことが19世紀に関する議論を興味深いものにしている。というのも、この議論は、工場労働者(戦争を継続可能にする技術製品をつくっていた)を殺すことが戦略的に意味をもち始めたまさにそのときに生じたものだったからだ。十分に工業化された「全面」戦争においては、工場で働く人も、農家の人も、料理人も、国家の軍事目標のために日々働くことになる。すべての市民が、パンから織物に至るまで、戦争を継続するために必要な材料を提供するわけだ。したがって、すべての市民は事実上動員されており、おそらくこのような理由から彼らを軍事目標にすることが正当化されることになる。保護された法的実体としての市民が出現したまさにその瞬間、市民を標的にすることが合理的な戦略になったのだ。

民間人の意味が変化しつつあったのと同じく、兵士の意味も変化しつつあった。工業化された戦争の勃興と同時に、兵士は取るに足りない安価な消耗品から、再利用可能で価値のあるものへと大きく変化し始めた。軍事医学の形式的構造は19世紀までは初歩的なものにすぎず、第一次世界大戦までは実際には完全に動員されず、制度的にも洗練されていなかった。それ以前の時代には、負傷した兵士は仲間に助けられていたかもしれないが、負傷兵の治療は必ずしも軍の仕事ではなかった。一般的に戦場における兵士の死は、戦争につきものの犠牲と考えられていた。しかし、合理的な戦争は費用対効果がよいと考えられていたし、軍事医学の支持者、特にイギリスにおける看護の先駆者であるフローレンス・ナイチンゲール（1820～1910）をはじめとする多くの人たちは、負傷した兵士を治療して治すことは、人道的であるばかりでなく、資源を浪費したり、新たな兵士を再訓練したりするよりも費用対効果も高いと主張した。戦場での治療という人道的恩恵は、合理的な資源管理と絡み合っていた。材料がリサイクルされ、ほかの資源が効果的かつ合理的に利用されるのと同様に、兵士の身体も効率的に再利用されなければならなかったのだ。専門的な軍事医学の台頭は、「二人の主人」という問題を生み出した。前線にいる医師なら誰しも、特定の患者に対する医療上の義務と、兵士を迅速に戦場に送り出すという軍隊に対する制度上の義務とのあいだで葛藤することが少なくとも何度かあるだろうと予測された。

「無名戦士」の存在が初めて認識されたのは、20世紀に入り、第一次世界大戦のむごたらしい殺戮の結果だったが、それは偶然ではない。第一次世界大戦で初めて、多くの戦闘員が名前や識別番号、さらには宗教までもが刻印された金属製の認識票を身につけるようになったからだ。それ以前のヨーロッパの戦争では、多くの兵士が無名のままだった。無名というのは、国民としての正式なアイデンティティ、国家的に管理された身元を示す文書記録、個人と結びついた過去の記録をもっている可能性が低いという意味である。スペイン帝国は、ほかの国家よりも個人を綿密に追跡していた。しかし、ヨーロッパや世界中の多くの場所では、個人の出生は、聖職者の情報、教区の記録、家庭用大型聖書、土地所有者によって作成された納税記録にのみ記録されていた。1750年ごろまでは、ほとんどの国民は国家による体系的な記録の対象にはなっておらず、ヨーロッパでは1830年ごろになってからそのような習慣が広がり始めた。

ドリュー・ファウストによれば、戦死者名の列挙と戦死者数の集計はわりと新しい習慣で、アメリカでは南北戦争後に初めて登場した。1860年代には、北軍と南軍のどちらの政策においても、兵士の負傷や死亡について家族に正式な通知をする必要はなかった。南北戦争の兵士は認識票（ドッグタグ）その他の身分証明書を身につけておらず、軍隊も近親者の記録を残していなかった。終戦時には、北軍兵士のほぼ半数と南軍兵士の半数以上の戦死者が無名で、記録にも残っていなかった。しかし、戦争が終わると、アメリカ合衆国は死者の身元を確認し、埋葬するという大規模な取り組みにつながる政策に移行した。「１８７０年までに、南部全域で30万人近くの兵士の遺体が発見され、73カ所の国立墓地に埋葬し直された」[5]

18世紀から19世紀にかけて、国家による国民の管理が変化するにつれ、一人ひとりのアイデンティティ、出生、死亡を安定化させるための形式的な装置が登場してきた。１６００年生まれの人は、制度的には見えない存在だった。国の公文書館や学校の記録にも残らず、正式な番号や氏名、法的な書類もなかったからだ。なかには正式な記録保持制度の外で生涯を過ごす人もいた。しかし、次第に複雑なシステムのアイデンティティ文書によって、一人ひとりが法的実体となり、以前の国民がそうではなかった方法で記録され、知られるようになった。

1918年以降に世界中でつくられた無名兵士の記念碑は、20世紀の社会的・政治的現実の反映にほかならない。1914年には、戦争に参加したほぼすべての兵士が無名ではなくなっており、文書化された確固たるアイデンティティをもっていた。塹壕の泥と暴力のなかでの失踪は、安定したアイデンティティと身体の一貫性に対する一般的な期待と矛盾するものだった。

今日、無名戦士は、以前とは違った意味で、再びまれな存在となっている。多くの軍隊では兵士のDNAが保存されるようになっており、肉体がわずかしか残っていない場合でも、それが誰だか判別できる。アイデンティティにかかわる技術が、いつでもどこでも身元がわかるという現代的な状態をつくり出した。工業化社会では、アイデンティティも工業化されているのだ。

それから、工業化のプロセスには、感情、機械、労働も関与していた。身体の効率的な管理はさまざまな形をとった。たとえば、軍隊における正式な健康管理システム、安定した身分証明システム、効率のよい生産と破壊のシステムなどである。工業化された戦争が台頭するに至った経緯は、身体の歴史の一部としても理解できる。戦争の工業化には、常に計画的かつ体系的な方法での規律、記録保持、人体の治癒と破壊がともなっていたのである。

高度な教育を受けた軍隊も、この工業化プロセスの一部として19世紀の規範となった。軍学校では技術者や砲術家が訓練され、その後、士官学校の設立により、訓練を受けた士官が輩出された。こうした新しい形態の軍事教育は、普通義務教育のような他の形態の教育と並行して発展した。徴兵制と兵役は、主権国家にとって有益な、社会化とアイデンティティ形成の一形態を構成するようになった。これは、地理的な差異がいちじるしい国家において、特に当てはまった。若い男性（ごく最近まで男性のみだった）は、「近代化」プロセスの一環として軍隊に参加していた。国家のある地域で採用された個人は、別の地域で訓練を受け、第３の地域に配属され、さらに第４の地域でもう一度訓練を受けたり配属されたりした後、予備役になる。このプロセスにおいて、地域の方言や文化は打ち捨てられ、一つの（支配的な）国家語のみが優遇されるようになる。このようにして、兵役を通じて、出身地の違いを超えて国家に忠誠を誓い、服装や態度、愛国心などの感情に順応することを教え込まれたのである。

以下、3人の思想家を取り上げ、彼らの生き方や思想から浮かび上がる大量生産の論理について考えてみたい。

フランスの軍事技術者ジャン・バティスト・ド・グリボーヴァル(1715〜1789)は、砲術を冷静な合理性の実践として考えていた。

工学的な合理性は、ケン・アルダーが明らかにしたように、時代を超越した、昔からの抽象概念ではない。銃器の製造における合理性は歴史の産物として、間欠的に唐突な形で、部分的には労働者と技術者の交渉によって生まれてきたのである。グリボーヴァルの指揮下にあったフランスの砲兵隊は、戦場における砲撃の発射間隔と命中精度を高める戦略を採用した。しかし、フランス砲術の効率化と合理化のカギとなる交換可能な部品は、経営者と職人が交渉しても合意に至らず、最終的には労働問題を引き起こし、生産計画を台無しにしてしまうことが一般的だった[6]。グリボーヴァルにとって、戦争における合理的計画の追求は、彼が所属していたフランス砲兵隊の文化の反映だった。理性という新しい科学的概念を志向していた砲兵隊は、新兵器を獲得するための行政的拠点でもあった。こうした環境が、グリボーヴァルらに技術的変化を探究する特別な視点を与えることになった。砲兵隊の技術者はみな、ヨーロッパ最高の軍事技術学校で訓練を受け、数学、製図、管理の技術を備えていた。また砲兵隊は、フランスの民間大砲製作所やマスケット銃製作所、国立の製作所との軍事的関係にも対処していた。理論的には、このグループは合理的な銃器製造という未来図を実現することができたはずで、その未来図には交換可能な部品や、ある程度は交換可能な労働者も含まれていた。

ほとんどの歴史家は、交換可能な部品の台頭を19世紀半ばのアメリカに位置づけているが、ケン・アルダーはそれよりも早い18世紀後半のフランスに起源を求め、全面的に批判を浴びて最終的には失敗に終わったグリボーヴァルらの事例を研究している。合理的な戦争戦略への変更を試みたこの事例は、近代的な大量生産が社会的・政治的関係をどのように変容させていったのかを理解させてくれる。

１７６３年から、グリボーヴァルの指導のもと、砲兵隊は一連の急進的な改革を行った。改革システムの一つのカギは、フランスの大砲に焦点を当てたことにある。この改革は技術的なものだけにとどまらなかった。兵士が大砲をどのように手入れし、使用するのか、どんな戦術を追求するのか、さらには兵士たちを一つのチームとしてどのように社会的に組織するのか、といった問題を再構築することにも関与していたのである。兵士は、身体と銃の融合のうちに、自分たちが管理する機械に強く拘束されることを受け入れられるようになった。その過程で、グリボーヴァル率いる砲兵隊は、フランスの大砲の射撃率と殺傷率を飛躍的に向上させた。

1777年、グリボーヴァル派は、高性能のマスケット銃を製造する計画を開始した。兵器製造業者に設計図の提出を求め、審査の結果、国の補助を受けているオノレ・ブラン経営の兵器製作所の設計図を採用した。ブランは、自分の銃は実験的方法でつくられたものだと主張した。すべての部品を点検し、試験や議論を重ねながら修正を加えていく。偶然や伝統に委ねられたものは何もなかった。結果的にグリボーヴァルらはブランの製作所を選定した。このことからも、彼らの理性、合理性、科学的実験への関心がわかる。

一般的に、交換可能性とは、手作業による調整なしに組み立てることができるほど精密につくられた部品のことを指すと考えられている。18世紀後半に、フランスのブラン製作所で製造された銃はそれに近いもので、鋼製の金型、ヤスリがけの治具、フライス盤、適正な誤差を測定するゲージなどを使うことによって、生産が標準化されていた。個々の銃は、適正な誤差に一致する部品を製造する義務を新たに負うことになった労働者の手作業による最終調整が依然として必要だった。

アルダーが示す通り、この生産プロセスは労働と労働者の標準化にも関与しており、職人仕事を変えることにもなった。それまでの職人による銃は一挺一挺つくられており、それは職人の技と個々の戦略と決定の結果だった。一方、計測器や誤差を使う新しい銃生産システムでは、つくり方と職人の技量が限定された。製品には詳細かつ適切な「正確さ」が要求されたので、新たな社会的関係、さらに労働者の行動に関する新たな規則が必要になった。

１７７７年ごろのフランスの交換可能な部品への転換と、銃器職人労働の脱職人技化《わざ》は、技術革新に価値を置く、より大きな啓蒙的プロジェクトの一環だった。グリボーヴァル派が成し遂げたのは、不完全で、議論の余地があるものであり、資本主義的「起業家」ではなく、国家の官僚によって推進されたものだった。

それは現代のフォード式大量生産とは趣きが異なるものだった。利益を上げることが目的ではなく、最終的には失敗に終わった。グリボーヴァル派が推進しようとした銃器製造システムは、コストがかかりすぎるとして拒否され、彼らが達成したことの多くは歴史から忘れ去られてしまった。

交換可能な部品は数十年後にアメリカで「再発明」された。グリボーヴァル派の技術者は、新しい技術の設計図を描くための新しい技術を開発し、新しい種類の銃をつくるための新しい道具や機械を実際に生産していた。しかし、彼らは、労働者から将軍にいたるさまざまなレベルで社会的抵抗に直面した。ある種のテクノクラシー的理想が前提としていたのは、専門の技術者が図面や機械、測定値を通して労働者をコントロールすることだった。しかし、現実においては労働者は抵抗した。交換可能な部品の製造は、商人と職人の両方からの強力な反対を呼び起こした。確立された慣習を脅かしたからである。精密品の製作は社会の規律でもあったのだ。精密品の製作に取り組む技術者は、マスケット銃の改良に関して実用的な関心をもっていただけでなく、数学的理性や科学的方法に対する美学的、哲学的な関心ももっていた。

ブランが製作した初期の交換可能な部品は、のちの大量生産に一直線につながるものではなかった。しかし、アルダーが説得力をもって示した通り、多くの歴史家が気づいていたことではあるが、それは大量生産と軍事文化の興味深いつながりを反映していた。グリボーヴァルらは、戦場が基本的に合理的であり、工学的洞察力によって管理可能であることを理解していたのだ。

19世紀になると、戦場での健康管理にかかわる人道的慈善活動は、効率的かつ合理的な資源管理の一部として理解されるようになった。イギリスにおける看護の開拓者フローレンス・ナイチンゲールは、統計的秩序、合理性、定量分析を提唱した人物でもあった。彼女は何事にも効率を重視し、その価値を統計的に証明することに人生の大半を費やした。[7]

ナイチンゲールが重要なフィールドワークを行ったクリミア戦争（１８５３～１８５６）は、いち早く工業化された戦争の一つで、鉄道と電信線が重要な役割を果たした。この戦争はリアルタイムで報道された最初の戦争の一つであり、新聞の一面に掲載された数々の悲劇は、戦略的・政治的な意思決定、国内の反応や支持に影響を与えた。黒海のトルコ艦隊を攻撃したロシアがその地域に進出して乗っ取ろうとしているのではないかという不安がヨーロッパ中に広がり、イギリスとフランスはオスマン帝国の防衛に乗り出した。その結果、どの軍も、ガリポリ、セバストポリ、バラクラヴァなどでの戦闘で残忍な虐殺を被ったが、最終的にはロシア帝国が敗北した。

新聞記事でイギリス国民を最も激怒させたのは、イスタンブールのスクタリというトルコの中心地域では、フランス兵が熟練したフランス人看護修道女に看護されているという報道だった。負傷したフランス兵は、おいしい食事と清潔な毛布や包帯を与えられ、24時間の医療ケアを受けていたが、それに比べて、この報道によれば、放置されたイギリス兵は床に横たわって死んでいくばかりで、誰も傷の手当てをしてくれなかったという。この記述に激怒した陸軍長官は、ナイチンゲールに対し、訓練を受けた看護師団をクリミアの前線に連れていくよう命じた[8]。

ナイチンゲールは裕福でエリート階級に属する若い女性で、20代のあいだは「世のために奉仕すべきだ」という神秘主義的な展望をもっていた。家族や求婚者たちからの反対にもかかわらず、彼女はこの社会奉仕活動を追求し、生涯独身を貫いた。ナイチンゲールの世のための奉仕は、具体的には、看護の仕事（当時は修道女や売春婦が行っており、道徳的に議論の余地のある肉体労働の一種と考えられていた）を専門職にしようという運動の形をとって実践された。クリミア戦争が勃発した1853年、ドイツでの医療訓練を終えたナイチンゲールは、ロンドンで女性用診療所の管理人をしていた。新聞でイギリス軍の絶望的な状況が報道されると、親しい友人のシドニー・ハーバート陸軍長官夫妻から、クリミアでの看護活動の運営管理を引き継ぐよう依頼を受けた。

彼女は戦争中、ほとんどの時間をイスタンブールの野戦病院で過ごした。負傷兵が戦場からこの病院にたどり着くには、交戦中の海を渡ってくる必要があった。その状況が悲惨なものであることを知ったナイチンゲールは、自分が属する富裕階級のネットワークを利用して、必要な物資や資金の寄付を募った。ナイチンゲールはまた、病院を徹底して清潔に保つことをスタッフに要求し、それを実行させた。その結果、負傷兵の生存率は目に見えて向上した。彼女が野戦病院にいたあいだに作成した通信記録と報告書は、驚くべき量に達する。毎晩、彼女は手紙を書き、政策のあらゆる選択肢、ミスや問題の一つひとつを確認していた。夜更けに、病棟を歩いて兵士の容体をチェックして回ることもあったので、「ランプを持った婦人」として知られるようになった。その看護をする姿、兵士への配慮といったロマンチックなイメージが、ナイチンゲールの人気を高め、彼女を国民的ヒロインにした。

クリミア戦争での活躍を経て、意欲の強さ、管理能力、その名が示すカリスマ性をすべての仕事にもち込んだ彼女は、まずは軍事医学の統計学者として、次いで公衆衛生全般の統計学者として尊敬されるようになっていったのである。彼女が考案した「鶏頭《けいとう》図《ず》」は、複数の出典から抜き出した複雑なデータを一つの図で見られるようにした円グラフの一種だ（図5）。

この円グラフは、彼女に言わせれば、「無教養な一般人」にとっては理解しにくい事実を一目でわかるようにするための方法だった。「無教養な一般人」には、ヴィクトリア女王も含まれていた。彼女はある報告書を女王に送り、「絵入りだから見てもらえるかもしれません」とのコメントを残している。

ナイチンゲールは、人気になりつつあった統計学の新しい道具と方法を受け入れた。彼女が受けた数学教育は通り一遍なものにすぎなかったが、19世紀半ばのイギリスで父親が築いた社会的コネクションを通して、彼女は当代一流の思想家たちと交流してい

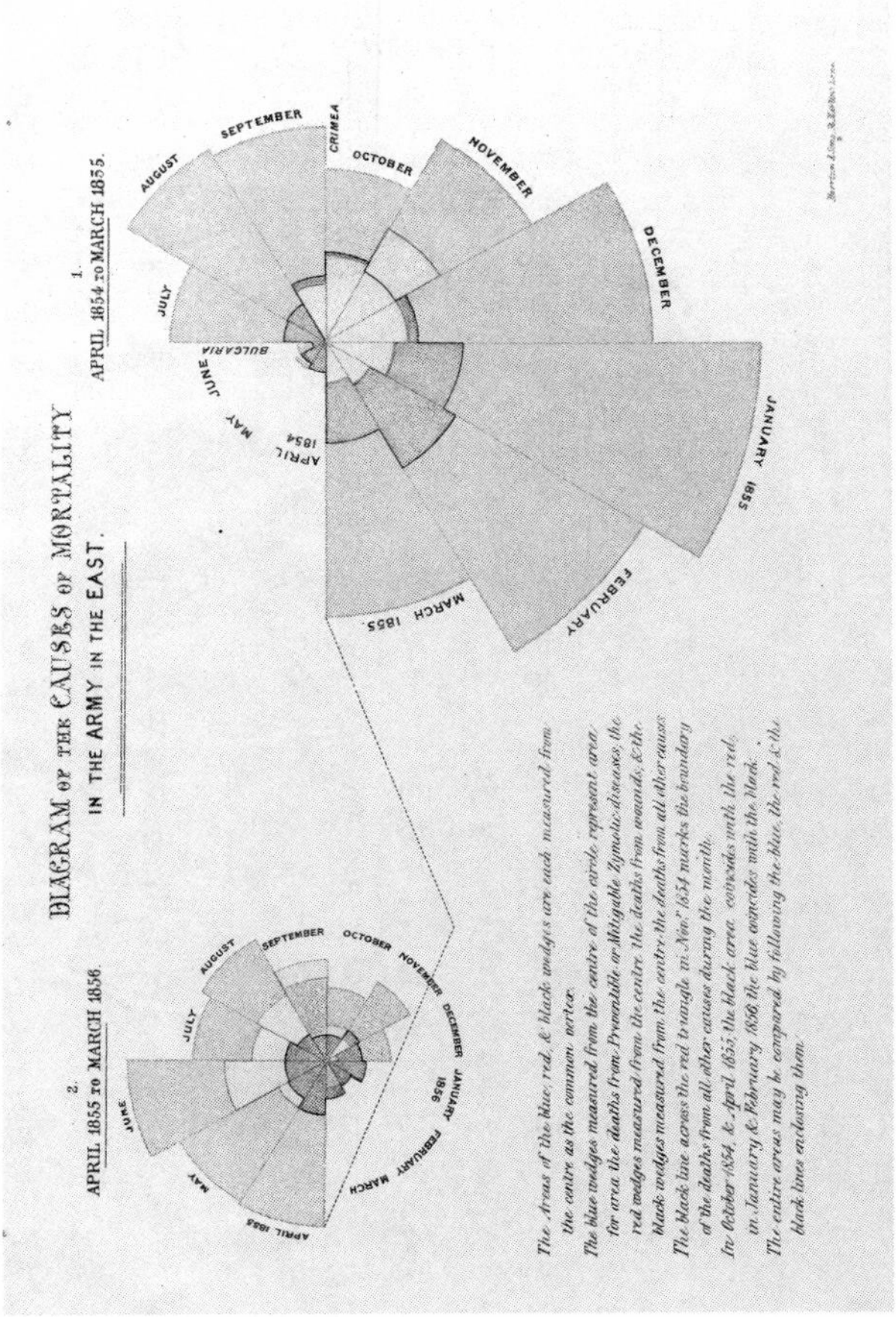

図5　イギリスにおける看護の先駆者フローレンス・ナイチンゲールは、クリミア戦争での死亡原因と死亡率を図示する方法として鶏頭図を開発した。［Wellcome Collection / CC BY4.0］

た。当時は、科学的な議論が活発に行われ、数学と統計学に対する新しい方法が試みられていた時代だった。若きナイチンゲールは、数学者・技術者のチャールズ・バベッジと出会った。19世紀半ばにコンピュータを概念化した人物である。バベッジは、友人にして後援者のエイダ・ラブレスという数学者の家に居候をしていた。ラブレスはバベッジのアイデアを参考にして、情報をプログラミングする方法を開発した。それで、一般的には、ラブレスが最初のコンピュータプログラマーだと考えられている。1847年、ナイチンゲール一家はオックスフォードで開かれたイギリス科学振興協会の会議に出席し、電磁気学や電気化学の研究を行った、有名かつ重要なイギリスの科学者マイケル・ファラデーの講演を聴いた。彼女はまた、統計学や衛生改革に早くから熱心だったチャールズ・ブレイスブリッジとも親しくなった[10]。ブレイスブリッジから正式に統計学を学んだわけではなかったが、のちに必要となる知識を身につけるための土台としては役立ったようだ。

イスタンブールで野戦病院の運営管理を見事に変革したことで、ナイチンゲールは世間から尊敬されるようになり、次いで、イギリス軍の医療改革に乗り出した。軍関係者はナイチンゲールの動機と専門知識に疑念を抱いていたが、彼女は効果的に統計を使って疑念を払拭し、兵士の健康を保つ方法についての議論を展開した。彼女はその後、一般人の健康を保つ方法の探索へと行動を拡大する。ナイチンゲールが行った最も重要なプロジェクトの一つは、インドの公衆衛生に焦点を当てたものである。彼女はインドにおける兵士の健康に関する統計的研究を仕上げ、辺境の植民地では、排水不良、水の汚染、換気不良が死亡率の高さの原因であることを証明した。その研究においても、彼女は統計学を応用して改善の道筋を示した。彼女のモットーの一つに、ゲーテからの引用がある。「世界は数字によって支配されているといわれていますが、（それはともかく）私が知っているのは、世界がうまく支配されているかどうかは、数字が教えてくれるということです[11]」

彼女は病原菌説を知らなかった。にもかかわらず、患者、看護スタッフ、水や設備を清潔に保てば、状況が改善されるという証拠をもっていた。彼女は実利的な説得のプロであり、効果が期待できそうなら、どんな手段でも試してみようとした。しかし、彼女が本当に興味をもっていたのは、それ自体が知的な学問分野である統計学だった。彼女はまた、統計学を使えば、神の法則を構成する世界の法則を決定することができるという、ほとんど神秘主義的な信念をもっていた。この信念は、自然を研究することによって神の御心を解読することを目指す自然神学の思想に似ている。

晩年はほとんど家に閉じこもっていたが、ナイチンゲールは80代まで統計学と効率性に関する研究を続けた。彼女は多くの点で異色の人物だったが、理性と証拠に惹かれた彼女は、戦争の効率的な運営管理における科学的合理性の影響力の高まりを身をもって示したのだった。

ナイチンゲールは戦争で負傷した兵士への「同情」という感情を利用して、負傷兵を管理するための合理的計画を正当化した。同様に、アメリカ海軍の理論家にして歴史家のアルフレッド・セイヤー・マハン（1840〜1914）は、感情的で愛国心に満ちた献身ぶりを利用して、自らが描く海戦の未来図とその重要性を正当化した。

マハンは生前、最も影響力のある重要な思想家の一人と考えられていた。今日ではほとんど記憶されていないが、マハンの考えは20世紀アメリカが歩んだ帝国主義的道のりに反映されている。歴史家のダニエル・イマーヴァールが「大アメリカ合衆国」と呼ぶ帝国（フィリピンからマーシャル諸島、プエルトリコまで、アメリカ合衆国の公式領土ではない島々や基地を点描画の点のように集めたもの）は、マハンの未来図とほぼ重なる。[12]とはいえ、彼がこの帝国を考え出したのは、海軍の重要性を示すためだった。マハンの描く未来図では、海は帝国主義国家のためのものだった。アメリカは帝国主義国家の一つとなることを欲し、マハンはそのための地図を提供したというわけだ。

これまで、マハンを工業化を促進するための感情的資源として解釈した人はいなかった。[13]彼をそのように見ているのはほぼ私だけのようだ。しかし、以下に示すように、彼の言葉遣い、口調、生き生きとした情熱、商業と海軍の両方に対する信仰は、ほとんど福音主義的な性格を帯びていた。工業化のカギは、生産プロセスや消費の変革だけでなく、政治指導者や一般市民の熱狂的な支持にもあった。マハンは「アメリカの世紀」のための言葉と倫理的正当性を提供したのだ。彼は説得力と先見性を兼ね備えた人物であり、余剰品と海洋交易の重要性を信じていた。経済の未来と市場の限界に関心をもつ彼にとって、海軍の目的は工場を維持することにあった。マハンの支持者にとって、それは強力かつ説得力のある未来図だった。[14]

軍人家系出身（ミドルネームのセイヤーはウェストポイントにある陸軍士官学校の創設者シルヴァナス・セイヤーにちなむ）のマハンは、アナポリスの海軍兵学校に入学し、1859年に卒業した。南北戦争では北軍側について戦い、戦争後は短期間ながら太平洋を航海した。1885年にはロードアイランド州ニューポートの海軍大学校の教官に任命され、のちに数年間、その学長を務めることになる。教官時代には、彼の最も重要な著作につながる講義も行っており、1890年に『海上権力史論』[15]を出版した。この本を書いたことで彼は有名になった。その後、5冊の関連書籍が出版されたが、どれもが海軍力の重要性を力説するものであり、そのほとんどにおいて、イギリス帝国は完全に海軍力に依存していることが述べられていた。

マハンは、セオドア・ルーズベルトが海軍兵学校の客員講師をしていたときに、彼と親しくなっており、そのことが彼の名声を高めるのに一役買っていたかもしれない（最終的には、彼らは必ずしも意見が一致していたわけではない）。しかし、マハンが魅力的で、華やかでさえある書き手だったことも手伝って、彼の展望はアメリカの将来にとってきわめて重要であると考えられるようになった。彼は歴史を使って、海軍力の重要性と進歩と成功のために海が果たす役割を立証した。そして、彼はアメリカの未来図を描き出した。[16] マハンの研究は、ルーズベルト、ヘンリー・キャボット・ロッジ、ジョン・ヘイ、ベンジャミン・F・トレイシー（海軍長官、1889～1893年）、ヒラリー・A・ハーバート（海軍長官、1893～1897年）らを魅了した。マハンとその支持者にとって、アメリカ帝国をつくる必要性は自明のことだった。それは生物学的要請といってもよかった。拡大し続けない国は滅びるというわけだ。時代を超越した歴史法則に関する彼の観察は、19世紀後半の思想家の一般的なスタイルと同じく、実証主義的な考え方と、世界を説明する「一般原則」を熱心に受け入れる傾向を反映していた。これはカール・マルクスやハーバート・スペンサーのスタイルであり、マハンの場合には、「科学的」推論への漠然とした忠誠心に加え、不変の法則は海戦の詳細な説明によって理解できるという信念が混在していた。しかし、その時代に対するマハンの理解は深かった。彼はアメリカの指導者たちに彼らが聞きたかったに違いないことを伝えた。彼は、1893年の恐慌の何年も前に、外国市場がなければ、アメリカは国内労働と過剰生産の危機に直面する可能性があることを指摘した（これはすぐに起こった）。そして、フレデリック・ジャクソン・ターナーがアメリカのフロンティアの終焉を分析した有名な論文を発表する3年も前に、マハンはその衝撃を予測していた。「望もうと望むまいと、アメリカ人は今、外に目を向け始めなければならない。国の生産量の増加がそれを必要としている。国民感情の増大がそれを必要としている」[17]。アメリカがパナマ運河を建設したのは、マハンのアイデアだった。彼によれば、パナマ運河建設は、太平洋を支配するために必要な最初の段階だった。アメリカの「三つの海」が、パナマ運河を「三つの海を出て、その先の地域へ近づく」ための重要拠点にしたのだ。太平洋の支配は「ごく自然で必要な、避けられない」アメリカの拡大の一部だったのだ。マハンはまた、アメリカにとっては、サモア、バージン諸島のセントトーマス島、プエルトリコ、ハワイ、フィリピンに基地が必要だと言っていた。彼の見解では、アメリカという商業帝国を支える役目を果たすのが、ほかならぬ海軍活動だった。国家の偉大さは海戦力であると彼は言っている。

彼が概略を示した議論は、このようにして、新しい戦艦を建造したり、海軍の軍拡競争に参加したりするための強力な正当性を議会に提供した。マハンは、アメリカの利益が危機に瀕している場所に焦点を当て、その利益の一覧を目録化したのだ。

　かつてアメリカは国際会議ではほとんど影響力がないと思われていた三流国だったが、19世紀後半に、さまざまな力が結びついて国際的に脚光を浴びるようになった。１８９８年４月には、マッキンリー政権がスペインに宣戦布告したが、これはアメリカ工業の勝利とみなされた。戦争はわずか5カ月で終わった。結局、スペインは太平洋のグアム島とフィリピン諸島、カリブ海のプエルトリコを手放すことになった。パナマ運河の建設は１９０３年、セオドア・ルーズベルト大統領のもとで始まり、１９１４年に完成した。１９１７年、アメリカはセントトーマス島を含むバージン諸島をデンマークから購入した。

　マハンの描いた未来図、つまり彼が海軍を中心に構築した拡張と権力の夢は、30年足らずで現実のものとなった。マハンは19世紀で最も影響力のある思想家と呼ばれることもある。思うに、彼の影響力は実利的な部分だけではなかった。それは、権力を握っている男たちが、呼び起こして利用する信念と願望を混ぜ合わせたものであり、その核心には感情的なものがあった。

海軍の目的についてのマハンの未来図が感情的で超越的なものだったとすれば、海軍の技術も同様に、工業化の感情的な高揚感を体現してみせる機械だった。これまで示してきたように、誘惑は軍事技術の歴史の一部であり、海を駆る機械には特別な魅力がある。その魅力は、時には実際の戦功を軍事的価値とは無関係なものにしてしまうほどのものだった。

1862年に就役した北軍装甲艦《モニター》は1年足らず稼働した後、嵐で海に沈んでしまったが、この船は機械時代の強力な象徴であり、デイヴィッド・ミンデルが明らかにしたように、戦闘に使用するため以上に象徴のために重要だった。それと共鳴するように、1906年に就役したイギリス海軍の戦艦《ドレッドノート》は、世界的な軍拡競争を引き起こし、巨大な大砲を装備した大型戦艦の時代をもたらした。大型戦艦の多くは、両世界大戦での戦闘中に失われた。評論家は、その原因を設計ミスとずさんな想定のせいにした。[18] いずれにしても、大型戦艦は効率性だけでなく、高揚感をもたらした。

2隻の装甲艦による最初の戦いは1862年3月9日、バージニア州ハンプトンローズで行われた。北軍の《モニター》は、装甲艦として特別設計されており、水中戦のための革新的な新しいメカニズムが満載だった。南軍の《バージニア》は、技術者が表面に鉄板を貼りつけただけの標準的な木造蒸気フリゲート艦だった。交戦時間は短く、特に決定的な戦闘ではなかった。両軍とも、自軍が勝ったと主張した。しかし、ハンプトンローズでの対決は、当時とそれ以降の戦争において実に象徴的な地位を占めている。《モニター》は北軍の勝利として称賛され、戦争の難しい時期に希望を与えた。さらには、《モニター》自体が、アメリカの工業力の可能性を示す兆候だったように思われた。それは驚くべきであると同時に恐るべきものでもあり、非人間化の兆候であり、未来の驚異の兆候でもあった。デイヴィッド・ミンデルは、《モニター》内で生活し、働いていた乗組員の経験を研究するなかで、洞察力に満ちた乗組員の一人が妻に宛てた忘れられない手紙を引用している。《モニター》の主計官ウィリアム・F・キーラーは、妻のアンナに、自分を守ると同時に自分を脅かす存在でもある機械のなかでの感情や経験を語っている。彼は、兵士が鉄板に守られるようになった時代の戦争におけるヒロイズムと男らしさについて疑問を呈した。科学は勇気をなくしてしまったのだろうか。そして、戦争とはリスクなしで、言い換えれば、一方が安全で、他方が脆弱であるという非対称的なリスクをともなって行われるものだろうか[19]。

ミンデルが明らかにしたように、キーラーは《モニター》とその機械的仕組みを称賛しはしたが、その寒さ、暗さ、やかましさにうんざりしてもいた。夏は艦内温度が55〜65℃にも達し、耐えがたいものとなった。艦内には蚊もいた。キーラーも含め、乗組員たちは、《モニター》は溶接された墓場なのではないかと思った。敵からの攻撃も危険だが、船そのものも危険ではないのか？　密閉された空間のなかでの生活は過酷だった。守られていることと閉じ込められていることの差は紙一重だった。

彼を含む乗組員は、新しい技術には欠陥があることを知っていた。最初の出航時、ハンプトンロードでの戦闘の前に、《モニター》は強風に遭遇し、ハッチとデッキシールから水が流れ込んできた。海水は送風機に入り、蒸気機関を駆動させる革ベルトを濡らしてしまった。これが原因で機関室の送風機が故障し、機関室内には石炭の火による有害ガスが充満した。外洋では、このような事態は生命の危機に直結する。技術者は毒ガスの被害に遭うのを恐れて船を修理することができず、乗組員はただ怯えるばかりだった。最終的な解決策は、古典的な社会技術だった。技術者が全員甲板に集まって、修理のための対策を練った。そして、彼らは一人ずつ下へ行き、特定の仕事を一つずつして、すぐに戻ってくることにした。社会的に連帯し、全員が一丸となって働くことで、彼らは機械の問題を解決したのだった。

《モニター》を建造中の1861～1862年の冬、北軍司令部は、南軍が北軍の古いフリゲート艦《メリマック》を装甲艦に改造しようとしているという噂を耳にした。《メリマック》は1861年春、バージニア州ノーフォークの海軍基地で南軍に奪取されていたのだ。北軍は退却の際、この船を燃やして沈めたが、南軍は船を引き上げ、造船所に残されていた材料を使って修復し、《バージニア》と改名した。ワシントンの北軍司令部は、この新しい装甲艦がニューポートニューズに集結している北軍の木造封鎖艦隊を撃破してしまうのではないかと心配していた。もし封鎖を突破されれば、《バージニア》はポトマック川を遡上し、ワシントンを攻撃する恐れがあった。

1862年3月8日、《バージニア》はニューポートニューズ近くのハンプトンローズに到着した。これは《モニター》が到着する1日前だった。北軍艦隊は準備が間に合わなかった。この日の戦闘で、木造艦船に対する装甲艦の勝利は確定したも同然だった。《バージニア》は《カンバーランド》に体当たりして、これを撃沈し、乗組員121名を葬り去った。続いて《コングレス》を炎上させることにも成功し、この船は爆発を起こして沈没した。装甲艦《バージニア》は我が物顔に戦い、最終的にはほとんど無傷で撤退した。日暮れごろには、ハンプトンローズにいた北軍第3のフリゲート艦が砂州《さす》に閉じ込められてしまい、朝の攻撃には使いものにならなくなっていた。

同日遅く、《モニター》がハンプトンローズに到着した。この地域は戦略的に戦争の中心地であり、見物可能な戦闘に適した舞台でもあった。勝負は両軍の観客が見守るなか、自然がつくった海の円形劇場で行われた。この戦闘がアメリカ国民に大きな衝撃を与えた理由の一つは、多くの人に目撃され、目撃者や参加者たちが戦闘の模様を生々しく伝えたからである。

3月9日朝の戦闘は約4時間続いた。両軍の船はかなり接近していた。銃弾と砲弾がたがいの船の鉄の装甲で跳ね返った。《モニター》には22発が命中したが、わずかな損傷を被っただけだった。《バージニア》も被弾し、先端部の大半が破壊された。午後3

時ごろ、両艦は戦闘を停止した。戦死者は一人も出ず、両軍ともに勝利を主張した。２隻の装甲艦が再び出会うことはなかった。

キーラーは妻への手紙のなかで、《モニター》の乗組員の英雄的性格は戦闘での働きぶりにあるのではなく（彼らは保護されていたのだから）、そのような奇妙な環境で生き延びようとする意志にあるのではないかと書いている。「私たちはあの戦いに値する以上の評価を受けることになると思うが、貫通不可能な装甲に守られていれば、誰でも戦えるだろう」。実際、《モニター》とその乗組員は英雄として称賛された。その過程で、《モニター》は参戦させるのが惜しいとすら思われるようになった。乗組員たちは次第に、《モニター》が戦争から遠ざけられつつあること、大衆を励まし、北軍の技術力を称えるために「展示」されていることに気づいた。《モニター》はその軍事的技術よりも、戦争のシンボルとしての価値が高かったのだ。キーラーは、《モニター》についての性差にかかわる葛藤や、この船がヒロイズムや男らしさに与えた影響について記した文章も残している。彼は《モニター》を高級磁器にたとえている。「政府の《モニター》に対する態度は、心配性の主婦がアンティークの磁器セットを見ているのと同じだ。使うには高価すぎ、記念品としてしまっておくには有用すぎるが、自分の持ち物がどんなにすばらしいかをみんなに見せびらかしたくてしかたがないのだ」。《モニター》は夏のあいだじゅう、ほとんど出番がなかったが、1862年の大晦日《おおみそか》にハテラス岬沖で沈没し、乗組員16名が死亡した。キーラーを含む残りの47人は救助された。

ミンデルが分析したように、海軍と国家にとって、新しい装甲艦は変化の兆しだった。一般的にも、工業化の質の高さを示す実例になった。装甲艦は資源管理や効率的な海戦の追究のため、さらには戦争に対する国民の熱意を維持するための合理的計画の一部だった。装甲艦は権力者と大衆の両方に衝撃を与えたが、その艦内で戦うことを余儀なくされた乗組員に対しては、安全と自己不信、驚きと懐疑心が入り混じった体験をもたらしたのだった。

イギリス海軍の戦艦《ドレッドノート》も象徴的な艦船であったが、《モニター》とはかなり異なる運命をたどることになる。1906年2月2日、イギリスのポーツマス港で、巨大な大砲を標準装備した初の超大型戦艦の命名式が行われた。後から振り返れば、この日は、戦艦を《ドレッドノート》以前と《ドレッドノート》以後に分けることになった歴史的瞬間だったといえよう。その違いは、新型タービンエンジンにあった。《ドレッドノート》は、効率性と実効性を兼ね備えたモデルとして計画された。９㎞の射程距離をもち、複数の防水区画を備え、燃料も石炭から石油に変更された。装甲の厚さは33㎝、速度は最高21ノットと当時のどんな戦艦よりも速かった。《ドレッドノート》は実に見応えのある戦艦であり（写真を見れば明らか）、あわてた他国の主要海軍は軍拡競争の道を歩むことになった。[20]

アメリカ海軍の最初のドレッドノート級（ド級）戦艦は１９１０年就役の《サウスカロライナ》だった。１９１４年の時点では、イギリスが22隻、ドイツが14隻のド級戦艦を保有していたが、１９２１年には、アメリカがすでに10隻のド級戦艦を保有し、全米各州に1隻ずつのド級戦艦を建造する計画を立てていた。ド級戦艦は世界的大国の象徴だった。また、ド級戦艦は、ジャーナリストによって「男性的なもの」とみなされていた。英語では、船に女性の名前がつけられたり、女性の代名詞（she）を使って言い表されたりすることが多い。しかし、ジャーナリストはド級戦艦を「硬くて、たくましい、ぶっ放し野郎」「不思議な男性的美しさを備えた戦艦」だとみなしていた。何隻ものド級戦艦が港に入ってくるのを目撃したアメリカの一般市民たちは、その光景を見て「今にも泣きだしそう」だったという。[21]

このような反応は、戦艦に対する支持の高まりを反映したものだった。戦艦こそが海軍力の要であり、海軍力の決定的な尺度だったのだ。19世紀後半には、アメリカなど一部の国の海軍は、小型艦との混合運用を支持していた。しかし、《ドレッドノート》をはじめとするド級戦艦は、その考え方に変化をもたらした。大型戦艦こそが国家の強さの尺度となったのだ。その後、海軍力の象徴は徐々に空母へ、そしてのちには原子力潜水艦へと移っていく。その流れは第二次世界大戦で決定的なものになった。戦争中、アメリカは約100隻の空母を建造したが、戦艦は8隻ほどにすぎなかった。

結局、第1世代のド級戦艦のコストは、日本、フランス、イギリス、イタリア、アメリカなど、相当数のド級艦隊を有する国々の経済を圧迫し始めた。また、大型戦艦の有効性に対する疑問も出始めていた。第一次世界大戦におけるド級戦艦の甚大な損失は、ド級戦艦自体に問題があることを示しているように思われたのだ。1922年のワシントン海軍軍縮条約と1930年のロンドン海軍軍縮条約では、ほとんどの国が「海軍休日（建艦休日）」に賛成して国際合意が得られたが、この二つの条約では、当時最新の海軍技術だった潜水艦や空母にはほとんど制限が課されていなかった。

１９３０年代になると、多くの国が次の戦争に備え始めるようになっていたこともあって、海軍休日を継続すべしという風潮は次第に弱まってきていた。巨砲を備えた大型戦艦は、それを生み出すことになった期待に応えることはできなかった。しかし、それ以前の戦艦時代が終わりを迎えても、ド級戦艦に強い近縁性をもつ新しい艦船が建造され続けた。現代の空母は、正面からでなければ、サイズ的にド級戦艦の同類だといえるだろう。

私は、工業化を感情の領域だとみなしている。この領域においては、合理性と効率性でさえもが感情を呼び起こし、軍事政策や軍事的慣行を正当化する。私は、近代の資本化された国家制度のあらゆる要素が、科学技術戦争の勃興に一役買ったのではないかと思っている。市場と資本、大量生産、交換可能な部品、システム思考、ナショナリズムのイデオロギー的促進（ベネディクト・アンダーソンのいう「想像の共同体」）など、すべてのものが軍事紛争の構造を変化させるうえで重要だったのだ。[22]

大量生産の論理は同時に総力戦の論理であり、最終的には無差別都市爆撃の論理にもなった。18世紀フランスの軍事技術者ジャン・バティスト・ド・グリボーヴァル、19世紀イギリスの看護の先駆者フローレンス・ナイチンゲール、19世紀末から20世紀初頭にかけて活躍したアメリカの海軍史家アルフレッド・セイヤー・マハン、この3人は、理性と暴力についての新たな思考法をそれぞれ展開してみせた。装甲艦とド級戦艦は、これらの考え方を技術的に表現したものである。第一次世界大戦の時点で、軍事紛争は工業機械になっていたのだ。

戦争を工業化するこのプロセスには、工業化が可能にしたものを統制するというプロセスが直接結びついていた。戦争の規則を確立して「文明」国家間の同意を得ようとする国際的な努力は、19世紀にヨーロッパで始まり、20世紀に拡大して、現在進行中の世界的プロセスの一部となった。こうした努力は、戦争技術の変化に対する一般的な懸念を反映したものだった。1922年の海軍軍縮会議では、すべての関係国にとってコストのかかるド級戦艦の軍拡競争を停止することで合意に達した。そのわずか数年後の1925年には、窒息性ガス、毒性ガスまたはこれらに類するガスおよび細菌学的手段の戦争における使用の禁止に関するジュネーヴ議定書が提案され、１９２８年に承認された。当時の署名国は38カ国だが、アメリカが署名したのは１９７４年だった。１９５０年代以降の大気圏兵器実験と軍備制限協定は、生産量とリスクの管理を中心としたものだった。１９２０年代以降、多くの国で大規模な生物兵器の開発が行われたが、１９７２年の生物兵器条約は、開発・生産・備蓄を禁止した初の兵器条約となった。使用だけでなく、保有についても禁止されたのだ。１９７０年代以降、軍事技術の管理に焦点を当てた国際協定が少なくとも26件ある。その筆頭は核兵器だが、地雷、宇宙、海洋、武器取引に関する規則も制定・交渉されてきた。１９９３年の化学兵器禁止条約は、アメリカの化学産業界からも支持されており、現在有効な条約のなかで最も強力な条約の一つである。この条約では備蓄兵器の廃棄が義務づけられており、さらに、化学兵器で攻撃された国を防衛するために、すべての調印国による厳しい査察と関与が求められている。科学と技術は、これらの国際協定に深くかかわっている。こうした国際協定は工業化された戦争の極端な暴力性とリスクを反映したものなのだ。

認識可能で明快な「民間人」の存在という考えが最も強力に推進されたのは、航空戦力がそのような人物の存在をまとまりのないものにした、まさにそのときだった。国家の戦争機械が工場で生産されており、工場が労働者を必要としている以上、労働者の住む地域を破壊することは正当な戦略の一部だった。実際、工業化が、東京やドレスデンの都市自体を炎上させるような爆撃を理にかなったものにしたのだ。私はここで論理と道徳を同一視しているのではない。私が言いたいのは、工業化が極端な暴力の新たな用途を意味づけたということだけである。理性、論理、効率性、感情の動員は、科学技術戦争のための知的資源だった。

これらは第一次世界大戦で一堂に会することになる。

第3章

塹壕、戦車、化学兵器

第一次世界大戦では、前例のない奇妙な戦いが繰り広げられた。西部戦線の穴居人《けっきょじん》のような世界は、技術的には洗練されていたが、戦略的には悲惨なものだった。この二つの事実には関連がある。

フランスをジグザグに縦断する広大な塹壕網を主戦場とし、4年ものあいだ膠着状態が続いたこの戦争では、多くの新しい技術が初めて軍事的に使用された。ドイツの化学工業の大規模研究所からは、化学兵器が直接塹壕に運ばれてきた。これに対抗するために、トラクターをモデルにした軍用戦車が開発された。キティホークにおけるライト兄弟の初飛行から20年も経たないうちに、脆弱な飛行機は兵器工場でさまざまな実験的改良が施され、爆弾を投下し、偵察や戦略的支援も行うようになっていた。ほかにも、無線通信が強化され、機関銃は威力を増した。潜水艦は外洋航行が可能になり、航空写真の精度も高まった。こうした科学技術の進歩にともない、戦略と人間の経験は変わりつつあった。

第一次世界大戦では、科学の専門家が軍隊に入って軍務に就いた。専門知識やアイデアを提供するだけではなく、軍人として実際に戦地に赴いた。前線で戦死した者もいれば、化学兵器の製造や心理戦の研究に従事した者もいた。第一次世界大戦は、化学兵器の台頭により、一般的に「化学者の戦争」として知られているが、それにとどまらず、人類学者や心理学者の戦争でもあり、物理学者や技術者の戦争でもあった。第一次世界大戦は、近代の科学、工学、医学を塹壕のなかに持ち込み、その過程で科学コミュニティが夢みていた国際主義を引き裂いた。

　塹壕については、文字による図像学的記述が、回顧録、詩、小説、さらには公式の軍の報告書のなかにも数多く残されている[1]。その多くは泥の描写であるが、この泥にまみれた人間の苦しみの世界は、科学的理性の産物であふれていた。ぬかるんだ塹壕のなかは、知識、医学、真実の宝庫だったのだ[2]（１４７ページ図６）。第一次世界大戦は、深刻な心理的・身体的外傷《トラウマ》を数多く生み出した。社会科学者（心理学者を含む）にとって、この戦争は彼らが即戦力として国家の役に立つ存在であることを証明する好機だった。医師（内科医や外科医）にとっては、この戦争のおかげで、損傷を負った多くの身体を研究できるようになり、その結果、治癒方法の発見にもつながった。第一次世界大戦は、戦争がいかに医療に「役立つ」ものであるかを示す好例であり、軍事行動によって日常的に生じる付随データの有用性を示す好例だった。そして一般の科学者にとっては、第一次世界大戦は新しい研究の機会であるだけでなく、良心の危機でもあった。この戦争のせいで、国際科学コミュニティに亀裂が入ったからだ。戦後10年以上にわたり、ノーベル賞受賞者のフリッツ・ハーバーをはじめとするドイツの化学者たちは、毒ガスの使用に関して果たした役割やドイツ国家の侵略を声高に支持したことが原因で、他国の研究者から敬遠された。国際主義的な純粋科学という19世紀の夢は崩れ始めたのだった。[3]

軍事史の大家ウィリアム・マクニールは、第一次世界大戦の混沌とした始まりをうまく説明できずに、こう記していた。「このような奇妙な行動の理由は推測するしかない。〔中略〕第一次世界大戦を理解するのは今なお難しい」。ほかの多くの歴史家も同様の見解を述べている。[4]なかには、第一次世界大戦は「自然現象のようなもの」であり、近代が生み出した生物学的緊張の結果であると考える歴史家もいるほどだ。この戦争を説明するために、歴史家はさまざまな要因を持ち出してきた。例を挙げれば、19世紀後半の経済的・社会的混乱に対する反応の表れとしての男らしさと英雄主義の崇拝、多くの参

図6　空から見たフランダースの戦場。第一次世界大戦の塹壕網の規模と複雑さがよくわかる。[王立軍事歴史博物館（ベルギー）提供]

戦国が抱えていた国内の対立や緊張（外敵の存在は国内をまとめるのに都合がよい）、一部の国を破産の危機へと追い込んだ高価なド級戦艦による軍拡競争、多くのヨーロッパ諸国の国民の生活が農村型から都市型へと移行したことによる心理的適応、などがある。こうした説明はすべて、第一次世界大戦が合理的な政治的計算の末に勃発したのではなく、一種の発作や恍惚状態といったものに突き動かされて生じたということを示しているように思われる。

どういうわけか、この戦争の維持と継続にかかわった国家指導者の多くは、費用対効果の実証的分析を避けていたように思える。第一次世界大戦は、どちらの側も多大な犠牲を払った戦争の一つだった。戦争に従軍した7000万人のうち、1000万人が死亡し、さらに何百万もの人々が重傷を負った。1918年には、駐屯地の若い兵士から始まった強力なインフルエンザの流行が、世界中の都市部や農村中心部の民間人にまで広がり、さらに約3000万人の死者を出した。ここで、戦争の惨状や戦争がもたらした影響の全容を述べることは不可能に近い。実際、その全容を理解することも、記憶しておくことも困難である。この章では、科学、医学、工学が戦略に与えた影響や戦争に参加した専門家にとっての戦争の意味を考えながら、戦争の技術的な要素を追っていくが、戦争そのものを説明することは私にはできない。

第一次世界大戦は１９１４年６月、セルビア政府によって訓練され、編成されたセルビア人の若者グループが、ボスニアの新たに併合された地域を訪問していたオーストリア・ハンガリー帝国の皇位継承者を暗殺したことから始まった。何人もの刺客が公表済みの行啓ルートをたどって皇位継承者を尾行し、最終的にそのうちの一人が殺害に成功する。７月下旬からは各国による宣戦布告が行われた。

オーストリアはドイツと対セルビア同盟を結ぶ。ロシアはオーストリアに宣戦布告。ドイツはロシアに宣戦布告し、ベルギーとフランスに侵攻。イギリスはドイツに宣戦布告。こんな具合に、数週間のうちに、ヨーロッパは戦場となった。しかし、ヨーロッパだけの戦いではなかった。戦線には、ヨーロッパの各帝国の植民地軍がかき集められ、自分たちとは直接の利害関係をもたない土地や社会を守るために動員された。オーストラリア、アフリカ、アジア、中南米からも兵士が塹壕で戦うためにやってきた。第一次世界大戦は、世界中の兵士がヨーロッパに集結した、真の意味での世界大戦だった。

宣戦布告の多くは電信を使って行われた。だから、新しい通信技術が迅速な戦争の開始に一役買っていたといえるかもしれない。電信は、部隊を迅速かつ一斉に移動させることも可能にし、軍事行動の速度を変えた。また、電信は外交干渉においても役割を果たしており、戦争が迅速に開始されたのと同じように、迅速に終結することが広く期待されていた。[5] ヨーロッパの軍高官の多くは、近代兵器がそれ以前の戦争で使用されたどの兵器よりも致死的で残忍なものであることを知っていた。近代社会は、精神的外傷を残すような長期戦という犠牲を支持したり、容認したりすることはないだろうと考えていた者もいた。多くの人は、決定的な一撃があれば、事態はすぐに終結し、クリスマスには部隊が帰還しているだろうと期待していた。しかし、戦争をすぐに終わらせることができると思われた技術は、どういうわけかその逆に作用した。機関銃は戦争を終わらせるどころか、戦争を長引かせたのだ。

　１９１４年10月のハロウィンの時点で、西部戦線は膠着状態に陥っていた。西部戦線は北海からスイスとの国境までの全長７６５kmにもわたっており、ほとんどが４５０m以下の間隔で2万４０００kmに及ぶ塹壕が存在していた。

　戦争が長引くにつれ、戦線の近接性と半安定性、つまり膠着状態は予想外の結果をもたらした。塹壕戦の社会学的研究によれば、戦線の一部の区間では、非公式の規範が暴力を制限していたことが明らかになっている。両軍の塹壕同士の間隔が数mしか離れていない区間もあった。ある地点では、カナダ軍が廃墟と化した納屋の片側を掘り、会話が聞こえるくらいの距離しか離れていないもう片側をドイツ軍が掘っていた。部隊は常に攻撃活動に従事するよう指示されていたし、指揮官はそのようにしているとの報告を繰り返していたが、多くの資料からはそうではなかったことが明らかになっている。日記、手紙、メモ、さらには指揮官の報告書には、戦線の一部の区間での「相互不干渉」の慣行が記述されていた。この原則によって、敵軍との関係が明確になり、危険が減少した。このような前線兵士間の非公式で集団的な合意は、非言語的かつ暗黙的に秘密裏になされるものだった。彼らは攻撃活動を社会的慣行を通じて相互に許容できると判断されたレベルにまで抑制した。[6] このレベルは、武器を横に向けたり地面に向けたりして、敵の部隊に当たらないようにするというレベルの場合もあれば、習慣化した活動、たとえば「夕刻の機銃掃射」（戦線での「活動」を証拠づけるアリバイとして使われ、また、そのようなものと理解されていた）を意味することもあった。食事時間には、敵の塹壕内の会話が容易に立ち聞きできたが、そうしないことが双方の礼儀とされていた。また、夜間パトロール中に敵のパトロールチームと遭遇しても、たがいに無言のまま通り過ぎることもあった[7]。だから、こうした慣行を知らない者がこの前線を訪問すると、適度に活動的で騒がしく、公式の要件を満たしていると判断してしまう。しかし、塹壕内の兵士にとっては、散発的に撃ち込まれる爆弾や銃弾は敵意を示すものではなく、合意、さらには共謀を示すものだった。

　こうした行動を説明しようとする者は、疎外理論を引き合いに出すことが多い。暴力的労働を行うことを期待されている兵士は、それを拒否して、敵兵士と別のかかわり方を築くこともできるし、実際にそうすることもある。彼らが科学技術を使うのは、指揮官の目標を達成するためとは限らない。誰かを殺すことなく、適切に戦争に従事しているように見せかけるという自らの目標を達成するために科学技術を使うこともあるのだ。それ以前の戦争で銃の照準を高くしすぎたり低くしすぎたりした兵士と同じく、彼らは科学技術を防御的目的のために使用し、実際には指揮官に従うことなく、表面的には遵守しているように見せかけていたのだ。

当時の塹壕戦には、非常に複雑な技術的かつ社会的なシステムが関与していた。塹壕は単なる泥だらけの溝の連続ではなく、供給、戦略、通信、社会的成果が織りなす巨大なネットワークだった。塹壕網を記した驚くべき地図や、塹壕の一部が保存されている公園からも、塹壕がいかに近代的なものだったかが理解できる。複雑な塹壕システムには、建築的な構造があった。多くの塹壕システムは３本の平行なジグザグの線で構成されていた。一番手前は射撃壕と呼ばれ、そこから兵士が敵に向けて発砲した。通常は、深さ1・8～2・1m、幅1・8mの大きさに掘られた。内部には、前線に沿って横方向に走る射撃用踏み台があり、射撃や監視をしようとする兵士はこれを使った。塹壕には防弾壁があり、９m間隔で折れ曲がっていた。防弾壁は、敵軍が塹壕自体に入ってきた場合や、爆風や榴散弾《りゅうさんだん》、砲撃などの攻撃があった場合に、その位置を特定することを目的としていた。一番手前の射撃壕には、敵側に有刺鉄線が張られていることが多かった。次が食料補給や休息のための支援壕、そして最後が予備壕だった。さらに、これらの壕は連絡壕によってつながれていた。

ノーマンズランド（無人地帯）は、塹壕と塹壕のあいだの所有者不明の土地を指す用語である。正確にいえば、どちらにも占領されていない、厳密には「係争中」の土地を意味する。その幅は狭いもので約18m、広いもので約900mと差があったが、普通は約180mほどで、ニューヨーク市の平均的なブロック（街区）以下だった。ほとんどいつも敵が近くにいるにもかかわらず、双方が敵を目にすることはほとんどなかった。フランス軍とイギリス軍は移動が激しかったが、ドイツ軍は、塹壕の同じ小区画で2年間を過ごすのが基本だった。

戦線が膠着し戦争が長引くにつれ、びくともしない塹壕に対する、とんでもない技術的解決案が引き出された。その一つが化学兵器である。

第一次世界大戦は、化学兵器がどちら側の軍でも頻繁に使用された唯一の大規模な世界戦争だった。化学者たちは当初、化学兵器が膠着状態を打開すると断言していた。しかし、行き詰まりを解消することはできず、どの軍も化学兵器を大量かつ多種多様に使用し続けた。第一次世界大戦でのマスタードガス、塩素、ホスゲンをはじめとする窒息性・有毒化学物質の戦略的使用は、その後は一度も繰り返されていないが[*1]、その理由はいまだにはっきりしていない。[8]
ある意味、１９１４年の時点で化学兵器は新しいものではなかった。ヒ素系ガスは１５００年ごろにはすでに使用されていた。世界中の毒ガスの調合法について書かれた古代の本によると、においのする有害ガスは戦争の助けになる可能性があると認識されており、硫黄と煙の使用は包囲戦における定石だった。しかし、第一次世界大戦は違っていた。この戦争では、実験室ベースの高度な化学的専門知識を駆使して人体を直接傷つけるのではなく、人間に特有の生物学的反応を利用した損傷を十分な科学知識をもって人体に与えたのである。銃や剣は野蛮で血なまぐさく、粗野なものだった。一方、化学兵器は、実験科学に基づく洗練されたものだった。そして、虫を殺すかのように人間を殺した。[9]
ドイツにおける化学兵器開発を先導していたのは、のちにアンモニアの合成でノーベル賞を受賞することになる著名な化学者フリッツ・ハーバーである。当時、ハーバーは

＊1　日中戦争下で日本軍によって使用されたとの議論もある。

ベルリンのカイザー・ヴィルヘルム物理化学研究所の所長を務めており、権力と影響力を兼ね備えた科学者だった。1912年には、アルバート・アインシュタインをプラハからベルリンに招聘するために重要な役割を果たしている。ドイツ化学の振興に献身的に取り組んでいたハーバーは、戦争を化学の有用性を国家に宣伝する好機と捉えていた。

第一次世界大戦が正式に始まった1914年7月、ハーバーは休暇中だった。すぐに兵役を志願したが、年齢を理由に却下された。その代わりに、戦争省の一部として新設された戦時原料局の化学部門のトップに任命された。彼なら、さまざまな工業プロセスに使用する代替物質を調査した経験があるので、ドイツの軍需品生産における原料不足にも対処できると見込まれたのだ。ハーバーは、新しいタイプの爆薬の研究も手広く行っていた(その実験の一つで、同僚の一人が爆死している)。戦争勃発後の数カ月で彼が取り組んだ最も重要な問題は、窒素に関するもので、爆発物および窒素肥料の原料である硝酸ナトリウムを大量に製造するにはどうすればよいのかという問題だった。[10]

しかし、ハーバーの関心はすぐに化学兵器に向けられた。これは彼自身の選択によるものだった。ハーバーは、窒息ガスや毒ガスの使用にかかわるあらゆる側面を、ひときわ熱心に研究するようになった。彼は、さまざまな分野の有能な科学者や技術者を集めて、問題点を話し合った。それは、大量生産や有効性にかかわる技術的問題だけでなく、運搬の問題でもあった。すなわち、毒ガスなどの化学兵器をいかにして戦場に持ち込み、自軍に損害を与えない方法で使用することができるのか。この問題を解決するには環境と生物の両方に対する反応を予測しなければならず、化学者だけでなく、エンジニア、物理学者、気象学者らも必要だった。

ハーバーの化学兵器開発計画は、優先度の高い研究としてドイツ軍にいち早く評価され、彼が選んだメンバーは、彼のチームに配属・異動になった。ハーバーは、若いドイツ人科学者を集めてチームをつくった。そのなかには、核分裂に関する洞察でのちにノーベル賞を受賞することになるオットー・ハーン、物理学者のジェームズ・フランク（後年アメリカに移住し、ノーベル賞を受賞。マンハッタン計画に取り組み、１９４５年５月にフランク報告書を作成）、のちにガイガー＝ミュラー計数管（放射線量計測器）を製作するハンス・ガイガー、物理学者グスタフ・ヘルツ（１９２５年にイオン化の研究でノーベル賞を受賞）らがいた。このリストの一部を見ただけでも想像がつくように、並外れたチームだった。[11]

ハーバーは、化学兵器は正当な戦争手段であり、銃よりもずっと人道的な兵器だと考えていた。化学兵器をめぐる戦後の議論からも明らかなように、同じ結論に達したのは彼だけではない。戦闘経験者にも、機関銃よりも化学兵器を好む人がいた。化学兵器は人体を損傷することはないから、というのがその理由だった。[12]

1915年初頭、ハーバーは液化塩素ガスを攻撃に使えないかと考え始めた。最初に浮かんだアイデアは、塩素を充填したボンベを前線付近に広範囲にわたって並べ、一斉に開くというものだった。この液化塩素は、空気に触れた途端にガスになり、比較的低濃度の塩素を含む黄緑や白色の雲を形成する。しかし、塩素は空気より重いので、雲は前方に流れて、敵の塹壕に入り込む。そうすれば、敵は塹壕から出てくるほかはなく、混乱状態に陥り、塹壕の奪取に成功するという筋書きだ。この計画では、ドイツ軍兵士はガスマスクを着用する手はずになっていた。彼らは雲の後を追って敵陣に侵入し、捕虜を捕らえて敵の前線を突破するのである。

都合のよいことに、ハーバーをはじめとするドイツの指導者たちは、化学兵器の使用については、１９１４年秋のフランス軍による催涙ガスの使用が史上初であるという公式的立場をとった。これはハーバー自身の研究を正当化する重要なポイントだった。オットー・ハーンが（19世紀後半の有害化学物質を含む弾丸の禁止に言及して）化学兵器の使用は国際法違反になると異議を唱えると、ハーバーはフランスの行動を引き合いに出し、ドイツが最初ではないと反論した。もちろん、催涙ガス（涙を発生させる刺激性の催涙物質を指す広義のカテゴリー）は、現在でも、国内で暴動その他の国民の不安が生じた場合に自国民に対して使用することは合法であるという興味深い化学兵器の一つであるが、戦争における使用は今も違法である。

１９１５年４月22日午後６時、ドイツ軍は６㎞にわたる前線沿いに並べられた５７３０本のボンベを開けて18万kgの塩素を放出し、黄緑色の雲をつくった。場所はベルギーの都市イープルの近くだった。一時期、９㎞にわたって前線に切れ目ができたが、ドイツ軍は前線が途切れたことに気づかず、その好機をみすみす逃してしまった。この毒ガスによって、少なくとも７０００人が体調をくずし、３５０～５０００人が死亡した。前線のこの区画にいたイギリス軍は、実戦経験に乏しい植民地軍だった。化学兵器攻撃に対する準備ができていなかった彼らは、急いで逃げた。ドイツ軍は攻撃の最中にまんまと約1600人の捕虜を手に入れた。翌日のロンドンの新聞は、ドイツ軍が窒息ガスを使用したと発表したが、前線が突破されたという事実には言及しなかった。ベルリンの新聞は、ドイツ軍が前進して新たな領土を獲得したと報じたが、塩素ガスの使用については言及しなかった。

ドイツ軍はその直後に再びガスを使用し、その行動は敵対諸国の報復を招いた。こうして、新しい薬剤、新しいガス、新しい防御を競う軍拡競争が始まった。ガスマスクには、ブラックヴェール、ヘルメット、大箱型呼吸器、XTX呼吸器、PHヘルメットなどがあり、兵器の変化にともなって進化していった。ガスマスクには、化学物質を通さないように、土や砂、綿などの濾過《ろか》材が詰め込まれていた。マスクには、馬用と犬用もあった。どちらも第一次世界大戦で重要な役割を果たした動物である。毒ガスのにおいに敏感な犬もいて、見張り代わりに塹壕で飼われていた。たとえば、ボストンテリアの「スタビー軍曹」は、第一次世界大戦で最も多くの勲章を授与された犬だ。スタビーは

図7　第一次世界大戦で最も多くの勲章を授与されたボストンテリアの軍用犬「スタビー軍曹」。最初はマスコット犬にすぎなかったが、その後、正式な軍用犬になった。［Wikimedia Commons提供］

マスコット犬として軍でのキャリアをスタートさせたが、ガス攻撃で負傷した後、軍用犬になった（図7）。負傷したことでガスに敏感になったスタビーは、ガスを感知すると、塹壕内の兵士に（吠えることで）警告するようになったのだ。[13]

戦争が進むにつれ、ますます高濃度のガスが使用されるようになった。それにともない、防御戦略とその実践も進化していった。最終的に双方は、敵部隊に面倒で不快なガスマスクの着用を強制させるだけでも効果があることを理解した。ガスマスクを着けると、やる気がそがれて疲れが出る。まったく実に不愉快な装備だった。ガス戦の恐怖によって兵士の士気は低下し、疲労感のみが残った。さらに、ガスは従来の爆薬と併用されることが多かった。爆薬の詰まった砲弾を避けようとすると、兵士は塹壕から一歩も出られず、その一方で塩素のように重いガスは、その塹壕めがけて沈降していくのだった。さまざまな技術システムの相乗効果によって、戦争の悲惨さが増大した。終戦までに、各国によって3000種類の化学物質が実戦に使えるかどうかがテストされた。その結果、全部で35種類の化学物質が実戦に投入され、そのうちの12種類が指揮官によって「効果あり」と判定された。戦争中、全部で12万5000tの化学物質が各地にばら撒かれた。化学兵器による死者は約9万人、負傷者は130万人に達した。最も重要な化学兵器は、マスタードガスだった。致死率は比較的低かったが、即効性があり、刺激性があった。塩素とホスゲンも広く使われていた。ホスゲンは毒性が強かったが、死に至るまでに1~2時間かかった。塩素は毒性は低いが、即効性があった。

化学兵器の使用は、1874年以降に採択された戦争に関するさまざまな国際協定によってすでに禁止されていた。第一次世界大戦後、化学兵器は再び国際法によって、また一般的なタブーによっても容認されなかった。調印の遅れ（アメリカの署名は1974年）や植民地に対する違反行為は見られたものの、今もなおその規定は有効である。[14] 連合国当局は、第二次世界大戦でドイツ軍が化学兵器を使用しなかったことに驚いた。近年、一部の国は、より恐ろしい神経ガスを自国民に対して使用した。タブーも完全とはいえず、地域により温度差があるが、それが現実なのだ。[15]

第一次世界大戦後の1919年、『ニューヨーク・タイムズ』紙は、アメリカの化学者がゼラニウムの花のようなにおいのする新しい化学兵器、ルイサイトを開発したと報じ、「殺傷技術におけるわが国最高の成果」と評した。ルイサイトは、アメリカ・カトリック大学の研究室で、聖職者の化学者によって偶然発見された。それをウィンフォード・ルイスが化学兵器として開発したのが、戦争末期だった。終戦は、初の出荷品が大西洋を横断していたときに訪れた。停戦が宣言されると、船の乗組員は300ｔのルイサイトを大西洋に投棄した。

戦争技術の影響について考えるなら、長期的な影響も考慮する必要がある。ルイサイトの投棄は、アメリカが組織的に化学兵器を海に投棄した最初の事例として知られているが、それが最後ではなかった。マスタードガスやホスゲンなどが詰まった樽は、保管するには危険であったし(今でもそうだが)、アメリカは1918年の時点で大量の備蓄をしていた。1920年代から1970年代までの半世紀、アメリカ軍は、不必要だったり、期限切れだったり、戦略上重要ではなかったり、不安定だったりした化学兵器を、日常的に何度も北米沿岸近くのアメリカ海域に投棄していた。

悪名高い計画の一つに、「CHASE」(cut hole and sink'em：穴を開けて沈めろ)というのがあった。これは、廃船予定の海軍の船が、化学兵器を積んで海に沈められる様子を簡潔に描写したものである。当時、この投棄の計画、承認、実行に携わった軍人たちは、海が何もかもを消し去ってくれると想像していたに違いない。

1960年代後半、アメリカ国防総省は、アメリカ軍が化学兵器を海洋に投棄した記録が74件あり、そのうち32件がアメリカ沖、42件が外国沖に投棄されたことを公式に認めた(図8)。陸軍によると、最後に海洋投棄されたのは1970年、フロリダ州沖約400㎞の地点だった。総計では、11州の沖で化学兵器が投棄されたが、正確な場所は

図8　1964年、「CHASE」計画の一環として、ニュージャージー州沖に投棄されるマスタードガス。［アメリカ陸軍提供］

記録されていない。[16]

１９７２年、アメリカ連邦議会は、アメリカ海域への廃棄物の投棄を禁止する海洋投棄法を可決した。法案には、化学兵器の海洋投棄を明示的に禁止する条項も含まれている。

化学兵器の開発は、さまざまな長期的な影響をもたらした。海洋のどこかにある水中投棄場は、標的を海の生物にまで広げることにもなった。たとえば、１９８０年代には、まだ活性を保っていたマスタードガスで火傷を負ったイルカが大西洋の海岸に現れたことがある。この化学兵器の事例は、その影響がどれほど広がっているかを例証している。近代科学戦争は、廃棄物や毒物や放射性物質を生み出し、文字通り世界全体を汚染してきた。毒性の規模、被害の範囲、永続的な遺物については、歴史家によって認識され、研究され始めたばかりである。[17] ある意味で、20世紀の戦争は、壊滅的な環境破壊をもたらしたシステム的・工業的世代の歴史ともいえる。そして今も続く、地球そのものに対する持続的な戦争でもあるのだ。

化学兵器は、塹壕の膠着状態の結果だった。深刻な精神的ショックは、また別の結果だった。1914年後半には、塹壕の兵士は砲弾《シェル》ショックと呼ばれるものを経験するようになっていた。もともと「シェルショック」という用語は、近代砲撃の強度(騒音、威力)によって脳がガタガタに揺さぶられるという考えを反映したものだった。爆発そのものが、脳の損傷を引き起こすと考えられたのだ。のちに見立ては変わった。シェルショック患者はその後、被害者として、あるいは心理的弱者(患者のふりをしたり、女性的だったり、あまりにも優しすぎたり)や、ナルシスト(母親に過度に依存していたり、意気地がなく、勇気に欠けていたり)として解釈されることになった。また、シェルショックを経験するのは繊細な兵士だけという議論もあった。一部の見方によれば、階級の底辺に位置する田舎者は何の恐れも感じなかったが、高学歴の若者は、その知性の高さ「ゆえに」、戦争に直面すると精神崩壊しやすいと思われていた。

近代戦争によって生み出された多くの医学的診断のうち、暴力に対する感情的反応にかかわる診断は、ジェンダーシステムを最も明確に反映してきた。フェミニズム研究での用法に従えば、このシステムは、社会的・生物的世界を男性と女性という二つの明確なカテゴリーに分ける。この二つのカテゴリーのそれぞれは、たがいに排他的であるとされている一連の二項対立、たとえば、思考と感情、客観性と主観性、論理と直感、精神と身体、文化と自然、攻撃性と受動性、公的なものと私的なもの、政治的なものと個人的なもの、などとも関連している。上記の例では、最初に挙げられた特性は男性と男性性、２番目に挙げられた特性は女性と女性性に関連づけられる。こうした連関は生物学を超越したものだ。直感的で感情的で受動的であるような男性は、それゆえ女性的であるとみなされるかもしれない。論理的で知的で攻撃的な女性は、社会的には男性的と解釈される可能性がある。20世紀を通して、ヨーロッパやアメリカでは、ジェンダーシステムが実践されてきたが、これは個人では完全に回避することが難しい厳格なカテゴリーに各人を割り当てるものであり、男性に割り当てられた特性は、それがどのような特性であれ、より高く評価されるのが一般的だ。[18]

20世紀を通して下されたシェルショック、戦闘疲労、戦争ストレスなどの診断は、男性の弱さの表れとみなされることも多かった。戦争での兵士の感情的な反応は、男らしさの理想が不十分であることを示していた。したがって、こうした診断は、医学的合理性と道徳的秩序のあいだのどこかで機能していた。フランスのルルドにある奇跡の聖地に専門医が呼ばれ、奇跡の虚実を証言させられたように(ある治療が医師の専門知識を超えているかどうかは、医師しか判断できないため)。第一次世界大戦中の医師も、臆病者と被害者、脱走兵と患者、精神と身体のあいだの線引きを求められていた。[19]

「シェルショック」という言葉が初めて使われたのは、1915年2月、イギリスの医学誌『ランセット』でのことだった。フランスのボランティア医療グループの一員だった心理学者チャールズ・マイヤーズ(1873~1946)は、新たな現象が目につくようになってきたと述べた。「シェルショック」という名称自体が、(感情ではなく）砲弾の爆発が病気の原因であることを示していた。マイヤーズはこれがどのようにして起こるのかを正確には説明していない。彼はその症状を一般的には女性に適用される診断（ヒステリー）に似ていると見ていたが、その症状は神経系への物理的な損傷や近代戦争の技術の結果としての心理的な損傷によって引き起こされる可能性があるとも述べている。この用語を初めて活字にしたのはマイヤーズだったかもしれないが、彼は塹壕にいた兵士たちからこの用語を借りたという史実があるので、この用語を思いついたのは砲撃を経験した兵士たちかもしれない。[20] 翌年、イギリスの精神医学者F・W・モットは、この症状は器質的なものであり、爆発した砲弾による脳の損傷、あるいは砲弾によって発生した一酸化炭素を吸い込んだことによる脳の損傷の結果であると考えた。

シェルショックの症状は驚くほど多様だった。開放的で柔軟性のあるこのカテゴリーには、実にさまざまな人たちや物語が収まっていた。4時間に及ぶ激しい砲撃を経験した後、抑うつ症と震えを発症した兵士の一人は、歩けなくなって野戦病院に収容され、そこで死亡した。別の兵士は、砲弾の爆発の5日後に口が利けなくなり、耳も聞こえなくなったが、半年後に宗教的な啓示を受けて治癒した。また、ある兵士は一時的な足の麻痺を経験したが、これは長いあいだ、トラウマの典型的な症状と考えられてきた症状である。

最終的に、シェルショックに合わせてつくり上げられた診断カテゴリーは、退役軍人給付金にも影響を与えた。敵の攻撃によって障害を負った者は戦闘死傷者として年金を受け取る資格があることになるだろうが、戦争に対する感情的な反応によって障害を負った者はそうではなかったからである。したがって、兵士の苦痛につけられた病名は、診断後にどこに送られるか、どのような治療が選ばれるか、そして年金を受け取る資格があるかどうかを決定することになる。[21]人類学者で心理学者のW・H・R・リバーズは、シェルショックの要因は心理的なものにとどまらないと考えていた。それは宇宙規模の終末論的な症状であり、裁き、天国、地獄、人間の存在意義についての問いかけに関連するものだった。一方、イギリス陸軍が臆病の罪で処刑した兵士は306人に及び、敵前逃亡の罪では何千人もが軍法会議にかけられた。[22]

精神医学の診断におけるカテゴリーや症状や意味は（ほかの医学的診断についても同

様だろうが）、時代を超えた超歴史的なものではないと認識することが重要である。もっと以前の「兵士心臓」[*2]（19世紀の診断）をはじめ、戦争に対する反応に由来するさまざまな症状は、シェルショックや戦闘疲労、現代の心的外傷後ストレス障害（ＰＴＳＤ）の症状とは一致しない。こうした診断カテゴリーはみな、その診断を下した医師にとっては有意義な経験と捉えられていたが、彼らは、時間と場所の特殊性を考慮したうえで、そのカテゴリーを採用したのである。第一次世界大戦の心理的苦痛は本物であり、強力だった。そのことは記録からも明らかだ。しかし、その苦痛には第一次世界大戦独自の特性があった。

かなりのちに、ＰＴＳＤは、犯罪被害者になったり、交通事故で負傷したりといった日常生活のトラウマを含むカテゴリーとなった。医学史家たちが何度も繰り返し明らかにしてきたように、病気のカテゴリーは時間の経過とともに変化していく。患者の生物

＊2　南北戦争に従軍した兵士に多く見られた特異な機能性心症状。安静時の動悸・息切れ・心臓部痛などを特徴とする。症例を最初に調査・報告した医師の名からダ・コスタ症候群とも呼ばれる。

学的「実」体験は、多様な注意、兆候、説明を引き寄せ、その結果、治療介入のためのさまざまな推奨プロトコルが生み出されることになる。戦争のトラウマは、紛うことなき実在（人間の苦しみの本当の姿）であると同時に、文化や信念によって形成された社会的合意と選択的演技の歴史的産物であるともいえる。このような状況に対する組織ごとの認識が、統計報告や診断基準に依存してきたことは、各国の軍隊におけるトラウマの多様性からも明らかである。聞くところによると、ソ連の兵士は誰一人として、シェルショックや戦闘疲労と呼ばれる一連の症状や苦痛を経験したことがないらしい。そもそも、その種のものは診断の選択肢になかったのだ。そういう場合は、戦争が始まる前からアルコール依存症だったり、精神を病んでいたのであり、そうでなければ、個人的問題が原因でうつ病になったというわけだ。第一次世界大戦におけるイギリス軍の部隊では、シェルショックの兵士の割合が最大で40％にも達した。第二次世界大戦では、各国の軍隊における25～30％の兵士がストレス関連の就労不能者だと報告されている。ベトナムでは敵前逃亡がほとんど見られなかったが、その後、部隊がアメリカに帰還すると、精神的苦痛（そのころには、ＰＴＳＤと呼ばれていた）を訴える兵士の割合は31％

にも達した。戦争ではさまざまな精神的苦痛がつきものだが、その苦痛の形態や意味は時と場所によって異なる。[23]

20世紀の戦場におけるほかの状況と同じく、シェルショックは両陣営にとって科学技術的なものだった。それは新しい形の戦争の結果であり、化学兵器の製造や新しい砲撃システムの考案をする科学者や技術者の研究の結果だった。そして、シェルショックは、医師や精神科医を含む多様な分野の専門家によって制度的に、さらには道徳的にも管理されていた。彼らは、兵士の将来を決定する権限をもっていた。多くの近代化の産物と同じく、シェルショックは新しい形の科学技術によって生み出され、別の形の科学技術によって管理された。それは経験であり、診断であり、心理状態であり、行政的な問題だった。シェルショックには、第一次世界大戦における技術的知識の重要性があらゆる段階で反映されていた。この重要性は科学コミュニティに深刻な影響を与えた。

第一次世界大戦は、科学における国際主義への希望、実り始めたばかりのこの希望を打ち砕いた。

20世紀初頭には、多くの研究機関が、科学をきわめて中立的、普遍的、博愛的なものとみなすロマンチックな考え方を推進していた。人類の支援という高邁な使命感をもった多くの科学者にとって、科学とはほとんど精神的なものだった。それは古典的な天職だった。つまり、神のお召し（コーリング）であって、生業《なりわい》ではなかった。科学に惹かれた人たちは、国家や個人の枠組みを超越した有意義な人間的探究に惹かれたのだ。彼らは「人類」のために働いていたのである。19世紀後半に出現した制度の一部は、このような考えを反映したものになっている。

たとえば、科学、医学、工学における命名と標準化については、1870年から1910年にかけて、国際的なレベルで専門家たちが合意に達していた。科学者はまた、自らが実力主義の実例であることを明らかにした。科学では、階級や民族、国籍は問題ではないというわけだ。科学に国境はなく、才能と洞察力があれば、誰でも成功できる可能性があった（もちろん、当時事実上すべての博士課程から排除されていた女性は除く）。

国際主義的な科学の前提は、あらゆる国の専門家が同じ方法で問題を考え、同じやり方で調査を進め、共通の仮定と価値観を反映した結論に達することができるようにするということだった。真実をつくるのは、各国の特性や文化ではない――これが重要なポイントである。科学知識にとって国境は無意味なものだった。科学知識とは、専門家の国際コミュニティを自由に往来できるものであり、またそうであるべきものだった。

純粋性と平等主義からなるこの魅力的な物語は、ある種の実践的な経験に裏打ちされたものだった。ヨーロッパの自然哲学者たちは長いあいだ、国境を越えてコミュニケーションをとっていた。1860年以降、次第に国際的な会議、学会、機関、規格などが増え、その結果、こうした関係が制度化されていったと思われる。各国のアカデミーは、自国の国民ではない人にもメダルを授与するようになり、名誉会員にすることさえあった。

また、各専門分野の利害も、このような考え方を後押ししていた。世界中から集められた情報を差し迫った科学的問題に活用しなければならない学問分野では、国際的な協力が不可欠だった。こうして、ポツダム測地学研究所（1875年）、フランス度量衡局（1875年）、パリ保健局（1893年）、コペンハーゲン海洋調査研究所（1902年）、ストラスブール地震研究所（1903年）、ローマ万国農事協会（1905年）が設立された。個別の学問分野のグループについても同様の傾向があった。国際学会も、1864年に植物学、1865年に天文学、1873年に気象学、1878年に地学の国際学会が設立された[24]。

同時に、電気単位、植物名、病名、統計的方法、鉄道、放射線単位、化学物質命名法などについても、科学者や技術者によって国際協定が取り決められた。多くの国で、自然に関する知識の追究に対して多額の公的支援が得られるようになり始めた。アメリカでは、地質学、農業、人類学、気象学、生物学、植物学、物理学、天文学に焦点を当てた新しい州機関が設立された。ヨーロッパでも、同様の新しい機関や、高度に専門化した科学者グループを支援する新しい組織が設立された。そして、こうした国際的活動の中心にあったのが、ドイツのまばゆいばかりの科学コミュニティだった。

ドイツはヨーロッパ文化の中心地であり、その美術、文学、音楽、科学、哲学は高く評価されていた。ドイツの博士号に勝るものはなかった。1820年代には、科学に興味のある人は誰もがドイツに行き、ベルリンやミュンヘン、ゲッティンゲンで学業に励んだ。ドイツに留学する外国人研究者の数は1890年にピークを迎え、ドイツ語は科学の共通語となった。[25] 知識生産にかかわる国際コミュニティの団結力を象徴するものとしてノーベル賞が創設され、１９０１年12月に第1回目の賞が授与された。ダイナマイトの特許をもち、武器商人として財産の一部を築いたスウェーデンの実業家アルフレッド・ノーベルが出資したこの賞は、科学的研究の品質にのみ基づいて授与されることが意図されていた。ノーベルの１８９５年の遺書には、受賞者を決定する際にナショナリズムを考慮してはならないと明記されている。ノーベル賞は国際主義（インターナショナリズム）の象徴だった（とはいえ、ナショナリズムに基づく利害によって候補者が選ばれることは日常的にあった[26]）。

このような国際的な絆を強固なものにしたのが、今でもアカデミアではおなじみの国際学会とその年次総会だ。これは科学者にとっては、新しい発想や発見を共有できる社会的経験の場である。１８７０〜１９００年には、ヨーロッパでは毎年20ほどの国際科学会議が開催され、１９１０〜１９１４年にかけては、その数が年40回にまで増加した。しかし、１９１４〜１９１８年のあいだは、戦争でヨーロッパが壊滅的な打撃を受けたため、国際科学会議はわずか7回しか開催されなかった。戦争は科学者のネットワークを混乱させ、国際主義の理想に打撃を与えた。戦争が終わるころには、科学と国家の関係について、明るい未来を思い描ける科学者はほとんどいなかった。

１９１４年10月にドイツ科学界の著名なメンバーが署名した「93人のマニフェスト」は、他国の科学者に大きな衝撃を与えた。このマニフェストは、ベルギーのルーヴェンにある立派な大学図書館をドイツ軍が破壊したことをはじめとするドイツの行動を全面的に擁護するものだった。ルーヴェンの図書館は14世紀に建てられたもので、貴重で高価な写本を所蔵していたが、１９１４年8月にドイツ兵によって焼かれた。これは文化そのものへの攻撃であり、野蛮な行為であると広くみなされた。しかし、この状況に対して、知識と学問への義務を負うドイツの科学界なら自国の兵士の行為を非難するはずだと期待する人がいたなら、その人は失望することになっただろう。ドイツの侵略を擁護するマニフェストに署名した人たちのなかには、マックス・プランク、パウル・エールリヒ、ヴィルヘルム・オストヴァルト、ヴィルヘルム・レントゲン、ヴァルター・ヘルマン・ネルンストら、科学界の著名人が数多く含まれていた。その誰もがドイツを代表する科学者であり、それぞれの分野で重要な思想家と考えられている人物だった。そしてその全員が、国際的理性の核心的価値を守ることよりも、国を擁護することを選んだのだ。その後まもなく、フリッツ・ハーバーの化学兵器計画が明らかになり、国際的な怒りに拍車をかけた。ハーバーは国際的に尊敬される有名な化学者だった。戦争は彼を戦犯の同類にしたが、１９１９年、スウェーデンは彼にノーベル賞を授与した。

ドイツ出身の物理学者アルバート・アインシュタインは、「93人のマニフェスト」に署名していない。にもかかわらず、彼は一部の非ドイツ人物理学者たちから疑いの目を向けられた。彼の相対性理論は戦争中の１９１５年に発表されたが、理論作成者の国籍のために信用されない恐れがあった。この理論は、驚異的な数学を駆使した、空間と時間の首尾一貫した革命的な説明だった。クエーカー教徒のイギリス人であるケンブリッジ大学天文学教授アーサー・S・エディントンの働きかけで、物理学コミュニティでは、アインシュタインの理論を立証するための日食探査計画が戦時中に始まっていた。

マシュー・スタンレーの研究が示す通り、エディントンはアインシュタインの論文を翻訳し、戦時中には珍しく国際性を発揮して、その重要性を説いて回った。この理論を検証する好機が１９１９年に訪れる。日食が起こって、理論が予測していた星の変位の検出が可能になるのだ。日食は世界のごく一部の地域でしか見ることができず、旅行や機材の手配にはかなりの費用と時間がかかる。王立科学アカデミーと王立協会の支援を得たエディントンは、自分を含む観測者チームを結成し、1919年5月の日食に間に合うように観測ツアーに出発した。ドイツとの無慈悲な戦争の真っ只中で、エディントンは同僚たちと協力し、ドイツ人科学者の画期的な理論が正しいことを証明する計画に身を投じた。[27]

観測ツアーは成功し、その年のうちに王立天文学会から正式結果が発表されると、相対性理論は科学における革命として報道された。星は確かに変位していたのだ。しかし、アインシュタインの偉業も、ドイツの科学についての、あるいはドイツ全体についての懐疑心を払拭するには至らなかった。

戦後、多くのドイツ人科学者にとって、科学はドイツに残されたすべてだった。物理学者マックス・プランクは、こう述べている。「敵がわれわれの祖国からあらゆる防衛力と権力を奪い取ってしまったとしても、国外または国内の敵にまだ奪われていないものが一つ残っている。それはドイツの科学が世界で占めている位置である[28]」。しかし、ドイツの科学はもはやそのような位置を占めていなかった。

戦後の１９１９年に設立された国際研究会議（ＩＲＣ）は、国際会議でドイツの科学者を歓迎しないという公式方針を採用した。実際、新しいグループの設立を計画していた人たちにとっては、ドイツに同調する可能性のある中立国の科学者を受け入れることでさえ悩ましい問題だった。ダニエル・ケヴルズがＩＲＣ設立に関する研究で示したように、多くの科学者はドイツの科学者と会議で同席するという考えに感情的に反発していた。戦争で息子を亡くしたばかりの、パリ大学の著名な数学者エミール・ピカールは、あるアメリカ人記者に対し、フランスの科学者は今後、ドイツ人科学者と同じテーブルにつくことさえ厭うだろうと明言した。ピカールによれば、政府がこのような残虐行為を行い、自らも犯罪目的で科学を利用して科学を「不名誉なもの」にした人たちとは、どんな種類の「個人的な」関係も「不可能」なのだった。同じく、アメリカの天文学者ジョージ・エラリー・ヘイルも「彼らとは完全に縁を切ってもよい」と考えていたし、甥を戦線で亡くした、イギリスの数理物理学者アーサー・シュスターは、戦後の会議に敵国の科学者と同席することは考えられないと言っている。[29]

実際、1918〜1930年の国際会議の多くには、ドイツの科学者が参加していなかった。1920年夏の時点で、ドイツと敵対する新しい国際研究会議の参加国は15カ国だった。その後、感情は徐々に変化し、1926年には、ドイツのIRC入会を認めない規則が緩和された。しかし、ドイツはそのときも、1931年にIRCが国際学術連合会議（ICSU）に改称されたときも、参加を拒否した。

第一次世界大戦により、ノーベル賞をはじめとする国際的な科学活動はほぼ完全に停止した。ハーバーは「戦時中は学者は祖国のものであり、平時は人類のものである」との意見を示し、多くの仲間がこれに同意した。[30] ドイツの科学者たちは戦争を支持し、相手側の科学者の業績をけなした。「このような、本来は政治的でないはずの科学領域への政治の大規模な介入は当然傷跡を残した。今日でも、ボイコット（IRCが提唱した一連の措置を指すための造語）は、多くの科学者にとってデリケートな問題であり、普遍性と組織的懐疑主義の規範が脇に置かれたときに何が起こるかを示す警告や教訓として、呼び起こされる用語である[31]」。戦前の国際的科学組織は戦争の被害者であり、1970年代になっても、1920年代から1930年代初頭にかけての出来事は、怒号を招く恐れがあった。実際、ボイコットは、冷戦時代の中立性と名誉に関するロマンチックで誇張された一部の主張と関連があるかもしれない[32]。

１９２０年代に、第一次世界大戦の遺産が一般市民の議論の対象となり、戦争参加者、科学者、一般の観察者が戦争の衝撃的な大虐殺を振り返るようになると、多くの人が科学技術によって決定される未来の戦争を予想した。ウィル・アーウィンの終末論的な著作『次の戦争』（１９２２年）では、大規模な空襲によって化学兵器や細菌兵器が降り注ぐ都市の恐怖が思い描かれていた。また、科学者は一種の戦争犯罪者として描かれている。彼はほかの人と同じように、航空戦力が戦争を時代遅れにし、考えるのも恐ろしいものにするのではないかと思っていた。「ここにあるのは、前例のない大きさとほぼ無限の射程距離を有する、爆撃機と呼ばれる投射物である。ここにあるのは、これまでは非戦闘員とみなされてきた人たちを必然的に標的の範疇に引き込む戦争の仕組みなのだ[33]」。アーウィンによれば、「われわれはこの世界機械を修理しようとしなければならない」。そして、戦争は新しい科学技術によって「精神的な死を遂げた」のである[34]。

タミ・デイヴィス・ビドルが示したように、早くも１９０５年にイギリスの専門家は、空からの攻撃（この時点では熱気球からの爆弾）を、爆撃された地上の人たちに恐怖を与えるという点で評価していた。つまり、精神的効果が航空戦力の重要な利点とみなされていたのだ。それというのも、敵国民の「意志」をくじくことが周知の伝統的な軍事目標だったからだ。同時に、この目標は、イギリス国民をイギリス的な方法で理解することにもつながる。勇敢で機知に富み、粘り強く意志が固いといった国民的理想（都市攻撃という非常事態に発揮されるはずの特質）は、ヴィクトリア朝とエドワード朝社会における上流中産階級（アッパーミドルクラス）の価値観を完全に反映していた。そして、一部の航空戦力の理論化においては、人種や階級に関する思想に基づき、国家間の不愉快な比較が行われていた。航空攻撃を受けた場合、一部の国は早めに「降伏」すると予想されていたが、これはその国民が劣っていることをほのめかしているに等しい[35]。

航空戦力をどのように使うべきかという議論は、定義をめぐる議論と見てよいかもしれない。そもそも飛行機とは何なのか。目なのか。配達装置なのか。戦闘基盤なのか。地上部隊の活動のための支援技術なのか。第一次世界大戦中、ドイツ、フランス、イギリス、アメリカの各軍は、これらの可能性をすべて探った。空域が価値のある空間であることは一目瞭然だった。特に、空からは敵の資源が発見しやすかった。[36] 戦時中、航空機を使う戦術は地上戦の戦術と同じく、集中的な試行錯誤を経て練り上げられ、1918年には、航空機の戦場での使用に関するかなり洗練された教義の体系が存在していた。[37]

1918年から1930年代にかけて、この議論は激化する一方だった。アメリカのウィリアム・ミッチェル、イギリスのヒュー・トレンチャード、イタリアのジュリオ・ドゥーエといった両大戦間期の航空理論家は、戦略と技術の両面における革新を提案した。彼らは揃って、次の戦争では、航空戦力が終末論的な役割（たとえば、航空兵器がもたらす恐怖によって、あらゆる戦争が終結する）とまではいかないにしても、決定的な役割を果たすことになると予想していた。航空戦力がもたらす影響の結果としての破滅を予測した文学作品には、『毒戦争』『黒死病』『脅威』『空虚な勝利』『空からの侵略』『女性との戦争』『大混乱』『空からの報復』『コーベット一家に起こったこと』などがある。[38] また、1930年代に行われた都市空爆（ゲルニカ、エチオピア、満州）は、航空戦力がいかに恐ろしい威力を秘めているかをまざまざと見せつけた。

ジュリオ・ドゥーエ将軍は、1921年の著書『制空』で、航空戦力が社会崩壊につながると述べている。50機の爆撃機隊によって膨大な破壊がもたらされる可能性があるとの仮定のもとに、彼は読者に問いかける。「この絶え間ない脅威のもとで、差し迫った破壊と死の悪夢にさいなまれつつ、国民はどうして生活や仕事を続けることができるだろうか[39]」。アメリカの航空戦立案者たちは、精度の可能性に注目していた。1924年、技術者カール・ノルデンが開発したノルデン爆撃照準器の初期型が初めて製造され、正確さとそれにともなう有効性が確認された。航空機による飛行は、精神的恐怖と合理的効率の両方をもたらすことになったのである。

1915年、悲嘆に暮れたウィーンのジークムント・フロイトは、戦争の衝撃についてこう述べている。戦争の勃発は「世界からその美しさを奪い去った」。戦争は文明の成果に対するヨーロッパの誇りを打ち砕き、「科学の高邁な中立性」を傷つけてしまった。戦争は、「人間の本能をまざまざと露呈させ、心のうちに閉じ込めていたはずの悪霊を解放した。戦争は人間が愛してきたものを奪い、不変だと思っていた多くのものがいかにはかないものであるかを人間に示した」。神秘家詩人ライナー・マリア・リルケが「戦争という不自然で恐ろしい壁」[40]と表現したように、戦争は過去と現在の境界線であり、新しい科学的アイデアと技術の産物だった。[41]それは工業化された科学技術戦争ではなく、不自然な自然――社会を弱体化させるために利用された自然――の一形態だった。

1933年、ヨーロッパに再び戦争の可能性が迫ってきたとき、アインシュタインとフロイトは、二人の往復書簡を収めた『人はなぜ戦争をするのか』という小著を出版した。国際連盟の国際知的協力委員会が資金援助したこの本は、平和主義者アインシュタインが当時の喫緊の課題として企画したものだ。アインシュタインはコメントのなかで、物理学者ではなく、ヒューマニストとして自分自身を提示し、人間による暴力の受容を理解しようとした。フロイトは、男性は戦争に喜びを覚えると述べた。これは、戦争廃絶が不可能だということを意味するものではなかったが、攻撃性は、認識されるべき人間の精神の自然な部分だった。この著名な二人は、過去と未来の両方に目を向けながら、戦争の原因についてコメントしている。[42]国家主義者の情熱はどんどん高まっていき、ファシスト国家はその権力を強固なものにしつつあった。科学技術によって、新たな攻撃形態と新たな脆弱性とが実現可能になった。

それは想像するのも恐ろしい未来だった。

第4章

動員

1946年にワシントン市で開催されたアメリカ研究評議会（NRC）の会合の席で、フィラデルフィアの医師マルコム・グロウ（戦時中は航空医学の研究に従事）は、第二次世界大戦中、科学者は国を失望させたとの見解を示した。「われわれはどうすれば人間が死ぬのかについて、具体的な知識をもたずにこのたびの戦争に突入してしまいました[1]」

彼はこのようにして、科学者にはどうすれば人間が死ぬのかに関する知識をつくり出す特別な義務があることを示したのである。グロウは1946年当時の科学技術の殺傷力をかなり過小評価していた（当時の殺傷力は相当なものだった）が、その訴えは、国家に対する科学者の義務についての新しい捉え方を正確に反映したものだった。

第二次世界大戦における科学界の動員は、目覚ましい成功を収めたが、その一方で、問題をはらんだ変化を科学界にもたらした。

手持ちの専門知識が常識外れの代替可能性をもつようになったのだ。遺伝学者は港湾防衛の立案、数学者はプロパガンダの計画、古生物学者はカリフォルニア大学バークレー校での爆弾製造を支援するために派遣された。こうした緊急動員のネットワークでは、研究者個人の具体的な学歴に関係なく、科学者としての教育を受けたという事実が広範な正当性を与えた。このようなやり方は、科学者自身が、どこにいてもあらゆる問題に対処できる技術を身につけた、比類のない合理的思考の持ち主だと自画自賛しているかのように科学者を持ち上げるものだった。つまり、「科学者」というのは、戦争遂行努力や政治・社会秩序に対して特別な貢献をなしうる汎用性の高い万能人だというイメージがここに反映されているのだ。同時に、この代替可能性は、軍のヒエラルキーと国家が義務づけた研究からなる、必ずしも居心地がよいとは限らないネットワークに専門家を引きずり込んだ。

1939年以降、アメリカをはじめ、ヨーロッパで繰り広げられていた第二次世界大戦に関与していた国々では、新旧すべての科学研究機関に対し、軍事的必要性に応じた研究を求めるようになった。これにより、ペニシリン、レーダー、近接信管、DDT、原子爆弾、コンピュータによる演算、高品質の長靴や寝袋、新しい計器の目盛盤、ナパーム、新しいロケット弾、魚雷、化学剤、輸血法、抗マラリア薬、ソナーなど、重要性はまちまちだが、数多くの発見が次々と大量生産されることになった。中央情報局

（ＣＩＡ）の一部局である技術サービス局の１９４７年の報告書にある動員計画のリストには、人間の聴覚、距離測定器、ガラス撥水コーティング、耐熱金属、神経症チェックリストとＩＱテスト、真鍮の代替品、ドイツ軍の砲身の研究、日よけ、火炎放射器の燃料、テキサス州ブラウンズビルでの煙雲テストに関する報告が含まれている。[2] 軍事的優先事項としては、人間の能力、環境世界、材料科学、衣服に関する科学的な視点を向上させることが挙げられていた。研究は民間産業、大学、軍事施設で行われた。

このような研究を国内で組織化する主要機関アメリカ科学研究開発局（ＯＳＲＤ）は、最終的に、３２１の大学および１４２の非営利学術機関と２３００の契約を結んだ。そして、５億ドルという１９４０年代としてはケタ違いの経費が注ぎ込まれた。とはいえ、この額には原子爆弾の開発製造を目標とするマンハッタン計画の予算は含まれていない。この計画には20億ドル（現在の約３２０億ドルに相当）が費やされたが、帳簿上は陸軍工兵隊の予算に忍び込ませてあった。[3] また、ＯＳＲＤの検討事項には含まれていなかったが、爆撃機Ｂ－29も戦時中の工学研究の重要な焦点だった。このＢ－29は最終的に第二次世界大戦で開発された兵器システムのなかで最も高価なものとなり、原爆計画を上回る費用がかかった。[4]

アメリカ地質調査所からアメリカ農務省に至るまで、アメリカ政府のあらゆる科学機関がこの動員に何らかの役割を果たした。特に北東部のエリート大学、なかでもＭＩＴは、資金注入の恩恵を受けてキャンパスが一変した。動員はまた、大小の技術・工学関連の産業を一変させた。短期集中の注文対応方式で行われた戦時動員は、衝撃的なシステムの急変をもたらし、戦時中にものすごい勢いで拡大し続けた。動員は成功であると同時に、ある意味では皮肉な失敗でもあった。[5]失敗というのは、動員を計画立案した人たちが期待していた結果とは正反対のことが成し遂げられたからだ。戦時中の科学者と科学の動員がうまくいったために、政府が軍事目的で技術専門家を恒久的に動員することが正当化されてしまったのである。科学者は、アメリカ科学アカデミーのフランク・ジュエット会長が述べたように、「国家の知的奴隷」になってしまうという新たなリスクに直面することになった。[6]

参加者にとって、それはすばらしい機会であると同時に、職業上の悩ましい課題でもあった。プロジェクトの多くは、抗生物質、コンピュータ、電子機器、合成ゴム、ロケット、殺虫剤といった新たな産業を生み出すことになった。だから、産業界の関係者には、戦後の世界で想定される利益を計算する者も多かった。戦時中に愛国的活動に従事しておけば、戦争が終わったのちに、それが経済的に有利に働くことにつながる。彼らは、その産業の戦後の採算を見積もりながら、どれだけの利益を共有し、どれだけの利益を隠すべきかを判断していたのだ。たとえば、ペニシリンプロジェクトでは、製薬会社同士で頻繁に会合を開いて研究内容について話し合った。彼らはデータや方法を共有していたが、内部的には、将来の競合他社との共有が多すぎるのではないかと不安に思っていた。[7] また、プロジェクトはしばしば秘密と公開の境界線上で運営されていた。情報は公開・共有すべきという価値観で育った科学者にとっては、職業の基本的価値観に抵触する難問に直面することになった。秘密主義は研究所の垣根を越えた実りあるコミュニケーションを阻害し、実際面においても技術的進歩を遅らせてしまう可能性があったが、戦時中のプロジェクトでは、秘密と公開、公表と隠蔽、攻撃と防御の両方が同時に行われることも少なくなかった。

また、頭字語《とうじご》だらけの世界でもあった。この時期には、ＮＤＲＣ（国防研究委員会・

科学者の動員を開始するために選任された最初の組織)、OSRD(科学研究開発局：NDRCを発展させて大統領が設立した監督組織)、NRC(アメリカ研究評議会：アメリカ科学アカデミーの作業部門)、CMR(医学研究委員会：OSRDの一部)、MED(マンハッタン工兵管区：正式に原爆製造を担った組織)、WPB(戦時生産局：生産需要を把握し、動員された各産業界との調整にあたる)、RRC(ゴム備蓄局：戦争でゴムの供給が途絶えたときに備えて合成ゴムをつくる方法を考え出すために創設された)、USDA(アメリカ農務省：DDTをはじめとする殺虫剤の開発を管理し、ペニシリンの大量生産を監督する)、NRRL(イリノイ州ピオリアの北部地域研究所：ペニシリンをつくるためのコーンスティープリカーを使った液中発酵法の試験を実施)、BPI(植物産業局：合成ゴム生産の監督)など、頭字語を団体名にした組織が数多く誕生した。動員は、駆り出された人たちの職業生活を変え、苦悩や興奮、成功、愛国心、道徳的妥協を生み出した。1920〜1930年代の科学的教育は、この世代の専門家たちに、津波のように押し寄せるチャンスとリスクに対する準備をさせていなかったのだ。

第二次世界大戦における科学動員は、第一次世界大戦のものとは異なっていた。第一次世界大戦では、大学の研究室を離れて戦争に参加した科学者も多かった。彼らは民間人ではなく、予備役将校や一般兵士として軍に務める科学者軍人だった。たとえば、数学者のオズワルド・ヴェブレンは、新設されたアバディーン性能試験場の実験弾道部のトップとして弾道研究の発展に貢献した。ヴェブレンは、アメリカ各地の大学から若い数学者を入隊させ、彼らを軍人としてアバディーンに連れてきた。[8] ケヴルズの著書『物理学者たち』には、両大戦での科学動員の違いがきわめて明確に詳述されている。[9]

第一次世界大戦において、アメリカの大学の学生や教授は、アメリカの参戦を支持する最も強力なグループの一つだった。プリンストン大学の徴兵事務所は、全国でも有数の忙しさだったし、プリンストン大学は、ほかの大学よりも高い比率の学生を戦争訓練に派遣した。さらに戦争中は、138人の教員が軍で働いていた。

一方、19世紀に創設された権威あるアメリカ科学アカデミーの実務部門であるアメリカ研究評議会は、第一次世界大戦における陸軍の技術部門であるアメリカ陸軍通信隊の運営を任された。陸軍はまた、NRCの議長を務めるカリフォルニア工科大学の物理学者ロバート・ミリカンをはじめ、NRCのメンバーを士官待遇にした。

こうして1914年から1918年にかけて、ハーバード大学の化学者ジェームズ・コナント（のちのハーバード大学学長）は中尉となり、アメリカン大学のキャンパス内にある陸軍の研究所で化学兵器の研究に従事した。後年、サイバネティックスの概念で有名になるノーバート・ウィーナーは、フランスで大隊長を目指して軍事訓練に参加した。従軍した数学者は150人以上にも及ぶ。エンジニア、心理学者、医師、物理学者、化学者の従軍者はさらに多かった。

第一次世界大戦時に対潜水艦研究のために軍隊で働いていたヴァネヴァー・ブッシュは、カーネギー協会会長となった1930年代後半には、そうした知的エリート向けの従軍モデルを嫌悪していた。ところが結局、第二次世界大戦時に科学動員を統制したのはブッシュその人だった。第二次世界大戦でも、軍に入隊した自然科学者や社会科学者はいた。たとえば、アメリカ心理学会（APA）の会員4400人のうち1700人は軍で働いていたし、ほかにも数千人もの心理学者が、戦争に関連する政府機関に助言を与えていた[10]。しかし、ヴァネヴァー・ブッシュが運営する知識生産の民間ネットワークには、もっと多くの科学者が参加していた。

民間と軍隊の知識システムの関連や、原子爆弾をつくった人、あるいはつくるのを拒否した人の道徳的責任については、正当な疑問が投げかけられてきたが、こうした科学開発計画の歴史を細かく見てみると、多くの場合、知識自体に本質的に軍事的な特質があったり、民間的な特質があったりしたわけではなかった。これは、資金の出どころや、発見をした当人が、その研究が当時の戦争あるいは将来の戦争遂行に役立つと信じていたかどうかとは関係がない。厳密に民間または「純粋科学」の問題として、長ければ何十年にもわたって放置されていた発見や洞察が、国家の危機的瞬間に軍事的必要に応じて利用されることもあれば、軍事的な取り組みの結果として始まったアイデアや技術が、その後、重要な民間技術になる可能性もある。また、軍事関連の資金援助を受けているプロジェクトであっても、戦争遂行には役立たないと判明することもある。そして、民間の技術であっても（さらには先住民の技術でも）、たとえばイヌイット式カヤックのように、第二次世界大戦中に地中海でステルスカヤック作戦を敢行し、軍事システムの一翼を担って兵器輸送の任務を果たした例もある。だから、軍事技術は、通常の専門知識の範囲外の特別な領域であるという考えを支持するわけにはいかない。これは、軍事知識にまったく問題がないからではない。そうではなくて、経験的な知識、専門知識、技術の多くは代替可能であり、不安定で適用範囲が広いからである。

「民間」と「軍」というのは一考の価値がある興味深い分類だ。この分類は、とりわけ歴史的行為者にとっては重要で、政策や計画を正当化する役割を果たしている。しかし、歴史家の超越的な視点からは、この分類を自明なものや明白なもの、道徳的に意味をもつものとみなすことはできない。私がこの章で示すように、戦争のために生み出された科学技術のアイデアの多くは、どのような基準から見ても人間にとって価値のあるものだった。それらは、負傷した兵士（のちには多くの一般人）を救うのに役立つ医療技術の革新を追求したものであったり、農業における食糧生産の改善に的を絞ったものであったり（のちに一般農家の収穫高を増加させた）、気象状況をリアルタイムでより正確に予測することに焦点を当てたものであったりした。

実践的で直接的な制度的要請のため、軍事研究は、民間研究よりもはるかに「客観的」だったという事例もある。たとえば気候変動は、戦略的脅威として早くから認識されていたので、アメリカ軍では1950年代から真剣に研究が行われてきた。こうしたリスクについて正確な情報を得ることは、政治的懸念を「超えた」ものだった（たとえば、改善計画が産業や経済成長に与える影響に関する現代的な懸念など）。逆に、民間科学が暴力的に軍事化され、新しい知識を生み出した人たちの意図とは関係なく、人間や環境に害を与えるために利用されるようになる可能性もある。これはまさに除草剤のオレンジ剤で起こったことだ。1940年代初頭、イリノイ大学で植物学を専攻する大学院生だったアーサー・ガルストンは、植物の葉と茎の接合部のセルロースを弱体化させ、葉を落とす原因となる化合物を発見した。ガルストンの意図は、将来の戦争で枯葉剤として使用できるようなものをつくることではなく、その後は別の研究を進めていた。しかし、フォート・デトリックの科学者がガルストンの博士論文（1943年）を発見し、彼が発見したものを活用する可能性を中心にした研究計画を立てた。ガルストンは自分の研究がこのような形で利用されていたことを知って、「活動家」になった。[11]

第二次世界大戦における科学技術の動員は、科学技術に適用された場合の「民間」と「軍」の曖昧さをより明確にしている。あらゆる種類の経験的な知識と専門知識が「民間」から「軍」へ移行していった。あらゆるものが動員され、流動的に動いていた。結局、自然にかかわるほぼすべてのものには、潜在的に軍事的な（防御または攻撃の）側面があり、OSRDの計画立案者はこの単純な事実を認識し、それを活用したのだ。

ヴァネヴァー・ブッシュはOSRDの組織づくりに携わった主要な人物である。後年、自らの役割を評価するなかで、彼はこう記している。「国防研究委員会の設立にあたっては、科学者や技術者からなる小企業が、既存のルートの外側で新兵器開発プログラムの権限と資金を手に入れるための『回避策』であるとか『ひったくり』であるとの批判を浴びた。実際、それはその通りになった[12]」

この「回避策」は、根本的にヴァネヴァー・ブッシュの価値観によって定義されていた。彼は連邦政府を信用しておらず、科学が政府の管理下に置かれることを望んでいなかった。だからこそ、第二次世界大戦で大成功を収めた科学動員が戦後に与えた影響は、歴史家のラリー・オーエンスが「皮肉」と呼ぶようなものになった。つまり、ブッシュは科学技術を自分が望んでいない方向に見事に導いたのだ。ブッシュは科学者が国家に従属することは望まないと明言していたが、彼自身の成功によって政府の支援と軍事投資が変化した結果、国家支援に依存する科学者の数は少なくなるどころか逆に増え、ますます多くの科学者が軍事システムに組み込まれていった。

ブッシュは最初に数学の教育を受けた後、MITで電気工学の博士号を取得した。1920年代から1930年代にかけて、彼の研究室は、アナログコンピュータ（デジタルデータではなく、ある種の物理的なデータシステムを使ってデータを示すコンピュータ）の設計と構築を始めた。1931年に稼働を開始した彼の微分解析機は、スチール製シャフトによって駆動するギアとカムのシステムを使って、当時は難しいとされていた問題の近似的だが実用的な解を得ることができた。この微分解析機は工学や物理学の問題を解くために使われ始め、第二次世界大戦では弾道表を作成するために使用された。[13]

1932年、MITの工学部長に就任したブッシュは、フランクリン・ルーズベルト大統領のために特許制度を検討する委員会の委員長を務めるなど、国政にかかわるようになった。1939年、ドイツ軍がポーランドに侵攻した際、ブッシュはルーズベルト大統領に、軍事計画立案者が科学知識に関心をもつような仕組みをつくるべきだと進言した。1940年6月、ルーズベルトは、ブッシュを新設の国防研究委員会（NDRC）の委員長に任命し、「軍事的な機械や装置の開発、生産、使用の根底にある問題についての科学研究を調整、監督、実施する」任務に当たらせた。1年後に、NDRCはやや規模を拡張して科学研究開発局（OSRD）となった。OSRDは、アメリカにおける科学の戦時動員に最もかかわりの深い機関だった。科学の戦時動員には政府や軍が管轄するほかの機関も関与しており、OSRDの監督を離れて運営される場合もあった。しかし、プロジェクトの範囲と規模において、OSRDに匹敵するほどの機関はなかった。[14] マンハッタン工兵管区はOSRDよりも多くの予算を費やしていたが、集中化（特定の種類の爆弾をつくることだけに重点が置かれていた）と分散化（12万人もの被雇用者が37の機関に分かれて働いていた）が同時に行われていた。

科学で解決できそうな問題は多岐にわたっていた。当初のNDRC（1940年に設立され、1941年にOSRDの小委員会として継続）には、装甲、燃料、通信、兵器、爆弾の研究に重点を置いた部門があった。豊富な資金と広範な検討課題をもつOSRDには、大規模な医学研究委員会（CMR）と昆虫防除、弾道学、水中戦、レーダー、カモフラージュ、冶金学、火器管制の各部門、さらに応用心理学、応用数学、熱帯問題、真空管の各部会が追加された。戦後、OSRDは戦時中に行われた研究に関する専門報告書を多数作成したが、その多くは本1冊分くらいの分量があった。これらの報告書には、OSRDが達成した顕著な技術的成果が記録されている。[15]

OSRDのトップとして折衝役を努めたブッシュは、本来保守派であり、ニューディール政策に対しては批判的だった。彼は動員を可能にした連邦政府の支援に深い疑念を抱きつつ、動員計画を練っていた。ブッシュの意見に反対することは、彼個人への嫌悪感を生むことにもなりかねないが、この人物は、エリート主義的、男性的、特権階級的とさえいえるほど、極端な自信家だった。彼に言わせれば、専門家とは、優れた専門知識をもっているために社会を担うことができ、また担うべきである人(彼なら「男」と言ったと思う)のことである。ブッシュは、善意をもった少数の知的エリートがほかの人の上に立つべきだとも言っている。エリートは(定義によって?)無私で権威があり、無知な人たちを守ることができるからだ。彼は、専門家のやる気を起こさせるのは金銭的な見返りではなく、奉仕の精神だと確信していた。[16]

だから、ＯＳＲＤの運営においては、ブッシュは慎重で控え目だった。彼はＯＳＲＤの使命を狭い意味で捉えていた。彼にとって、たとえば社会科学は最優先事項ではなかったが、それは戦闘の優先事項との関連性が低いと考えたからである。彼は応用心理学部会を設置したが、社会科学研究評議会の上層部は、ブッシュは社会科学研究の支援に積極的ではないと見ていた。生物学者でさえ、軍事と関連する生物学的研究の範囲について、ブッシュの視野は狭いと感じる者が多かった。そして彼の優先順位と世界観を考えると当然なことだが、ＯＳＲＤはエリート研究機関を特別扱いし、なかでもＭＩＴが最も恩恵を受けた。

オーエンスが示した通り、ＯＳＲＤがうまく機能したのは、ブッシュが科学者と国家との適切な関係を確立するためにお役所的な契約という仕組みを採用したおかげでもある。ブッシュは、科学者が軍に入隊して兵士や将校になることを望まなかった。また、助成金や奨学金（基本的には給付）の受給者は政府関係者の承認を得る必要があると思われているが、そんなふうに科学者が従属的になることも望んでいなかった。この問題に対する彼の解決策は、権力を均等化する方法として契約を利用することだった。ブッシュの目には、契約は二人の独立した当事者間の対等な関係を築くものと映っていた。それは資金援助というよりも市場取引に近く、各人を保護するものだった。契約は、特に政治家、役人、将軍による独断的な要求から関係者を保護した。あらゆる契約は、戦時利得目当てという印象を与えないように、基本的には利潤も損失も出ないように計算されていた。また、契約によって、契約者はそれぞれがなすべきことを明確にしておくことができた。契約は取り決めを公正に保つことが目的であり、独立した対等な組織または個人のあいだでのみ結ばれた。オーエンスはこう言っている。

ＯＳＲＤの最終的な生産物は兵器だったが、日々の業務の指標は、国内の工場の組立ラインで生産される製品のように、行政組織によって大量生産される何千部もの契約書だった。この秘密の連邦科学機関による前例のないビジネス、そのために働く政治とは無縁の多くの人たち、研究機関同士のつばぜり合い、科学ビジネスの急速な拡大といった事情を考慮するなら、ＯＳＲＤは運営管理的に最高レベルの成果を上げたといえる。[17]

とはいえ、具体的に何に対する契約なのかという点については、少し不明瞭だった。次第に、ＯＳＲＤは柔軟性に富んだ契約書を作成するようになった。契約者は、特定の品目を特定の期日までに納品するのではなく、発見のために一生懸命働くことに同意しなければならない。これは期限がないことを意味する。このような契約は、現実の発見、革新、失敗の展開に応じて、契約の延長や修正が容易だった。

ブッシュの契約戦略は、冷戦時代には普通の状態となり、さらにはのちにアイゼンハワー大統領を悩ませることになる軍産複合体の台頭にもつながったが、新しい知識をつくり、それを世界大戦（ヨーロッパ戦線および太平洋戦線）の問題に即座に適用するという点では、驚くべき成功を収めた。１９４３年、『ニューヨーク・タイムズ』紙は、ＯＳＲＤを、戦争に勝つことのみを目標に「10万以上の優れた頭脳が一体となって働く」巨大な試験管部隊と呼んだ。

優れた頭脳が一体となって働くことで、戦争だけでなく、世界そのものが一新されたのだ。

それは必ずしも新しい知識の問題というわけではなかった。以前に発見され、論文として公表されていたことが、戦争にかかわる需要によって、実用化され、大きな成果を収めた興味深い事例も数多い。少なくとも、こうした事例は、「発見」には時代背景がいかに重要であるかを示している。知られていても重要でなければ、無視されてしまう可能性もある。

たとえば、スコットランド生まれの細菌学者アレクサンダー・フレミングは戦後、ペニシリンでノーベル賞を受賞したが、1929年に彼が*Penicillium notatum*と同定したカビの抗菌性に関するオリジナル論文は、当のフレミングはもとより、誰にとっても医療革命を予感させるものではなかった。また、驚異の殺虫剤DDTは、1874年に博士課程の学生によって合成され、論文に記載されたが、殺虫剤として使われるようになったのは、1930年代後半に疾病対策として戦争難民のシラミ退治に使用されるようになってからのことだ。一般農薬として使われるようになったのは、さらにのちの1943年である。同様に、1903年にフランスの物理学者マリー・キュリーの発見に始まる放射能の研究は、1930年代になるまで国家の安全保障に関連するものとはみなされていなかった。以降、この章では、連合国が戦争を遂行する過程で科学知識がどのようにして軍事用途に再利用され、どれほど重要な役割を果たしたかを探ってみたい。ペニシリン、DDT、原子爆弾という三つの研究開発は、いずれも技術的に大きな成功を収めたが、同時に、予想外の問題をはらんだ、長期にわたる影響をもたらすことになった。

ペニシリンの大量生産は、20世紀の最も重要な医療技術革新の一つとなった。これがきっかけとなって、世界中で採取されたカビなどの菌類や細菌の体系的な検査が行われ、多くの抗生物質が開発されることになった。さらに抗菌特性をもつ別の微生物も数多く発見された。ペニシリンの効能は、多くの病気の治療を一変させた。そして、ペニシリンの生産が成功するかどうかは、OSRD医学研究委員会と、連合国の国際的な科学・産業ネットワークに対する医学研究委員会の慎重な舵取りにかかっていた。

抗生物質の発見と大量生産の歴史には、「恨みの物語」とでも呼ぶべきものがいくつもはさみ込まれている。関係者や歴史家は、誰が何をしたのか、誰がもっと注目・評価されるべきだったのか、どの国が主役とみなされるべきだったのかを慎重に分析しながら、その功績を再構築してきた。「恨みの物語」の核となるのは、イギリスとアメリカの対立である。ペニシリンの生産が戦争遂行の重要なカギになることにまず気がついたのは、フレミングをはじめとするイギリスの科学者だったが、その大量生産に成功したのは、深底タンクを使った水中発酵法を開発したアメリカの科学者、技術者、実業家だった。イギリス側から見れば、アメリカはイギリスからペニシリンを「盗んだ」に等しい[18]。

フレミングは、勤務先のロンドンのセントメアリー病院で、偶然にもペニシリンを発見した。第一次世界大戦に従軍し、医師として前線で働いていたフレミングは、その後長らく感染症と敗血症の問題に取り組んでいた。1923年、彼は人間の唾液と鼻汁にかすかな抗菌性があることを発見し、人間の唾液には細菌の細胞壁を破壊するリゾチームという酵素が含まれていることを確認した。これは「生体防御」の一形態である（口のなかは細菌だらけなのだ）。1928年、フレミングは細菌感染症の教科書を執筆するためにブドウ球菌のコロニーを育てていたが、多くの培養皿が検査を繰り返すうちに空気にさらされ、さまざまな微生物で汚染されていた。汚染された培養皿の一つを見ると、灰緑色の一般的なパンカビ（ペニシリウム属）の大きなコロニー近くでは、ブドウ球菌のコロニーが成長することなく透明になりつつあった。フレミングは、何が起こっているのかを調べ始めた。彼はパンカビを育て、それがつくり出す液体を集めた。

フレミングの「カビのジュース」は抽出が難しかった。また、効き目が遅いようだった。彼はそのジュースをウサギに注射したが、それは毒性を調べるためであって、生体内のバクテリアに対する効果までは検査しなかった。彼は1929年に『実験病理学』誌上に論文を発表し、新しい物質を、それが抽出されたペニシリウム属のカビにちなんで、ペニシリンと名づけた。彼はこの名前を論文執筆上の便法と見ていたようで、論文にはこう述べられている。「『カビ培養液の濾液』という面倒な言い回しの繰り返しを避けるために、「ペニシリンという名前を使うことにする。これは、この論文で問題にする特定のカビ（ペニシリウム属）のブロス培養物の濾液という意味である」。フレミングは論文の結論で、ペニシリンが皮膚表面の傷の消毒剤として有用であるかもしれないことを示唆している。[19]

当時指導的地位にあった医師や科学者のなかには、第一次世界大戦に従軍し、感染症のリスクと被害を前線で目の当たりにした者も多かった。前線における創傷治療に関するペリン・セルサーの研究を読めば、感染症に関する戦中戦後の議論の激しさと複雑さがよくわかる。[20]

1938年、イギリスと世界に新たな戦争の予感が漂うなか、オックスフォード大学のサー・ウィリアム・ダン病理学研究所のグループは、抗菌性物質を体系的に探し始めた。

ナチスドイツからのユダヤ人難民である生化学者エルンスト・チェーンも、この研究所の一員だった。財産も家族もない状態でイギリスに渡ってきた彼を雇ったのは、研究所を取り仕切っていたオーストラリア出身の著名な病理学者ハワード・フローリーだった。フローリーは、研究を生産的なものにするにはグループ内に生命科学と化学の専門家がいるべきだという考えの持ち主で、それがチェーンを雇った一因でもあった。[21]チェーンは、抗菌性物質に関する論文を片っ端から調べ始めた。その過程で、フレミングのリゾチームに関する論文にも目を通した。リゾチームは涙や鼻水、唾液に含まれている物質で、抗菌作用がある。化学的にリゾチームがどのように機能するのかを理解したチェーンは、科学的な問題は解決済みと結論づけて、ほかの抗菌剤の研究に移った。

チェーンは次にフレミングのペニシリンに関する1929年の論文を読み、フローリー（彼よりもはるかに権力があり、重要な科学的調査を取り仕切ることができる人物）にペニシリンの重要性を力説した。最終的にフローリーは同意した。

1940年5月、活性化したペニシリンが十分に集まったので、彼らは連鎖球菌に感染した8匹のマウスを使って検査を行った。イギリスの生化学者ノーマン・ヒートリー（ペニシリンを抽出・精製する方法を考え出したチームの主要メンバーの一人）の記述を読むと、そのときの状況がよくわかる。「友人たちと夕食をとった後、研究室に戻って教授と会い、2匹のマウスにペニシリンの最終用量を投与した。『対照群』のマウスはとても具合が悪そうだったが、治療群の2匹のマウスはとても元気そうだった。私は午前3時45分まで研究室にいたが、そのときには対照群の4匹のマウスはすべて死んでいた。実用的見地からはペニシリンが重要であるように思える[22]」

次の段階は人体試験だったが、フローリーのグループは、実際の患者にテストするだけの十分なペニシリンを保有していなかった。当時、カビを成長させてペニシリンを生産する唯一の方法は表面発酵だった。この方法では、栄養ブロスの表面に一般的にはある種の砂糖を使ってカビを成長させると、その表面に抗菌特性をもつ黄色い液体が生成されるようになる。カビの成長には浅い容器が適していた。ヒートリーは、フラスコ、ボトル、トレイ、皿などを試した。さらには、ラドクリフ診療所から蓋と注ぎ口のついた昔ながらの「おまる」を借りてきたこともある。彼は試行錯誤の末に、培地を簡単に交換できるように積み重ね可能な長方形の陶製容器を４００個調達した。これは、ペニシリンの「大量生産」の最初の試みである。[23]

このグループは人間を被験者とするペニシリンの試験を行い、１９４１年、その結果を「ペニシリンに関するさらなる観察」と題する論文にまとめた。『ランセット』誌に掲載されたこの論文には、わずか10人の患者の試験結果が記されている。そのうちの２人は重篤な全身感染症を患っており、ペニシリンの投与で多少の改善を示したのちに死亡した。それ以外の8人は治癒した。この結果は、大規模な大量生産計画を正当化するのに十分なほど有望なものだったが、イギリスの製薬会社に関心をもってもらう計画は失敗に終わった。イギリスの製薬業界や精密化学業界の上層部が関心を示さなかった理由はいろいろあったが、その一つはもちろん、ヨーロッパでの戦争に対する差し迫った需要だった。

フローリーはアメリカに手を伸ばした。ＯＳＲＤ医学研究委員会の委員長を務めるペンシルベニア大学の化学者Ａ・Ｎ・リチャーズは個人的な友人だった。彼はフローリーとヒートリーがアメリカで必要なコネクションをつくる手助けをした。アメリカでの動員がどのように機能していたかを理解するという視点から見ると、物語はここから興味深いものになってくる。深底タンク発酵によるペニシリンの大量生産の開発には、三つの大企業（いずれも特許を申請しないことで事前に合意していた）、少なくとも二つの政府委員会、民間研究所の科学研究者、一部の大学の科学者がかかわっていた。さらにいえば、イリノイ州ピオリアの果物売りも受動的ながらかかわっている。彼は腐ったカンタロープメロンをアメリカ農務省の実験助手に売った。そして、国防のために偶然採用されたにすぎないこのピオリアのカンタロープが、生産性の最も高いカビの株を生み出すことになったのだった。

技術的に重要なカギとなったのは、深底タンク発酵だった。これは、液体培地に浸したある種の細菌、カビなどの菌類を絶えず攪拌《かくはん》しながら成長させる方法で、温度を制御し、さまざまな形態の砂糖や塩を使って、培地内の生物に所望の物質をつくらせる。深底タンク発酵は、1920年代にはすでにクエン酸の生産に使用されていた。レモンやライムなど多くの植物に含まれるクエン酸は、クロコウジカビという菌類を使うことで、商業的に生産性の高いレベルで生産することができた。ブルックリンの小さな化学会社ファイザーは、この手法を取り入れ、1930年代にはクエン酸の世界的供給業者の一つになっていた。

イリノイ州ピオリアにあるアメリカ農務省の北部地域研究所も、液中発酵の豊富な経験をもっていた。アメリカ農務省の科学者は、この方法を使えばペニシリンカビを育てられるかもしれないと考えた。彼らは、砂糖、牛乳、塩、ミネラルで培地をつくり、活性化した薬剤の生成量が最大になるように温度と攪拌速度を調整した。液中発酵によるペニシリンの培養は、最終的に大量生産の問題を解決した。クエン酸の生産で成功していたファイザー社は、戦時中、深底タンク発酵によるペニシリンの主要な生産者となった。

ペニシリンはファイザー社を巨大製薬会社へと変貌させた。ペニシリンをこれほど迅速に生産できた企業は、ほかにはなかった。[24] 同社にそれが可能だったのは、深底タンク発酵で成功するのに必要な実用的、科学的、技術的な知識をすでにもっていたからだ。[25] とはいえ、合成や表面成長によってペニシリンを生産する方法は、効率が悪かった。ファイザー社の成功は、ほかの多くの機関とそこに属する人々に負うところが大きい。アメリカ農務省のピオリア研究所は、ペニシリンをつくる液体培地としてコーンスティープリカーを使用する方法を考えついた。コールドスプリングハーバー研究所の遺伝学者ミリスラフ・デメレックは、ピオリアのカンタロープのカビに放射線を照射して、より強力なペニシリウムの変異株を抽出した。ＯＳＲＤ医学研究委員会は、メルク、ファイザー、スクイブの３社のあいだで、あるいは医学研究委員会と戦時生産局のあいだで、さらには、さまざまなレベルの個人のあいだで緊張状態が生じたときでさえ、壊れやすい協調関係の維持に努めた。[26]

１９４２年11月下旬にボストンで起きた「ココナッツグローブ火災」の後、ペニシリンは初めてその威力を広く知らしめることになる。ココナッツグローブは、ボストンのベイビレッジにあった地下のナイトクラブの屋号である。火災が発生したとき、出口の構造のせいもあって、客は逃げることができなかった。最終的な死者は492人に達し、その数を上回る人たちがケガや火傷を負った。ペニシリンによる感染症の治療を受けて生き延びた人もおり、早期におけるこの薬の大々的な投与は大きな話題になった。ペニシリンの劇的な成功は、ルーズベルト大統領夫妻、特にファーストレディのエレノア・ルーズベルトの心を揺さぶり、彼女は、乳幼児や子どもを抱えた病人の家族にペニシリンを利用できるようにしてほしいと訴えた。しかし、ペニシリンは軍事資源として配給されることになっており、民間人の手に入るものではなかった。戦時生産局の化学療法薬委員会長を務めるボストン大学医学部の医師チェスター・キーファーは、配給を管理する「ペニシリンの親玉《ツァーリ》」となった。キーファーは、ペニシリンを投与される可能性のあるすべての患者を審査し、新薬の医学的査定を監督した。その意味で、誰を生かし、誰を死なせるかは彼の一存次第といえた[27]。

1944年6月、ペニシリンはDデイの侵攻作戦に参加するすべての連合国軍兵士に投与可能な数が生産されていた。それから1年も経たない1945年4月には、民間医療資源としてアメリカの薬局で手に入るようになった。ペニシリン以外にも、カビなどの菌類や細菌が生み出す抗生物質が世界的に探索され、バシトラシン（１９４２年）、ストレプトマイシン（１９４４年）、セファロスポリン（１９４５年）、クロラムフェニコール（１９４９年）、テラマイシン（１９５０年）、エリスロマイシン（１９５２年）、バンコマイシン（１９５６年）、リファンピシン（１９５７年）といった抗生物質が次々と発見されていった。当時は医学の変革期だった。本書の読者も、かなりの確率でこれまでに抗生物質の恩恵を受けているはずだ。あるいは、抗生物質が効かなくなる薬剤耐性の脅威にさらされている人もいるかもしれない。病原菌には、急速に進化して、抗生物質を投与しても生き延びるものも少なくない。

戦前に発見されたペニシリンが戦時中に軍事目的で利用されるようになったように、ジクロロジフェニルトリクロロエタン（ＤＤＴ）も似たような経過をたどった。

ＤＤＴは１８７４年、ドイツに留学していた博士課程の学生オトマール・ツァイドラーによって合成された。彼は報告書を公表したが、それ以上の研究はしなかった。１９３９年、スイスの化学者パウル・Ｈ・ミュラーは、ＤＤＴに昆虫を殺す特性があることを発見し、１９４０年にスイスで基本特許を出願した。

1941年12月7日の日本軍による真珠湾攻撃後、アメリカが太平洋戦争に部隊を派遣するようになると、部隊でのマラリア、発疹チフス、デング熱への感染が軍事上の重大な問題となった。一部の師団では、戦闘による傷よりも、昆虫が運ぶ病気で苦しむ兵士のほうがはるかに多かった。これは何も新しい現象ではなかった。少なくとも18世紀から第一次世界大戦までは、戦闘よりも病気で亡くなる兵士のほうが多いケースがよく見られた。兵士の戦病死と戦傷死の比率は、米墨戦争で88対12、南北戦争で66対34、米西戦争で84対16、第一次世界大戦で26対74(1918年のインフルエンザ流行による死亡を除く)だった。この数字は、第一次世界大戦の兵器の残虐性を反映しているともいえるが、同時に、治療法が進歩し、疾病予防に力が入れられるようになったこととも関連がある。朝鮮戦争では、アメリカ陸軍の公式統計によれば、戦傷死者126人に対して戦病死者1人の割合だった。この病気の重荷を減らすための重要な要素の一つは、昆虫の防除であり、DDTが重要になるのはここである。

戦争の初期に、OSRDは、アメリカ農務省の昆虫学・植物検疫局に対し、昆虫が媒介する病気を予防する新しい方法を探究するよう依頼した。同局はフロリダ州オーランドの研究所にこの研究を依頼した。昆虫学者たちは、この問題に対する理想的な解決策ではなく、迅速な解決策を模索した。発疹チフスの防除が陸軍の最優先事項だった。1942年までは、発疹チフスを媒介するシラミを駆除する主な方法は、衣類や寝具を蒸すことだった。これは平時や環境の安定した軍事基地では十分な効果があったが、前線では現実的ではなかった。また、すでに人体に付着しているシラミには効果がなかった。陸軍は兵士が前線で持ち運べるシラミ取り粉を望んでいたが、オーランド研究所の昆虫学者は、シラミをすばやく殺し、低濃度でも効果があり、致死率が高く、できるだけ長持ちする薬剤を探し求めていた。迅速かつ完全な殺傷力、低濃度、持続性の組み合わせは、満たすのが難しい基準だった。研究所では、8000種類の化学物質をふるいにかけ、400種類の化学物質に絞ってさらに実験を行った。そのなかで、シラミ退治に有望な化学物質が一つだけ見つかった。乾燥した除虫菊の頭花から抽出されたピレトリンである。1942年に、昆虫学・植物検疫局は除虫菊の粉末を陸軍に推薦し、アメリカ軍はこれをシラミ退治の標準薬剤として採用した。[28]

除虫菊の粉末は発疹チフスには効いたが、蚊は殺さないので、マラリアには効かなかった。オーランド研究所のグループは、マラリアを媒介する蚊を殺す方法を追究し始めた。一般的な蚊の駆除方法は、繁殖地の水を抜いたり、油を垂らしたり、毒を入れたりすることだったが、島が侵略されたり、森林戦が行われたりするような紛争地帯では、こうした方法は実用的ではなかった。一方、除虫菊の供給も戦争によって脅かされていた。アメリカは除虫菊を日本、ダルマチア、ケニアから輸入していたが、戦争によってケニア以外の国からの供給が絶たれてしまったのだ。

1943年7月には、危機的な状況に陥りつつあった。一つの明確な問題を早急に解決する必要があった。発疹チフスやマラリアを媒介する昆虫を何としてでも殺さなければならなかったのだ。ある種の殺虫剤が解決策になることはわかっていたが、劇薬だった。しかし、急速な移動を重ねる戦場にあっては病気にかかるリスクがきわめて高いので、危険度の高い殺虫剤の使用が正当化された。化学系殺虫剤の研究や審査に携わっていた人たちのほとんどは、戦争という非常事態を反映した基準を用いていた。長期的な影響や毒性が問題になるのは平時であって、軍事的な緊急事態においては、毒性や刺激性が高い化学物質であっても、その使用が正当化される場合もある。[29] スイスの化学品製造業者ガイギー社は、１９４０年10月にアメリカ農務省にＤＤＴのサンプルを送った。ＤＤＴは明らかに昆虫に対する毒性があった。少量で効果があり、長期にわたって昆虫を死滅させる。これこそ、マラリアに効く新しい殺虫剤に求められていた特性だった。ＤＤＴにはもう一つ利点があった。ガイギー社はアメリカに工場をもっていたので、アメリカでの製造が可能だったのだ。しかし、ＤＤＴが安全であるかどうかははっきりしなかった。モルモットやウサギに大量に投与すると、痙攣を起こして死に至ることもあった。とはいえ、大量に投与する必要はなかった。微量でも昆虫の成虫や幼虫を殺すことができたし、粉末で使っても、人間の皮膚はほとんどＤＤＴを吸収しないようだった。

１９４３年5月、アメリカ農務省の昆虫学者は、すでにヨーロッパで使用されていたＤＤＴを陸軍公式のシラミ取り粉にすることを推奨した。[30] ラッセルが指摘するように、この決定は、陸軍やアメリカ農務省がＤＤＴは無害であると判断したことを意味するわけではない。危険性と利点が天秤にかけられ、ＤＤＴを迅速に生産する能力、現場での持続性、昆虫に対する高い殺傷力が、そのような危機的状況での使用を正当化したのでである。国立衛生研究所産業衛生局の試験では、DDTをエアロゾルやミストとして噴霧した場合、人体に対して安全であるという結果が出された。

1943〜1944年の冬、DDTはその有用性を実地に証明した。爆撃を受けたナポリで発疹チフスが発生し、連合国の保健機関は、DDTを混ぜたシラミ取り粉を100万人以上の民間人に散布した。冬のあいだに発疹チフスの流行が収まったことで、DDTは大きな信頼を手に入れた。世間の注目を浴びたことで、この新しい化学物質が戦後に民間で使われるようになるのは必然だった。『リーダーズ・ダイジェスト』誌は、農民にとって昆虫はもはや問題ではないと書き、DDTを戦争中の最も偉大な科学的発見の一つとして高く評価している。DDTには、病気を媒介する昆虫はもちろんのこと、ハエ、ゴキブリ、トコジラミのような害虫をも一掃してしまう威力があった。[31]

ジャーナリストは、平時における民間用農薬の審査には、戦時とは異なるルールが必要であることに気づいていなかったようだ。DDTが戦争中の軍事使用に適していたのは、持続性と広範な殺傷力を有していたからであり、それこそが、昆虫学・植物検疫局の科学者が正しく懸念していた特性にほかならなかった。DDTのような難分解性化学物質を食用作物に使用すれば、有毒な残留物が残る可能性があり、おそらく実際にそうなるだろう。そして、害虫を殺す殺虫剤は、害虫だけでなく、害虫を捕食して防除を手助けしてくれる益虫をも殺すことになる。昆虫学者は戦時中、ＤＤＴが農作物や環境に危険をもたらすことを知っていた。言うまでもなく、ＤＤＴは戦後、農作物や都市の害虫駆除に広く使用された。その使用は、レイチェル・カーソンの１９６３年の著書『沈黙の春』によって、ＤＤＴが環境に影響を与え（最も古い科学論文は１９４０年代後半）、あらゆる生物に害を与えかねない、根本的な公共政策上のリスクをもたらすことが明らかになるまで続けられた。

ペニシリンやＤＤＴの戦時生産はよく知られているが、第二次世界大戦における動員関連の話で最も有名なのは、原子爆弾の開発にまつわる話だろう。原子爆弾は、ニューメキシコ州のロスアラモス国立研究所など、アメリカとその他の連合国の施設の技術者、数学者、物理学者のグループによって開発された。ペニシリンやＤＤＴと同じく、この開発計画の中心となる知識は、Ｘ線とラジウムの発見から紆余曲折を経て軍事目的に再利用され、核兵器として完成することになる。

1895年、ドイツの物理学者ヴィルヘルム・レントゲンは、妻の手のX線写真を撮影し、その画像を公開した。骨と結婚指輪ははっきりと見えているが、それ以外の軟組織はすべてぼやけている。この驚くべき画像は世界中の新聞に掲載された。レントゲンは、陰極線管が生成するエネルギーの研究をしていたときにX線を発見した(X線の「X」とは「未知の」という意味。彼にはそれが何なのかわからなかったので、そう名づけた)。X線の存在は、目に見えない未知のエネルギー源がほかにも存在する可能性を示していた。次に、パリのアンリ・ベクレルがウラン塩のなかに天然の放射能を発見する。ベクレルはそれがX線とは異なるものであることに気づいた。ベクレルの発見を受けて、パリのポーランド人物理学者マリー・キュリーと夫のピエールは、ウラン鉱石からラジウムとポロニウムという二つの新元素の単離に取り組んだ。1903年、ベクレルとキュリー夫妻はノーベル賞を共同受賞する。[32] ニュージーランド生まれで当時カナダのマギル大学にいた物理学者アーネスト・ラザフォードは、この結果は原子の不安定性を示していると考えた。ラザフォードは人為的に放射能をつくり出すことに成功し、そのことが原子の性質についてさらなる疑問を投げかけた。[33]

20世紀初頭の放射能研究は、物質の性質に関する刺激的で新しい洞察の一部だった。質量とエネルギーは明らかに関連しており、エネルギーは人間にとって必要なものだった。1933年の時点ですでに、「原子街灯」や原子爆弾のアイデアが出されるなど、世間でも「原子エネルギー」が話題になっていた。小説家のH・G・ウェルズは小説『解放された世界』(1914年)において、原子エネルギーについて言及している。しかし、原子爆弾をつくるための組織的な計画はなく、期限もなく、国家による指令もなかった。ところが、1939年に発表された重要な科学論文によって、事態は一変する。原子が放出するエネルギーは、爆発物に使われるある種の化学反応で放出されるエネルギーに匹敵することが証明されたのだ。

オーストリア出身のユダヤ人物理学者リーゼ・マイトナーと彼女の甥オットー・フリッシュによるこの論文には、ウランの原子核が「分裂」(生物学からの借用語)を起こすことが述べられている。この論文は、1939年3月に『ネイチャー』誌に掲載された。マイトナーの伝記作家ルース・サイムは、こう記している。「彼らは『ネイチャー』のわずか1ページあまりで、ウランの核分裂を『基本的に古典的な』液滴の分割として描き、大きな原子核の表面張力は無視できるくらいに小さいと推定し、ウランの核分裂によって放出されるエネルギーを計算して、トリウムも核分裂を起こすことを予測した。そして、マイトナー、オットー・ハーン、フリッツ・シュトラスマンがチームとして行った、バリウムの発見と核分裂の発見に至るまでの４年にわたる研究のすべての主要な点を説明した」[34]。１９３９年、ユダヤ人のマイトナーはナチスドイツからの難民となり、スウェーデンに移住した。歴史上の多くの女性科学者と同様に、彼女が核分裂に関する画期的な研究に見合った評価を得ることはなかった。ノーベル賞は１９４４年にオットー・ハーンが受賞した[35]。

この１９３９年の論文による影響を方向づけたのは、１９３３年以降、ユダヤ人の学者、科学者、知識人を強制的に専門職から解雇する新しい法律をきっかけに、ドイツから難民として移住してきた科学者たちだった。アルバート・アインシュタインは、１９３３年にはドイツに帰らないことを決めていた。エンリコ・フェルミは、ユダヤ人の妻を連れてイタリアから脱出した。ハンガリー出身のレオ・シラードは１９３５年にドイツを離れた。ほかにも多くの優れた科学者が職を失い、イギリスやアメリカなどの国々で新たに所属する組織を見つけた。ファシズムと非道なナチスから逃れた亡命者たちは、ドイツの原爆開発を防ぐことに特別な関心をもっていた。

マイトナーとフリッシュが論文を発表した数カ月後の1939年8月、レオ・シラードは周囲の協力を得て、当時プリンストン高等研究所に在籍していたアインシュタインを、この仕事は君にしか頼めないといって説得し、フランクリン・ルーズベルト大統領に原爆開発の重要性を直訴してもらうことにした。アインシュタインは大統領宛に正式な手紙を書いた。大統領がそれを受け取ったのは、1939年10月のことである。手紙には、原爆開発がいかに国家の重大事であるか、実際に原子爆弾は開発可能であり、来るべき戦争ではアメリカが敵に先んじて原爆の製造を実現することが必要だと記されていた。アメリカはまだ正式に参戦していなかったが、その準備が着々と進められていた。ルーズベルトは、原爆製造に至る方策を検討する委員会を設立した。1940年6月には、この仮説上の爆弾を保有する側が圧倒的に有利な立場に立つという科学的・政策的コンセンサスが一般的に形成されていた。この爆弾の開発については、科学的にも政治的にも、アメリカの指導者が関与したのである。

1941年12月6日、日本が真珠湾を攻撃する前日に、ルーズベルトは新兵器のための資金を増額した。1939年には6000ドルだった資金が、1941年末には120万ドルになっていた。1942年6月、ルーズベルトは側近グループに原子爆弾の開発が進行中であること、その完成は1945年ごろになることを伝えた。ルーズベルトは、当時アメリカ国防総省本庁舎（ペンタゴン）の建設を監督していた陸軍工兵隊のレズリー・グローヴス少将に原爆開発計画のすべてを一任した。[36]

原爆開発計画（1941〜1945年）にかかわった人たちは、世間の注目を集め、テレビ映画やハリウッド映画が何本もつくられた。また、学術的にも一般的にも、大きな影響を与えることになったが、好ましい影響ばかりではなかった。安全保障上の理由から（注目されないように）「マンハッタン工兵管区」と名づけられ、物理学者で構成されるS－1委員会によって運営されていたこのプロジェクトは、大規模な目的指向型科学だった。その最も有名な研究地は、サンタフェの北西約65kmにあるニューメキシコ州ロスアラモスの卓状台地メサにあった。敷地面積は32ヘクタールに及び、「サイトY」「ザ・ヒル」「私書箱1663番」などとも呼ばれていた。さらに、コロンビア大学のハロルド・ユーリー、シカゴ大学のアーサー・コンプトン、カリフォルニア大学のアーネスト・ローレンスがそれぞれ運営する研究所もあった。また、テネシー州オークリッジとワシントン州ハンフォードには重要な生産施設があった。

グローヴス少将は、プロジェクトの科学側の責任者として、当時カリフォルニア大学バークレー校に在籍していた理論物理学者J・ロバート・オッペンハイマーを選んだ。[37]オッペンハイマーはニューメキシコ行きの仲間を募った。その際、無制限の資金と自由な労働環境を確約した。勧誘の際の彼の口説き文句には、輝かしい科学と少年の楽しさを想起させるものがあった。メサにはこの分野で最高の頭脳を持った科学者が集い、日常生活のわずらわしさから解放された美しい環境のなかで生活しながら、偉大な発見をすることになる。山への乗馬旅行もあれば数々の驚異的な発見もある。オッペンハイマーは優秀な勧誘員だった。1943年4月、50人の科学者がロスアラモスに集まり、初めてそこで何をするのかを知らされた。計画の内容については、最小限の説明しか受けていなかったのだ。

この間、グローヴスは、生産施設の建設と新兵器の製造・移動に必要となるチームを育成するために効率よく働いていた。テネシー州オークリッジにウラン生産工場の用地を購入し、クライスラー社およびユニオンカーバイド社と提携契約を結んだ。契約では、両社はウラン235を生産するためのガス拡散工場を建設・運営することになっていた。1943年初めには、コロンビア川沿いのワシントン州ハンフォードにプルトニウム生産のための別の施設が開設された。一方、アメリカ陸軍航空軍は、ユタ州ウェンドーバー飛行場で大型模擬爆弾を使ってB－29のパイロットの訓練を開始した。

最終的に、マンハッタン工兵管区には37の機関が関与していた。被雇用者は12万人に達し、そのなかには世界トップの物理学者33人のうちの20人が含まれていた。原爆の製造には、20億ドル（現在の貨幣価値に換算すると約320億ドル）の費用と3年半の歳月を要した。関連施設は、アメリカの19州とカナダに点在していた。民間企業では、現在、地球上で最も汚染された場所の一つであるハンフォード・サイトを建設したデュポン社や、クライスラー社、ユニオンカーバイド社などが参加していた。このプロジェクトは現代アメリカにおける自動車産業の規模に匹敵するほどの大規模プロジェクトだったが、完全に秘密裏に行われていた。原爆の製造には、物理学者、化学者、数学者、技術者だけでなく、小学校の教師、レンガ職人、運転手、清掃員、警備員などもかかわっていた。一部の研究は、一流研究大学や民間企業でも行われた。まったく驚くべき規模の動員だった。

Dデイの後、1944年の夏には、連合国の勝利が現実味を帯び始め、1年以内に決着がつきそうな気配となった。この時点で、原子爆弾の開発に携わる研究者には、計画を中止すべきだと考え始めた人もいた。たとえば、のちにノーベル平和賞を受賞したイギリスの物理学者ジョセフ・ロートブラットは、実際にプロジェクトから抜けている。[38]彼は原爆が使用された場合の軍拡競争の可能性を予見し、国際的な管理と完全な情報公開こそが軍拡競争を遅らせることができると考えていた。同じ考えの科学者も少なくなかった。1945年3月、アインシュタインは、この問題と核兵器競争の危険性に関する話し合いをルーズベルトに求めたが、ルーズベルトは会談の日取りが決定する前の4月12日に、ジョージア州ウォームスプリングスで死亡した。

大統領に就任したトルーマンは、そのとき初めて原爆計画の存在を知らされた。世界的軍事危機が続くなか——ベルリンは包囲され、陥落目前だったが（ヒトラーはルーズベルトの死から18日後の4月30日に自殺した）、日本は依然として脅威であった——トルーマンは、アメリカが空前絶後の潜在能力を秘めた武器を手中に収めようとしていることを知った。副大統領時代には、彼はこの大規模な原爆開発計画について何も知らなかった。ルーズベルトとは特に親しくもなかったので、トルーマンはこのプロジェクトの件で相談されたり、新兵器の適切な使用法について指図されたりすることがなかったのだ。トルーマンはおそらく、ロスアラモスで解き放たれた複雑な力の意味を理解していなかった。だから彼は、困難な状況をさらに悪化させることになった自分の役割を率直に認めたことはなかった。

アメリカ陸軍航空軍第５０９混成部隊の原爆訓練部隊が派遣されたのは、マリアナ諸島のテニアン島だった。部隊と原爆を積んだ整備済みの戦闘機がノースフィールド飛行場に到着した。写真機材や放射線測定器も積み込んであった。１９４５年８月６日午前8時15分、広島に原爆が投下され、その3日後の午前11時2分には長崎にも投下された。2発目の投下については、大統領からの具体的な指示はなかった。長崎上空が晴れていたから投下されたのである。

大規模な戦時動員は、多くの革新的技術を生み出し、連邦政府の科学支援システムの生産性の高さを立証することにもなった。注目すべきは、この生産性の高さが民間人や産業界にも利益をもたらしたということだ。ＤＤＴとペニシリンは、どちらも新しい産業を活性化し、民間企業に利益をもたらした。原子爆弾は、原子エネルギーの未来を約束した。しかし、それぞれ意図せぬ結果も招いた。ＤＤＴとペニシリンは熱狂的に受け入れられたが、最終的にはその価値を下げてしまった。そもそも最初の評価自体が間違っていたかのように、すばらしい見事なものとみなされながらも、そのようには扱われなかった。原子爆弾は、それほどすばらしいものとは思われていなかったにせよ、最終的には世界を汚染してしまった。

ＤＤＴもペニシリン（と抗生物質全般）も、細心の注意を払って使用されるべきだった。ＤＤＴの危険性は１９４０年代には完全に理解されていたわけではなかったが、アメリカ農務省の科学者は警戒を促していた。殺虫剤が環境に影響を与え、長期的には高くつくことを知っていたのである。しかし、産業界の指導者や農家は、この有望な新しい化学物質を無制限に使用することを望み、アメリカ全土の畑や都市、海岸を農薬で埋め尽くした。

同様に、ペニシリンの驚くべき発見は、保護されたり、大切に使われたりするほどには高く評価されず、ないがしろにされた。深底タンク方式によるペニシリンの液中発酵では、活性化したカビの汁がタンク内のブロスから抽出されるため、カビの残滓《ざんし》が生成された。このカビの残滓（カビそのもの）は、牛の飼料としてかなり早くから販売され始めた。牛は食わず嫌いの多いことで知られており、牛の生産者に牛が喜んで食べるカビの残滓を販売することは、ペニシリンの生産者にとっては発酵で利益を得る方法の一つであり、牛の生産者にとっては安価な飼料を得る方法の一つだった。この初期段階に関与していた人たちはおそらく誰も理解していなかっただろうが、ペニシリウム属のカビの残滓に含まれる残留ペニシリンは牛を大きく成長させるのだ。その後、生産者は、ペニシリン廃棄物を与えられた牛がそれ以外の牛よりも大きく成長することを認識する。活性化したペニシリンがごく微量でもこの植物性物質に残っていれば、それだけで牛に影響を与えるには十分だった。

というわけで、牛の飼料にペニシリンの含まれた植物性廃棄物が広く使われるようになり、実際、工業化された農業では、一般的に抗生物質の使用が増加した。一部の推定によれば、今日生産されている抗生物質の大半は、動物の病気治療のためではなく、動物の成長を促進したり、予防的に将来の病気やケガのリスクを下げたりするために使用されているという[39]。抗生物質を与えられた動物は、狭い囲いのなかや、ストレスのかかる集約的な環境での飼育が可能になる。２０００年以降、アメリカなどで、動物生産における抗生物質の使用禁止が法制化された例もあるが、それ以前に抗生物質耐性をもつ危険な細菌が出現してしまっていた。

抗生物質耐性は戦後のかなり早い時期から記録されていた。ペニシリンをはじめとする抗生物質が、細菌に進化を促し、細菌の生き残り方を方向づけたのだ。進化し続ける抗生物質に耐性をもつ多くの致死的細菌が急速に進化したのは、医療現場での慣行による抗生物質の過剰投与が一つの原因である。抗生物質に対する臨床での判断は、農業の問題ほど重要ではなかったのかもしれない。

世界中の土や植物性廃棄物に含まれるカビなどの菌類や細菌を集め、新しい抗生物質を見つけようとする大規模な努力によって、多くの新しい抗生物質が発見された。その後は、適切な処理を経て大量生産され、最終的には合成されるようになった。しかし、こうした抗生物質の多くは、ペニシリンのように、時間の経過とともに効果が弱くなってきており、現在はポスト抗生物質時代の到来を予測している人もいる。つまり、抗生物質以前と同じく、細菌感染が再び全人類の死因の30％を占める時代が来るかもしれないというのである。

同様の現象は、ＤＤＴが農作物に広く使用されるようになった１９４０年代後半に起こった。昆虫のＤＤＴに対する耐性は、１９５２年にはすでに農業問題として認識されていた。ＤＤＴを散布するたびに耐性が強い個体だけが生き残り、次の世代の主要な親となった。何らかの理由でＤＤＴから生き延びた少数の個体は、突然、競争相手がいなくなり、数年後には、耐性をもつ血統の昆虫が出現し始めた。

戦時中のマラリア対策や終戦直後の作物の害虫駆除に驚異的な効果を発揮したＤＤＴは、強力で重要な技術的発見だった。製造業者はＤＤＴを売りたいと考え、農家はその恩恵を受けたいと考えた。ＤＤＴを使えば作物の収穫量が増えるという戦時中の噂は、実に魅力的だった。しかし、ＤＤＴは環境全体に影響を及ぼしており、１９５０年代になると、生物学者はその悪影響についての論文を書き始めた。ＤＤＴで害虫を殺そうとする際、農家は同時に、害虫を食べるテントウムシなどの昆虫や小鳥、ヘビも殺していたのだ。コマツグミも早くにその数が激減したが、ＤＤＴで死亡した昆虫やミミズを食したことがその原因と考えられ、ＤＤＴの悪影響をドラマチックに表現することになった。

１９６２年、レイチェル・カーソンは、科学技術の進歩と見境のない殺虫剤の使用によって引き起こされた環境被害の一例としてＤＤＴを挙げた[40]。結局、１９７４年に新設された環境保護庁は、ＤＤＴの使用を厳しく規制した。１９４７年に製作されたプロパガンダ映画には、安全性を視聴者に納得してもらうために、ＤＤＴを大量に散布したおかゆ《ポリッジ》を食べている昆虫学者の姿が映し出されている（この動画は現在ＹｏｕＴｕｂｅで見ることができる。私はことあるごとに、学生にその視聴を勧めている）。ＤＤＴを受け入れるように教えられた世代は、この技術に対する別の見方を学ぶ必要に迫られた。今日、マラリアの危険性が高い地域では、ＤＤＴの限定的な使用が一般的に奨励・容認されているが、アメリカでは、見境なく農地に広範囲散布することはもはや一般的な慣行ではない。
一方、原爆の製造と使用は、世界各地に壊滅的で長期的な影響をもたらした。人類学者のジョセフ・マスコは、雄弁にこう語っている。

1950年代半ばには、自分の家や町が焦土と化すことを想像するのは、もはや倒錯的な予行演習ではなくなっていた。それは、統治、科学技術の実践、民主主義への参加の中心となる行為だった。実際、冷戦初期のアメリカでは、国民国家の物理的破壊を国民全体が想像し、時には「民間防衛」という形で演劇的にふるまうことが国民の義務となっていた。[41]

マスコはここで、冷戦期における兵器実験の政治的・文化的側面を捉えており、ほかの多くの学者と同じように、核兵器の生産と実験が生み出す長期的な物理的荒廃を追跡している。マスコによれば、この「死の国有化」は、「核によって廃墟となった光景を想像する」ことによって国家を構築し、核の恐怖を媒介とした新たな市民と国家の関係を生み出したのだという。[42]

こうした多くの事例が示しているように、技術的知識の軍事動員はさまざまな結果をもたらした。軍事動員には、文化や優先順位が大きく異なるいくつもの組織をまたいだ共同作業が不可欠だった。軍事的必要性から競合他社と共同研究を行うこともあった国家的な緊急事態にともない、動員を取り仕切る政府役人、民間企業、国立研究所の協力関係が正当化された。ＯＳＲＤの指導力によって、科学動員におけるさまざまな対立（将来の潜在的な利益と愛国心、秘密と公開、自律と統制、当面の利益と未来の利益、保守的戦略とハイリスク戦略）が緩和されることもあった。

ＯＳＲＤの管理下で行われた科学研究の大半は、民間の研究者によって行われた。この研究には、特別に徴兵猶予の特権を授けられた「科学研究要員」が計画的に大量導入された。ＯＳＲＤのプロジェクトにかかわっていた研究者は、戦場に赴き、国のために死ぬことではなく、国のために科学的発見をすることを求められたのである。科学者、技術者、医療専門家のなかには、技術顧問や現場監督といった立場で、戦線あるいは戦線近くで働いていた者もいたが、彼らに求められる貢献は技術的なものであると理解されていた。

ＯＳＲＤが巧みに組織した科学動員によって、科学は必要に応じて「注文」可能であることが明らかになった。適任者が揃っており、十分な研究資金があれば、欲しいものは何でも手に入れることができるのだ。ＯＳＲＤの仕事に携わる科学者や技術者は、レーダーからカモフラージュに至るまで、多くの役に立つ技術を生み出した。彼らは、研究者が軍事問題を解決できることを示したのだ。その過程で、科学が徹底的に軍事化されたことにより、職業に関するさまざまな倫理的・道徳的問題が生じ、１９４５年以降の科学界を悩ませるようになるのである。

第5章

忘れがたき炎

この章のタイトル「忘れがたき炎」は、1977年に出版された被爆者たちによる画集のタイトルから引用したものだ。被爆直後の光景を思い出すように求められた被爆者は記憶をたどり、さまざまな形式(水彩画、スケッチ、ドローイング)で印象的な絵を描いた。それぞれの絵には、被爆者が見たものや感じたこと(苦悩、絶望、希望など)に関する説明が短い言葉で添えられている。そのようにしてつくられた作品には、爆発直後の死体や炎、生き残った人たちが描かれた恐ろしい光景が捉えられている。[1]

この画集に収められた絵は、地理、時間、歴史のなかで特別な場所を占める原爆体験というものを理解するための一つの方法を提供してくれる。技術的な記録においても、美術や文学作品においても、広島・長崎は人類の未来を表す象徴的存在である。この2都市は、そこで起こったことがほかの場所でも起こる可能性があるという意味で、すべての都市のモデルとなっている。そうした可能性については、科学、SF、映画、民間防衛計画、さらには原爆投下に影響を受けた歴史的、政治的、ヒューマニズム的な著作のなかで繰り返し表現されてきた。未来がどのように見えるかは、見る人の立場によって異なっている。解決すべき課題は、各自が広島・長崎に期待するもの(何を明らかにし、何を証明し、何を意味してくれるのか）によってさまざまであり、たとえば、この地を訪れた科学者と航空戦力の専門家と歴史家では、両都市に求める知識はそれぞれ異なるものだった。原爆投下から約40年後、日本の専門家たちが一般向けの研究報告書を出版したとき、彼らは、被爆者の苦しみを「平和への深い願望」という言葉で表現した。[2]この日本人グループにとって、広島・長崎での出来事は、冷戦下の軍拡競争を止めるための象徴だったのだ。

原爆は他に類を見ない独自の兵器だったが、この兵器がもたらした被害の処置については従来の兵器と変わらなかった。このことを認識しておくのは重要である。管理上、広島・長崎は、連合国による空爆作戦の対象となったほかの都市と同様に処理されていた。原爆は第二次世界大戦中に実戦でテストされたほかの軍事技術とまったく同じように扱われていたのである。１９４４年に陸軍長官ヘンリー・Ｌ・スティムソンの命によって発足したアメリカ戦略爆撃調査団（ＵＳＳＢＳ）は、ヨーロッパと太平洋地域における爆撃技術と爆撃戦略の効果を示す「あらゆる証拠の科学的調査」を行うことを任務としていた。ＵＳＳＢＳの調査では「軍事戦略の一つの手段としての航空戦力の重要性と可能性」が評価され、その評価は「アメリカ空軍の未来開発を計画し、国防に関する将来の経済政策を決定する」際に役立つと考えられていた。[3] 1945年6月の時点で連合国の対ドイツ戦略爆撃のフィールド調査を完了していた調査団は、500人以上の民間調査員と300人以上の軍人調査員を抱えるまでに成長していた。調査団はすぐに日本に目を向けた。

広島・長崎への原爆投下は実験だったといわれることもある。「実験」という用語は、多くの場合、ある仮説を制御された環境で正式に検証するという意味合いで使われる。私に言わせれば、広島と長崎が実験だったとすれば、ドレスデン、ベルリン、ハンブルク、東京なども同じく実験だったということになる。本書を通して、何度も述べてきたことだが、爆撃を受けて焼け野原になった都市や破壊された人体は、新しい知識（私が「付随データ」と呼ぶもの）を生み出すための重要な科学の場になった。もちろん、広島・長崎もその例外ではなかった。両都市では、日米の専門家（物理学者、遺伝学者、心理学者、植物学者、医師など）による重要な科学調査が行われた。この調査活動には、科学的方法やフィールド実験を反映した面もあっただろうが、実際のところ、20世紀の戦争そのものが一つの壮大な実験だった。20世紀の戦争は、被害自体が新たな洞察のための資源となるような、技術主導の知識生産プログラムだった。兵器テストに対する関心は爆撃計画全般に共通するものであり、爆撃調査団が作成した大量の報告書は、軍のデータ検索における記録保持と記録収集の慣行を示しているだけで、広島・長崎に特有のものではなかった。知識の宝庫としての両都市の生産性の高さは、戦争における知識生産の一般的プロセスを反映していた。被害は、今後の被害に対する道しるべ（将来どのように都市を爆撃すべきか）として、さらには防御に対する道しるべ（ほかの都市やその住民は、どうすれば核戦争に備えることができるのか）としての役目を果たすことになった。

原爆投下については、これまでにさまざまな説明がなされてきた。原爆使用の根底には日本人に対する人種差別的な考えがあった（したがって、ドイツに投下されることは決してなかったはず）という主張もあれば[4]、原爆は第二次世界大戦を終わらせたのではなく、冷戦の口火を切ったという見解や[5]、終戦を早め、多くの連合国軍兵士の命を救ったという説[6]、また、（焼夷弾爆撃や絨毯爆撃とは対照的に）原爆投下は不必要できわめて残虐なものだったという意見もあった。[7] こうした説明は、大きく分ければ、正統派（戦争を終結させるため）、現実派（通常兵器による空襲よりも残酷ではない）、修正派（ソ連を威嚇するため）、狂信派（科学技術に対する狂信の表れ）、近年の多数意見である折衷派（戦争を終結させ、ソ連を威嚇し、20億ドルの費用がかかった原爆の開発を正当化するため）に分類できる。たとえば、１９４７年に陸軍長官ヘンリー・スティムソンの名で発表された「原爆使用の決定」という論文は、原爆投下を正当化するために書かれたものであり、正統派の最たるものである。『ハーパーズ・マガジン』誌に掲載されたこの論文は、実際にはマクジョージ・バンディ（彼の父はスティムソンの特別補佐官だった）が代筆し、何としてでも原爆の使用を擁護すべきと考えていた人たちによって入念に推敲されたものである。これは合意形成のための論文であり、記録文書や重要な歴史的資料からは裏づけのとれない主張が述べられていた。[8] 一方、物理学者のＰ・Ｍ・Ｓ・ブラケットは、修正派的見解に抗して、原爆は第二次世界大戦の終結ではなく、冷戦の始まりであると主張した。[9]

天皇制の存続が保証されるように無条件降伏の要件を変更すれば、あるいは状況は変わっていたかもしれない。しかし、知日派のジョセフ・グルー国務次官とヘンリー・スティムソン陸軍長官の進言にもかかわらず、この選択肢は顧みられなかった。ほかにも、原爆を戦闘外で実演してみせるといった代替案が出されたが、トルーマンとその側近たちは耳を貸さなかった（実演が失敗した場合、日本を勢いづかせる可能性があった）。連合国はまた、日本側からのさまざまな和平案をもう少し検討することもできたかもしれない。１９４５年7月、グルーは日本が降伏計画を伝えようとしているようだと公表した。しかし、トルーマンの側近たち、なかでも国務長官に就任したばかりのジェームズ・バーンズは、原爆を使用すれば、終戦時にアメリカはかなり力のある位置につけると考えていた。[10] トルーマンには、原爆を使用「しない」適当な理由が見つからなかったのだろう。日本の都市はすでに空襲で大きな被害を受けており、１９４５年には、都市の壊滅が珍しい出来事ではなくなっていた。アメリカにとっては、ソ連の干渉を受けずに日本を支配することが重要な目標の一つだった（ドイツの占領管理をソ連と共同で数カ月間行った結果、日本をソ連と共同統治することがいかに望ましくないかが明らかになった）。戦争を迅速に終わらせることも目的の一つだった。連合国軍の兵士が毎日次々と死んでいたからだ。

原爆を投下しなければ、1945年以降の軍拡競争は回避できた、と断言するわけにはいかないにしても、アメリカによる原子爆弾の軍事的利用が、ソ連の急速な核兵器の開発・備蓄への決意に拍車をかけ、何度も繰り返された大気圏核実験が、世界的な緊張と陸・海・人体への全体的汚染を悪化させたことは間違いない[11]。炭素14（生物の生存に欠かせない必須元素の一つである炭素の放射性同位体）は、核兵器の爆発によってのみ人工的に生成される。1950年代の大気圏核実験によって大量に生成された炭素14は、現在でも、人間の体内からアマゾンの奥地まで、世界中のあらゆる生態系に存在している[12]。今年生まれた子どもたちも、長年にわたる大気圏核実験の遺物である炭素14を体内に取り込んでいるはずだ。医学的には無害であるとはいえ、炭素14は、原爆が引き起こした地球と人体の変化が永続的に続くという証なのだ。

1945年8月の時点で、すでに東京は何カ月にもわたって爆撃を受け、人的にも物的にも壊滅的な状況にあった。日本の工業生産は瀕死の状態になっており、1946年に作成されたUSSBSの報告書によれば、「石油精製所では石油が不足していた。アルミナ工場ではボーキサイトが、製鉄所では鉱石とコークスが、軍需工場では鉄鋼とアルミニウムが不足していた。日本経済はその大部分が二度にわたって（一度目は輸入品の途絶によって、二度目は空襲によって）破壊された」[13]。スターリンが1945年2月にヤルタ会談で確約したように、ソ連軍も太平洋戦争に参戦しようとしていた。ソ連の参戦は、日本が降伏する決定的な要因となると予想されており、日本にとって歓迎すべき存在ではなかった。

こうした状況がさまざまに組み合わさって、1945年8月6日と9日に原爆が投下されるに至った。とはいえ、マイケル・ゴーディンが強調しているように、1発目と2発目が投下された状況はまったく異なる。広島への原爆投下は戦略的議論の中心にあった。長崎への投下は、2発目が使用可能な状態にあり、天気予報が悪天候の到来を告げていたため、晴天の機会を逃すまいとして急いで投下が決定された。長崎への原爆投下は、ワシントンからの追加情報なしに行われたのであり、戦略的な計算の結果でもなければ、入念な検討の結果でもなかった。一部の識者に言わせれば、広島への原爆投下に関しては、軍事的・外交的打算の一環として正当化することができなくもないが、長崎の場合はそうではなかった。[14]

1945年8月に広島・長崎で起こった大混乱は、どれほど誇張してもしすぎることはないだろう。生き残った人たちも、家族、住居、仕事を失った。原子爆弾の「消費者」(最終消費者)とは、原爆投下で死傷した人たちのことである。広島では、推定4万8000人の遺体が処分された(その多くは焼却された)。加えて、1万4000人が行方不明のままだった。原爆投下後数週間で、さらに9000人が死亡した。原爆による死者は、どんなに小さく見積もっても、7万8000人は下らない。1946年には、この推定値は15万1042人にまで膨れ上がった。生き残った被爆者は、即時的な影響と長期的な影響の両方に苦しむことになった。[15]

日本は8月半ばに降伏した。今日、専門家の多くは、原爆投下と同じ週にソ連が参戦したことが、降伏に至った決定的な要因であると考えている。原爆が戦争を終わらせたというのは俗説で、原爆の使用に責任をもつ者たちによってつくられた説にすぎない。長谷川《はせがわ》毅《つよし》が入念に研究した日米両国の内部史料により、日本の政権中枢にとって、より重要だったのはソ連の参戦だったことが判明している。[16]

戦後70年以上経った今でも、戦争で核攻撃を受けたのは広島と長崎の2都市だけであり、アメリカはいまだに実際の戦争で核兵器を使用した唯一の国である。もし、広島と長崎が日本のほかの都市と同じように焼夷弾で空襲されていたとしたら、この二つの都市名は何の代名詞にもならなかっただろう。東京、横浜、岩国、名古屋、神戸、松山、大阪といった都市と同じように焼かれ、破壊されていたはずだ。だが広島と長崎は、そうはならずに、時代の断絶を象徴する記号になった。

この章では、原爆投下後の広島・長崎がもつ意味を考えてみたい。アメリカと連合国当局、そしてのちに日本の科学者たちが、破壊された二つの都市から苦労しつつ知識と教訓を得ようとした努力について検討する。また、原爆被害がどのようにして、多様なリスクや目的に幅広く関連する科学的資源となったのかを考察する。広島・長崎の研究者は、自分たちが注目し問題化するものと、注目せずに見ないでおくものをはっきりと区別した。1945年秋に行われた戦略爆撃調査では、航空戦力の将来的価値に関して参考になりそうな部分に焦点が当てられていた。マンハッタン工兵管区（MED）の報告書を読むと、原爆エネルギーの痕跡と、爆風、放射線、火災による物理的損傷の痕跡を追跡したことに触れ、MEDの物理学者たちの見事な仕事ぶりが何度も強調されている（とことん自画自賛的な記述である）。日米合同調査団（のちの原爆傷害調査委員会）の医学専門家たちは、被爆者がいつ、どのような原因で死亡したかの記録をまとめるとともに、被爆者の子孫に長期的な遺伝的影響があるかどうかの研究を始めた。21世紀に入ってからも、放射線影響研究所（RERF）の研究者は、人間集団の放射線リスクに関するデータを求めて都市を掘り起こし続けている。日本の科学者は、連合国軍による非人道的行為の痕跡を目にしたときに、原爆投下の意味を理解した。彼らが見たものは、航空戦力ついての教訓、戦争における科学の組織化、将来の生物学的リスクの計算などではなく、科学が生み出した道徳的危機だったのだ。

このようにして、さまざまな分野の専門家が、原爆被害の法医学的調査に参加した。物理学者は、ネバダ砂漠で原爆投下を再現し、放射線量を計算した。心理学者は、被爆者の情動反応を調査した。遺伝学者は、原爆投下から数十年のあいだに被爆者を親として生まれた次世代の子どもたちの生物学的変化を追跡した。

一つの軍事技術によって、広島・長崎の都市空間は、さまざまな真実を生み出すための忘れがたい場所に変わった。両都市は、未来を見据えた予測やリスク評価に関して生産性の高い場所となり、さらにはさまざまな教訓を読み取る場にさえなった。各調査集団が目にするものは、集団ごとの優先順位によってそれぞれ異なっていた。

広島・長崎で起きた出来事のすべてを捉えるのは、どんな研究であってもきわめて困難だっただろう。私が前提としているのは、誰もがすべてを見たはずだということではない。そうではなくて、選択的な気づきと注意のプロセスを追跡することで、技術的知識システムの理解に重要とされている慣行に光を当てられるということである。私たちは今ある知識をどのようにして手に入れたのか。１９４５年8月、広島・長崎は、原爆を投下した側の意図とは関係なく、実験都市となったといえるだろう。両都市はフィールド調査地となり、実験としての戦場となったのである。両都市の破壊は、記録や研究や数値化が可能であり、他の状況に当てはめることもできた。両都市がもたらした付随データは、アメリカの都市計画の指針として、あるいは軍拡競争に対する抗議や空軍を独立させるべきという主張の役に立った。また、被爆による影響は、被爆者だけでなく、放射線にさらされることが予想されるあらゆる人たち（労働者、医療従事者、患者、将来の原発事故や核攻撃の犠牲者など）の即時的および長期的な放射線リスクの計算に利用できた。両都市は、未来の核戦争のモデルとなり、攻撃計画や防衛計画の立案に活用することさえできたのだ。

航空戦力の問題を研究している軍事専門家の目から広島・長崎を見ると、陸軍と海軍のライバル関係や技術的優位性についての議論も見えてくる。

１９４４年、ヘンリー・スティムソン陸軍長官は、当時ヨーロッパと太平洋で行われていた航空戦の影響を記録するために、アメリカ戦略爆撃調査団（ＵＳＳＢＳ）を創設した。その調査結果は、爆撃計画の立案や航空戦力の価値と有効性の評価に使われることになっていた。同調査団は、１９４７年10月８日に活動を終了するまでに、連合国軍の航空戦力がドイツに与えた影響に関する２０８通の報告書と、日本に与えた影響に関する１０８通の報告書を作成した（12～13ページの短いものから、３３７ページにも及ぶ大部のものまで、分量はさまざまだった）。つまり、ＵＳＳＢＳは、ヨーロッパと太平洋の出来事を記録した３１６通の報告書を提出したわけだ。日本関連のものでは、石炭と金属、楽器の製造、三菱重工業、士気効果、電力、生活水準、爆撃結果、太平洋戦争の舞台となった各島での作戦、などに関する報告書が作成された。日本での調査規模から判断すると、戦後の日本は多様な重要知識であふれていたことがうかがえる。適材適所ということで、プルデンシャル保険の社長フランクリン・ドリエもUSSBSの調査を担当したが、ピーター・ギャリソンによれば、これは「史上最大の損害査定計画」だった。[17] 調査団にはほかにも、カナダの経済学者ジョン・ケネス・ガルブレイス、実業家（のちの防衛計画立案者）ポール・ニッツェ、のちにシェル石油の経営者となる化学者モンロー・スペイトらが参加していた。USSBSが作成した報告書を通して読むと、アメリカ政府関係者が抱いていた日本観や戦争観、日米関係の未来像などについての説得力のある洞察が得られる。

1946年、太平洋戦争USSBS（太平洋戦線を担当したUSSBS）は、トルーマン宛に3通の概略報告書を提出した。具体的には、32ページの全体的な「概略報告書（太平洋戦争）」、降伏に関する36ページの評価報告書「終戦間際の日本の奮闘」、43ページの評価報告書「原爆の広島・長崎への影響」（私が注目しているもの）である。[18] ここではさらに、医学的影響に関する報告書の一つで「広島・長崎における原爆の保健・医療サービスへの影響」と題された86ページの報告書（1947年）と、物的被害部門による大部の二つの専門的報告書──3冊1081ページからなる「原爆の広島への影響」（1947年）および3冊1030ページの「原爆の長崎への影響」（1947年）──についても取り上げる。あえて専門的な報告書にまで触れるのは、USSBSが作成した報告書の幅広さと深さ、さらには世界史におけるこの重要な瞬間を歴史的に理解するための可能性を示しておきたいと思ったからだ。

日本を対象とするUSSBSは、さまざまな技能を持つ民間人300人、将校350人、一般兵士500人（陸軍60%、海軍40%）で構成されていた。1945年9月に来日し、東京に本部を置いた調査団は、戦時中の日本の経済、軍事計画、社会生活の洗い直しを始めた。調査の主な目的は、無条件降伏受諾に至る和平交渉の道筋を理解するとともに、連合国占領下の民間人の健康状態と士気を調べることだった。

700人以上の日本人（軍部、政府、産業界の関係者）がUSSBSの調査員によって尋問された。さらに、調査団は大量の文書を回収して翻訳し、公文書館で永久保存するためにアメリカへ送った（そのためもあって、戦後日本についての歴史研究はアメリカの公文書館頼みになっている）。多くの報告書で、日本の政策や慣行がアメリカのものと比べられ、建築基準や都心部の人口密度などの比較も行われている。原爆投下に関する概略報告書は、広島・長崎の両都市が、将来アメリカの都市に原爆が投下された場合を想定したシミュレーションにどのような形で利用できるかについての考察で締めくくられている。

実際、概略報告書に記された事実の多くは、アメリカ国民との関連という観点から考察されたものだった。アメリカにとって、広島・長崎は教訓に満ちているように思われたらしい。将来アメリカの都市が原子爆弾を落とされた場合に受けるであろう影響については、

広島・長崎の遺構をじっくりと調査した人たちなら、これは避けては通れない問題だった。その種の推論については、先に述べた測定可能で考慮に値する事実とは異なる種類の妥当性をもっているため、別個に提示する。そのような推論は本報告書のなかでとりわけ重要な部分というわけではないが、だからといって説得力に欠け

るわけでもない[19]。

技術者は日本の建築基準法をアメリカのものと比較し、測量技師は、もし広島・長崎と同規模の原爆がニューヨーク、ワシントン、シカゴ、デトロイト、サンフランシスコに投下された場合、各都市の被害がどれくらいになるかを計算した。その結果、多くの場合、アメリカの都市の建造物は原爆に耐えられないという結論が出された。1946年の時点で、マンハッタンの昼間の人口密度は1km²あたり5万6000人。これが当時、アメリカで最も高い人口密度をもつ地域だった。戦前の広島の人口密度は1km²あたり4900人、長崎にいたっては1km²あたり2700人にすぎなかった。だから、「広島・長崎の死傷率をマンハッタン、ブルックリン、ブロンクスの住民に適用したところ、恐ろしい結果が出た[20]」。

調査団は、都市に集中したさまざまな機能を地方に分散させるべきだと結論づけた（この提言はのちに州間高速道路網として結実する）。具体的には、産業施設や医療施設の分散に加え、避難所の建設、緊急時の避難計画の策定および避難訓練の実施などが進言されている。さらに、一発（または数発）の核攻撃によって「国家組織」が麻痺してしまわないように、経済、交通、行政網の全国的組織化を検討すべきとの提言を行っている。アメリカの都市は、市民と都市中心部の備えさえあれば、核攻撃を「最小限の死傷者と混乱」で乗り切ることができる。「現代科学は攻撃だけでなく防御にも利用できるため、防御用の兵器や技術の向上が望める。しかし、防御用装備を用意し万全に警戒していても、奇襲的先制攻撃や、現代兵器の射程と速度の向上にともなって可能となった、標的に対する無限の選択肢に対しては、完璧な防御にはなり得ない[21]」

こうした理論はすべて、アメリカが世界で唯一の原爆保有国だった時期に現れた。アメリカ政府要人の多くは、ソ連が原爆を保有するようになるにはまだ5年以上かかるだろうと予想していた（実際は3年強だった）。また、一部の情報通は、ソ連の原子爆弾の性能はアメリカの原爆よりも数十年遅れているとさえ予想していた。アメリカの軍事・外交関係者が原子爆弾による破壊についての包括的な理論を練ったのは、まだアメリカが核兵器を完全に独占していて、その後のような差し迫った脆弱性がない時期だった。彼らの予測は、まだ重要ではなかった政策や実験を正当化するものにすぎなかった。

歴史家のジャン・ペリ・ジェンティーレは、日独両国におけるUSSBSに関する一連の研究のなかで、調査団の報告書は、新兵器に関するものであると同時に、アメリカ軍の組織に関するものでもあると見事に喝破している。調査では、戦争終結の功績をどこに帰すのかという問題をある程度解決することが期待されていた。戦争に勝利をもたらしたのは、実際のところ、どの事業と技術だったのか。さまざまな報告書でさまざまな証拠が使用され、調査報告書の著者は何を含め、何を除外するかを選択した。ジェンティーレによれば、ある意味、日本を訪れた爆撃調査団は、原子爆弾の威力がほかの通常爆弾と大差ないかのように、原爆を通常化してしまったのだ。こうした事項に関するあらゆる主張には一つの教訓があった。つまり、もし海上封鎖が実際に日本経済を衰退させたのだとすれば、さらには原爆投下が偶発的な出来事であり、降伏の表向きの理由にすぎなかったのだとすれば、戦争に勝ったのは海軍ということになる。

陸軍首脳部にとっては、原子爆弾を過大に評価してしまうのも問題だった。陸軍航空軍の関係者は空軍の独立を望んでいたからだ(空軍の創設は1947年)。広島・長崎への原爆投下に必要だったのは、爆弾を両都市上空まで運ぶ2機の爆撃機だけだった。当初の計画にはそれぞれ2機の支援機（写真撮影用および科学観測用）も含まれていたが、長崎の支援機のうちの1機は強風のためにコースを外れ、長崎に到着することはなかった。結局、支援機を含めても、6機の飛行機で十分な作戦だった。形式的には原爆投下も航空戦力の実例ではあったが、ヨーロッパ戦線における千の爆撃機による空襲や原爆投下以前の日本各都市への攻撃に比べれば、何とも貧弱な航空戦力だった。そういうわけで、海軍や陸軍の航空隊にとっては、戦争終結における原爆の役割をできるだけ小さく見せたいという組織としての理由があったのだ。原爆自体の過大評価は、陸海両軍にとって好ましいことではなかった。

ジェンティーレは、USSBSの報告書のなかでも引用されることの多い箇所を丹念に読み直した結果、歴史家たちはこの議論が提起された状況を見落としてきたのではないかという結論に至った。つまり、報告書に記されている「日本は、たとえ原爆の投下やロシアの参戦、占領計画の進行がなくても降伏していたはずだ」という（推測的）見解は、原爆の功績問題を反映していた可能性があるということだ。報告書の作成準備が行われていた1946年春の時点では、軍首脳部は戦争終結の手柄をソ連が得ることを望んでいなかった(だから、ロシアの参戦は重要ではなかったことにする必要があった)。また、連合国の首脳陣も、日本占領にソ連を加える案(功績の評価次第では十分に正当化される)を好んでいなかった。長谷川のような少しのちの歴史家は、ソ連の参戦が日本の権力中枢の意思決定者に劇的な影響を与えたことを実証しているが[22]、1946年時点のUSSBSにとって、ソ連軍を引き合いに出すのはあまり魅力的なことではなかったのである。かといって、2発の原子爆弾にすべての功績を与えれば、それまでの航空戦略(大規模空襲や焼夷弾攻撃)が無意味だったということになりかねない。実際、そのような非難はすでに出始めていた。ジョン・ケネス・ガルブレイスは、航空戦力のドイツに対する経済的影響に関する報告書のなかで、航空戦力はドイツ経済に何の影響も与えなかったと言下に切り捨てている。ジェンティーレが示したように、軍事技術の効果に関する主張は、少なくとも部分的には、将来の投資と優先順位についての議論として理解されるべきなのだ[23]。

原子爆弾に関する調査の概略報告書の結論では、日本で現地調査を進めていくにつれ、「原爆の標的がアメリカの都市だったらどうなっていただろうか」という疑問が何度も脳裏に浮かび上がってきたと述べられている。広島市内の主要な工場はすべて都市の周辺部にあり、大きな被害を免れた。長崎では原爆が爆発した谷間の工場が深刻な被害を被った。しかし、たった一発の原爆ではすべての工場を破壊し尽くすことはできなかった。どちらの都市も工場は広範囲に分散していたからだ。調査団報告書の著者らは、アメリカの都市でもこのような分散を政策とすべきだと提言している。「アメリカの都市にも似たような危険性があり、都市計画による用途区分によってその危険性はある程度は減少した。抜本的で困難な措置ではあるが、社会的および軍事的には、国の重要機関の再編と部分的分散こそが理想的であり、政策が定まれば、実用的な措置を講じることができるだろう」[24]

興味深いことに、この報告書は平和への呼びかけで締めくくられている。

わが国は、一貫して平和の維持を基本的国是の一つとして掲げてきた。われわれの資源の平和的開発における正義の理想に基づいて、この公平無私な国是は、たとえ戦争に勝利したとしても、戦争から富を得ることは明確に拒否するという姿勢によって強化されてきた。廃墟となった広島・長崎の現場ほど、平和と平和に関する国際機関の設立に対する説得力のある論拠はない。この不吉な兵器を開発・使用した立場として、わが国には、将来の使用を防ぐための国際的な保証と管理を率先して確立し実施するという、アメリカ人が避けて通ることのできない責任がある。[25]

これが、原爆が将来の戦争にどのように役立つかについて延々と書かれた報告書の最終段落の文章だった。

1946年夏、マンハッタン工兵管区(MED)は、原爆投下とそれがもたらした教訓に関する報告書を自ら公表する(MEDはその後まもなく、新設の原子力委員会の管轄下に置かれた国立研究所の一組織となる)。このプロジェクトの正式な責任者はトーマス・ファレル准将だったが、この報告書の主執筆者は明らかにグローヴス少将である。グローヴス少将が自ら執筆したかどうかにかかわらず、報告書にはグローヴスの見解が反映されていた。

ＭＥＤにとっては立場的に、海軍や陸軍、航空戦力の存在意義については関係のないことだった。重要なのは、ＭＥＤに落ち度は一切なかったという証拠を用意することだった。１９４６年6月に公表されたＭＥＤの報告書「広島・長崎への原爆投下」には、原爆は「史上最大の科学的成果」だったと述べられている。この報告書によれば、戦争終結の功績は全面的に原爆に帰されている。そして、長崎では16日間、広島では4日間の現地調査を行っただけで、両都市に残留放射線は存在せず、また存在した痕跡もなく、爆発直後に足を踏み入れた者や救援活動家に対する放射線による健康被害はなかったと結論づけた（これは２０１９年現在も論争の的となっている）。

ＭＥＤの報告書には、原爆が正しい地点で爆発したこと、高さの選択が適切だったこと、ＭＥＤが原爆の準備が整う時期と理想的な攻撃計画を「隅々まで」正確に予測していたことも記されている。ＭＥＤにとって、広島・長崎は自分たちの努力の正当性を証明するものだった。ＭＥＤの報告書を読むと、見え透いたプロパガンダ的性格が際立っており、微妙な表現で、あるいはあからさまな言葉遣いで、原爆の使用を正当化し、放射線の影響をできるだけ低く評価するとともに、両都市の軍事的重要性を強調し、自らの計画と予測の正確さと先見性を称賛している。

「爆弾は設計通りに正確に機能した」のであり、「どちらの都市の爆発地点も、最大の被害を与えられる位置に設定されていた」。原爆の製造に要する時間についての科学的な想定は「正しく」、作業が複雑だったにもかかわらず、「数え切れないほどの科学的・工学的な開発と試験」が予定通りに行われた。「標的となる都市の選定」にかかわった研究者の専門は、数学や物理学や気象学だった（日本の歴史、都市、社会生活に詳しい者は誰もいなかった）。標的となる都市は「日本国民に甚大な軍事的影響」をもたらすように選ばれた（とはいえ、日本のほとんどの都市はすでに大規模な空襲を受けていた）。報告書には、MEDは火事嵐（火災から生じる旋風）の出現を期待しており、それに応じて都市を選んだと記されている。「標的には、爆風と火災による被害を最も受けやすい木造家屋などの建築物が多く含まれていなければならない」。特に広島は、「日本家屋に囲まれた木造の小さな工場」や、骨組みが木造で「火災の被害を受けやすい」工業用建築物が多いことから好まれていた。報告書は、物理学者ハンス・ベーテの計算の結果、「最初の実験が行われる数カ月前から」火事嵐が起こることを事前に知っていたと強調している。

しかし、ＭＥＤ報告書の執筆者は、広島市中心部の鉄筋コンクリート造の建物の一部が倒壊していなかったことに動揺したようだ。原爆の威力はおろか、ＭＥＤ計画の質さえも疑われかねない状況である。「鉄筋コンクリート造の建物のなかには、日本における地震の危険性から、アメリカの通常の基準をはるかに超える強度のものもあった。この並外れた強度をもつ構造が、中心部にかなり近い一部の建物の骨組みが〔中略〕倒壊しなかった理由を間違いなく説明している」。広島では橋梁の一部も倒壊しなかったが、ＭＥＤの調査報告書執筆者は、これを爆発高度の結果として説明しようとした。

報告書では、「通常の爆発時に起こる圧力波」の一種とみなされた爆風の影響の一つに、腹部や眼球の破裂といった恐ろしい身体的損傷があるという日本側の主張に対して強い反論が行われている。[26] そのような身体的損傷が生じた可能性はあるが、それは爆風によって引き起こされたものではない。「そのような結果は、実際には気圧の影響だけで起こったわけではなかった[27]」。日本側は、広島・長崎には残留放射線の痕跡が残っているとも主張したが、これもまた受け入れられなかった。残留放射線の存在は繰り返し否定され続けた。報告書によれば、放射線による犠牲者はすべて、爆発後1秒で生じたとされ、原爆投下後に飛散した核分裂生成物からの放射線と爆心地付近の物体からの誘導放射能によっては「いかなる犠牲者も出なかったことが確実に証明された」と述べている。[28] 1946年にどのような形でこの証明がなされたかは不明である。というのも、当時の医学的調査は体制が完全には整ってはおらず、いち早く被爆地域に入った人や救助隊員が医学的影響を受けたかどうかを判断するための体系的な取り組みがなされていたわけではないからだ。また、低レベル放射線被曝の長期的な影響についての知識もまだなかった。

USSBSの報告書とは異なり、MED報告書は、戦争を終結させたのは原爆であると確信をもって結論づけている。「日本との戦争に原爆だけで勝ったわけではないが、原爆が戦争を終結させたことは間違いない。そのおかげで、日本本土への侵攻作戦で失われていたであろう何千人もの連合国軍兵士の命が救われたのである」。この報告書では、MEDチームと原爆に対する驚くほどの高評価が目につく。攻撃は「完璧に計画されて」おり、「乗組員と装備は完璧に機能していた」し、爆弾自体も「期待通り」に機能したと述べ、MEDが行ったすべてのことが正当化されている。

組織の公式報告書がその組織の英知と先見性を称えるのは、ごく普通のことだろう。しかし、MED報告書は、原爆製造の責任者たちにとって、原爆投下のどのような側面が大きな意味をもっていたのかについても明らかにしている。原爆投下の是非をめぐるジャーナリズム的・神学的な議論は、原爆投下後数週間のうちに激しさを増した。『USニューズ』誌は長崎への原爆投下から8日後の8月17日に批判的評論記事を発表し、『ニューヨーク・タイムズ』紙は8月20日に、聖職者団体がトルーマンの決定に抗議していると報じた。編集者に対する怒りの投書がアメリカ全国の地方紙に続々と掲載された。少なくとも一部のアメリカ国民は、原爆使用の決定をすぐに問題だと感じていたが、MED報告書の執筆者は、なすべきことがなされただけだと強く主張している。[29]

生物医学者の視点は大きく異なっていた。広島・長崎からの情報で必要なのは、医学的、生物学的、生殖的、長期的な情報だった。被爆者は、放射線に被曝する可能性がある未来の人たちの代理人だった。1956年に調査にかかわったある行政官が言ったように、被爆者は「生きている人のなかで最も重要な人たち」だった。つまり、彼にとっての被爆者とは、その被った損傷が放射線リスクに満ちた新しい世界に対応するための資源となり得る人を意味していた。被爆者は先駆者だった。1946年には太平洋でクロスロード作戦という核兵器実験が実施されたが、この本格的なメディアイベント以降、被爆者の経験は世界中の人々にかかわっている経験のように思われたのだった。[30]

1945年9月、日米合同調査団によって医学的調査が始まった。1947年には原爆傷害調査委員会（ABCC）が発足し、その後、放射線影響研究所（放影研：RERF）と改称して現在に至るまで存続している。1945年の2発の原爆が放出した放射能を浴びた被爆者の身体は、本書の出版時点でもまだ研究が続けられているのだ。関係者のなかには、現在70代以上となっている被爆者が全員亡くなった後も、放影研が研究を続けてくれることを期待している人もいる。

戦略爆撃調査団やマンハッタン工兵管区の研究と同じく、日米合同調査団とその後継機関である原爆傷害調査委員会の研究も将来を見据えたものであり、アメリカの国防や軍事計画に役立つことを目的としていた。長年にわたって数千もの科学論文を書き上げ、100万以上の生体試料を収集した（現在は広島の生体試料保管庫に保管）。その後、何十年ものあいだに、スリーマイル島やチョルノービリ（チェルノブイリ）、福島などで原発事故が起こったことで、その生体試料は放射線リスクに関するきわめて一般的な資源となっていった。これは、医療現場での日常的な低線量被曝であってもリスクがあるという認識の高まりにも関連している。被爆者の研究は当初アメリカが管理していたが、１９７５年に原爆傷害調査委員会は名称を変更し、日米共同出資の放射線影響研究所となった。

日本の被爆者は、家族、住居、仕事、健康を失い、その後の人生に大きな不利益を被った。国内では社会的差別の対象となり、たとえば見合い結婚の候補には不適格とされた。火傷の跡がケロイドとして残る人も多く、遺伝的障害の保因者としても恐れられた。

遺伝学者H・J・マラーがX線によるショウジョウバエの突然変異誘発効果を発見したのは、１９２８年のことだ。同年、農業遺伝学者のルイス・スタッドラーも大麦とトウモロコシで同様の効果を発見する。その後、多くの追跡調査が行われ、放射線には遺伝子損傷を誘発する効果があることが立証された。マラーがノーベル賞を受賞した

1946年には、ビキニ環礁でクロスロード作戦と呼ばれる核実験が実施されたこともあり、放射線の突然変異誘発効果はいち早く解明すべき喫緊の課題となっていた。戦後の日本占領計画においても、被爆者から突然変異遺伝子をもつ子どもが生まれる可能性があるという事実は、考慮すべき重要な問題としてすぐさま計画に組み込まれた。

被爆者の遺伝的影響を研究するプロジェクトを指揮することになったのは、ミシガン大学の遺伝学者ジェームズ・V・ニールである。プロジェクトチームには、遺伝学者ウィリアム・J・シャールのほか、数十人の日本人医師、看護師、助産師らがおり、この調査チームの研究は、当初原爆傷害調査委員会で最も重要視されていた。しかし、遺伝的影響が文書化されることは一度もなかった。ジェームズ・ニールは、2000年に亡くなるまで、人生のほとんどをかけて、被爆者の子孫に遺伝的影響が見られないかどうかを調べていたが、分子遺伝学の最新の方法を駆使しても、統計的に有意なレベルの遺伝的影響は検出されなかった。原爆投下からほぼ半世紀後の1991年に発表された論文で、ニールと共著者のウィリアム・J・シャールは、遺伝的影響に対する倍加線量（突然変異確率が2倍になる放射線量）を計算しようと努力していたときに、「システム内のノイズを操作しているだけかもしれない」と思った、と記している。２００６年に発表された調査結果の要約によると、60年近くにわたって、出生異常（異常妊娠、奇形、死産、周産期死亡など）、染色体異常、血漿および赤血球タンパク質の変化、死亡率（原因を問わず）およびガン発生率に関する疫学的研究（後者の研究は現在も進行中）などを分析してきたにもかかわらず、遺伝的影響は確認できなかったという。分子生物学的手法やヒトゲノム配列データベースを使っても突き止められなかったが、マウスやハエなどの実験生物では容易に確認できるものであり、一般的には、放射線の遺伝的影響は被爆者に生じたと考えられている。原子力委員会の後継機関であるエネルギー省が開始した「ヒトゲノム計画」の当初の目的は、原爆被爆者における放射線被曝の影響を解明することだった。しかし、遺伝的影響は今も不明なままである。多くの科学者は、遺伝的影響はあると思いつつも、その検出は難しいと考えている。ハエやマウスとは異なり、人間の生殖を操作するわけにはいかないからだ。

そのため、広島・長崎から引き出すべき生物医学的な教訓は、人間の生物学的生き残りを予測することに向けられていた。両都市からは、臨床データ、剖検材料（病理解剖用の遺体)、遺伝的影響を予測できる胎児が提供された。被爆者から採取された生体材料の保存の仕方は、保存の目的や適切な管理が厳しく問われていたにもかかわらず、ほとんど強制的ともいえる方法で行われたこともあった。日本の研究者は、被爆者の歯や血液、腫瘍を保存したが、それは精神的・哲学的な理由によってなされたと思われるふしもある。こうした被爆者の生体資料は、放射能リスクをわかりやすく表現するお守りのようなものだった。原爆投下の瞬間に生み出されたり、太平洋核実験場の爆心地における生物医学研究の過程で収集されたりした生体資料には、人類の未来を脅かす核エネルギーの痕跡が刻み込まれており、永遠に消えることはない。この痕跡を研究することで、線量測定(歯のエナメル質に残るガンマ線および中性子の線量の測定)、発ガンリスク、エネルギー需要の世界的急増などの問題が解決される可能性がある。ゲノムデータの平板な技術的説明では、「人類の運命」を押し止めることはまずできない。死や裁き、天国と地獄は、歯のエナメル質の電子常磁性共鳴と絡み合っているのだ。[31]

被爆者の意味を科学的に解釈するうえで、被爆者の生体材料はきわめて貴重だ。放影研のバイオバンクに関する報告書(2012年)には、「放射線がヒトゲノムに及ぼす影響を理解することは依然として重要な課題である。放影研の生体試料は人類にとって貴重なものであり、ゲノムは放射線に対してどれほど敏感なのか、またゲノムの変異は放射線リスクがほかの人間集団へと移動するのにどれくらい影響するのかという問題を解き明かす可能性がある」と述べられている。放影研の生体試料があるかぎり、疫学的研究に際限はなく、被爆者を「永遠に」研究し続けることができるのだ。実際、放影研は20年後も研究を続けている予定だ。「今から20年後には、被爆者の方はほとんど生きておられないと思いますが、そうすると、放影研もなくなってしまうのでしょうか?」こうした問いかけに対し、放影研の理事長である丹羽太貫《にわおおつら》は、2015年のインタビューでこう答えている。「そんなことはありません。私たちは次の世代に何か役に立つことをしようと考えています[32]」

放影研も生体試料も永続するものと考えられているのだ。

広島と長崎は壊滅したからこそ、貴重なものとなった。両都市が被った損害は、放影研の資料であるだけでなく、科学的・政治的な財産ともなり、無秩序な戦争によってつくられた貴重な付随データとなった。爆撃の実行は、制御された実験で知識を得るために行われるのではない。爆撃とは、制御とは正反対の出来事なのだ。しかし、ドイツと日本の都市は廃墟になったのちに、重要なフィールド調査地となった。広島・長崎を訪れたさまざまな調査グループは、航空戦力の推進、原爆開発における自分たちの役割の正当化、今後予想される医学的影響の計算など、それぞれ異なる検討課題をもっていた。それぞれに必要なデータは、各自が豊富な被害のなかから自由に選んだ。

驚くべきことに、こうした正式な報告書には、原爆投下の社会的・心理的影響を理解しようとする組織的な努力が欠けていた。当初、連合国側には日本に詳しい人がほとんどいなかったが、彼らは、日本人は独自のストイックさをもっており、その心理は被爆者になる可能性のある他国民(つまりアメリカ国民)とはあまりにも異なるため、社会的・心理学的研究は役に立たず、ほかの地域に応用することもできない、という立場をとっていた。建造物や鉄道路線に関する物理的データなら容易に移動することができただろうし、被爆者の具体的データなら、すべての人間に関連づけることができただろうが、心理学的・社会的なデータの場合は、どうやら連合国の関係者には一般化や移動が可能であるとはみなされなかったようだ。

たとえば、原爆傷害調査委員会のスタッフは、生物学的影響だけを調査の対象としており、社会的・心理的影響の追跡調査はしていなかったが、日本で働くアメリカの科学者は、社会的な影響を目の当たりにしていた。ＭＥＤの物理学者でさえ、報告書にこう記している。「原爆の爆発によって広島の都市としてのアイデンティティをほぼ完全に破壊されてしまった。〔中略〕建造物や設備に被害がなかったとしても、通常の都市生活は完全に崩壊していただろう」。社会的トラウマは現実に知られ、見られ、認識されていたが、アメリカの首脳部や科学者たちは、そのトラウマを、トラウマの心理的・社会的影響に関する新たな知見を得るための資源とはすぐには考えなかった。

社会科学はアメリカの戦争活動に深く関与しており、人類学者ルース・ベネディクトの著書『菊と刀』（日本での現地調査はしていない）の「アームチェア人類学」は占領軍当局に広く参考にされたが、戦後の原爆研究に経済学以外の社会科学は組み込まれていなかった。私はその理由について、原爆傷害調査委員会に関連する書簡や公式文書をもとに大まかな仮説を立ててみた。これらの書簡や報告書のなかで、日本人の心理は（日本人の身体とは異なり）アメリカ人やソ連人の心理とは無関係なものとして描かれていた。アメリカでは、日本人被爆者を生物学的には移動可能で、他国民の代役を務めることはできるが、心理的には他国民とは似ても似つかぬ「唯一無二《スイ・ジェネリス》」の国民であり、心理学的研究のための資源としては生産的ではないとみなす傾向があった。この仮定の重要性を十分に説明することはできないが、私は、それが重要だったと思っている。戦略爆撃調査団太平洋戦域士気部門は、1947年に「戦略爆撃が日本の士気に与えた影響」という大部（全256ページ）の報告書を作成したが、これは原爆の心理的影響を体系的に研究したものではなく、原爆がどれだけ戦争の結果を左右したかに基づいて、原爆の「効果」を調査したものだった。この「士気」という用語は、どうやら心理学的なものではなかったらしい。しかし、一部の研究者は、原爆を独特の心理的課題をもたらしたものと捉えた。

原爆投下から17年後の1962年4月、元アメリカ陸軍精神科医のロバート・ジェイ・リフトンは、原爆のトラウマを理解しようと試み始めた。1953年に「思想統制」や「洗脳」を受けたアメリカ人捕虜が北朝鮮から送還されたが、リフトンは彼らを診察したことがあった。心を操作して変化させる方法に対するリフトンの関心は、

1950年代に、中国におけるマインドコントロールや「全体主義」の研究、ホロコースト生存者の研究へと広がっていった。彼はまた、トラウマをPTSDと定義する国際的ネットワークの第一人者となり、トラウマ経験の定義と意味を拡張した。[33] トラウマと精神分析理論に対する見解を進化させた彼は、その方法論を使って被爆者を対象とした研究を始めることにした。以前日本に住んでいたこともあって、日本語をある程度知っていたリフトンは、日本の若者を研究するつもりで1960年に再び日本を訪れた。彼は最後に広島を訪れて研究を仕上げたが、その訪問が、次のプロジェクトへとつながった。被爆者との面談を始めたリフトンは、原爆投下から17年が経っているというのに、原爆体験の総合的な心理学研究を試みた精神分析医が誰もいないことに気づき、原爆が「人間に与えた恐るべき影響」を理解しようと決意した。[34]

リフトンは通訳を交え、約2時間にわたる被爆者との面談を行った。この面談は、トラウマについて「科学的に」考えようとする努力の一環だった。1963年に『ダイダロス』誌に掲載された彼の初期論文には、彼が面談した被爆者が、原爆投下後、数時間から数日、数週間のあいだに見たこと、感じたことについての長い引用が掲載されている。リフトンによれば、被爆者に共通したテーマの一つは、原爆投下は科学実験であり、その実験には終わりがないということだった。

ここで支配的な感情は、「モルモット」にされたという感覚だった。それは、遅発性放射線の影響を測定することに関心のある研究グループ（特にアメリカの研究グループ）に研究されたという理由だけでなく、もっと根本的には、核兵器を使った最初の「実験」（多くの被爆者があの出来事に言及する際に使う言葉）の犠牲になったからでもある。[35]

被爆者のなかには、リフトンがイェール大学（原爆傷害調査委員会で働いていた人の多くが教員を務めていた）とかかわりのあるアメリカ人科学者であることに不信感を抱き、「原爆を売る」のが目的ではないかと尋ねる人もいた。これに対し、リフトンは、トラウマの基本的な理解に対する関心は、自分の個人的な出世欲と絡み合っていると結論づけている。[36] 原爆を理解するために日本にやってきた研究者の多くがそうであったように、彼もまた自分自身に対して、また知識に対して野心的だった。

この章で示してきたように、広島・長崎の研究者は、自分が気づき問題化するものと、気づかずに見ないでおくものを戦略的に選択していたのである。１９４５年秋の戦略爆撃調査団（ＵＳＳＢＳ）報告書の著者たちにとって、戦後に展開された航空戦力と軍事的勝利の関連性についての議論は、強力なサブテキストだった。アメリカの陸軍と海軍は、理由はそれぞれ異なるが、広島・長崎への原爆投下が「戦争に勝った」理由になることを望んでいなかった。それに対し、マンハッタン工兵管区（ＭＥＤ）の報告書の著者たちにとって、広島・長崎は、自分たちの努力を正当化し、自分たちの輝かしい計画を検証するだけのものにすぎなかった。ＭＥＤの著者たちは、今となっては何とも気まずく思える言葉遣いで、攻撃は完璧であり、計画通りに展開され、当初から予測していた通りの効果があったと記したのだった。

医療専門家にとっては、問題はもっと複雑で永続的なものだった。生物学的影響を検出するためには、何十年にもわたって「あらゆるもの」を記録する必要があった。最も重要だと予想されていた問題、すなわち遺伝的影響は、原爆投下から３～４年後に白血病にかかる被爆者が現れ始めたにもかかわらず、統計的に有意なレベルで示されることはなかった。その後、心臓病も放射線被曝と関連していることが明らかになる。生物学者はトラウマに気づいたが、それを文書化したり、論文にすることはなかった。やがて、リフトンは１９６２年に行った面談を土台に、『ヒロシマを生き抜く』を出版し、高く評価された。

１９８５年には、広島市・長崎市原爆災害誌編集委員会が編集した『原爆災害：ヒロシマ・ナガサキ』が出版された。この本は原爆投下40周年の際に編集されたもので、内容の一部は以前にも出版されたことがあったが、平和を支持する市長たちの連帯会議に合わせて英語版が出版され、英米で広く読まれた。この本をまとめた医師の飯島宗一《いいじまそういち》は、原爆被害を簡潔かつ総合的に解説している。しかし、日本国内では、広島・長崎は平和の象徴として見られることが多かった。実際、１９６０年代以降、日本の政治や科学の指導者たちは、平和を主張する助けとして被爆都市の広島・長崎を前面に押し出すようになった。両都市では毎年8月6日と9日に平和式典が行われ（１９５１年のみ非開催）、１９６８年からは広島市長がすべての核保有国の首脳宛に核兵器に抗議する電報を送るようになった。[37]『原爆災害』によれば、広島・長崎の人たちの経験は世界各国の人たちの共有物なのだ。この本では、地図や図表、写真などの豊富な図版と、爆心地からの距離ごとに被害状況をまとめたデータによって、原爆の実態が記されている。有名な黒い雨が写った長崎の写真や、白血球数とケロイド形成の相関関係を示したグラフなども掲載されている。文章では、軍人に分類されなかった被爆者のために苦労して給付金を獲得する話などが読める。そして最後は、核兵器廃絶の可能性についての章で締めくくられている。この本に収められた被爆者たちの経験、傷跡、苦労は、特定の科学的成果を正当化する軍事戦略のためでも、さまざまな状況に応用可能な抽象的で中立的な知識の生産のためでもなく、平和という目標のために使われているのだ。両都市の苦しみを記録したこの本では、あらゆるデータが戦争をなくすための論拠となっている。[38]

軍事技術の使用によって、広島・長崎の都市空間は、さまざまな科学的・制度的真理を生み出すための忘れられない場に変貌することになった。両都市は、出世のための研究（「爆弾を売る」）や軍事的予測、リスク計算、道徳的責任の評価などを目的とする未来志向的な生産の場だった。技術研究グループや調査グループが何を見るかは、それぞれの優先順位によって異なり、同じ二つの都市で活動する研究グループ同士であっても、それぞれ異なる教訓やデータを引き出すことになった。

広島・長崎は今も科学研究の場である。このことはしっかり認識しておくべきだ。原爆傷害調査委員会の後継機関である放射線影響研究所は、長期的な放射線リスクに関する研究を継続的に行っている。放影研の研究者は、チョルノービリの被曝者の調査や福島第一原子力発電所の作業員の研究で重要な役割を果たしている。日米の産業界は、核戦争のリスクと原子力発電のリスクを峻別しようとしていたが、放影研の研究(原子力産業の労働者保護基準の基礎となった)と被爆者自身の活動によって、核にかかわる二つの領域が結びつけられるようになった。これは、福島原発事故(ある被爆者は日本の「3発目の原爆投下」と呼んでいる)の影響が大きい。その結果、放影研は、放射線リスクの判定やリスクの有無の判断を行う、世界の科学機関の複雑なネットワークにおける重要な結節点となっている。[39]

核兵器は、その両端が科学的である。科学によってつくられ、科学によって解決される。ウルリッヒ・ベックはベストセラーとなった『危険社会』(1992年)でそう喝破した。前端の科学は、エリートの物理学、化学、工学（原爆と原子力の科学）である。そして、結果のつじつまを合わせなければならない後端の科学には、面倒で時間のかかる疫学、打ちのめされた被爆者（被曝者）の心理学的・社会的支援、フィールド生物学などが含まれる。

原爆の被爆者とメルトダウンの被曝者は、技術的専門知識（つまり科学者の証言）を通してしか知ることができない環境汚染にさらされてきたのである。オルガ・クチンスカヤが言うように、「放射線は人間の感覚器では直接感知できない。人間は放射線を見たり、聞いたり、感じたりすることはできない。感覚器には何も記録されない。その結果、危険な汚染とみなされる範囲を定義するうえで、形式的な表現がきわめて重要になる」[40]。この形式的な表現とは、工業製品、研究論文、国際報道、用量反応曲線のグラフなどのことだ。放射線リスクのこのような特性（科学的記述という形でしか表せないこと）が、一般の人たちの恐怖心や過剰反応を煽っているのかもしれない。

２０１４年、放影研の二人の統計学者、エリック・グラントとハリー・カリングスは、広島・長崎の物理的地図を１９４５年夏の広島・長崎の姿に再構築したものを完成させた。70年にわたって被爆者の調査に使われてきた地図は、原爆投下前に撮影されたアメリカ軍の航空写真に基づいていた。この地図には、原爆が爆発した瞬間（放射線被曝の危険が最も大きな瞬間）に被爆者がどこにいたかが示されていた。同時に、カメラの技術的限界による歪み、水平補正、カメラの持ち方、使用レンズの種類、撮影した正確な高さなども示されていた。一連の画像を重ね合わせて撮影した結果、都市全体が写ってはいるが不完全さが残る画像が得られた。21世紀の新しいデジタル技術によって、このような画像を補正し、凸凹をなくし、「散逸した」範囲を再現することで、都市を視覚的に適切で正確な地理的フォーマット（つまり実際の地表に見合った視覚的フォーマット）に引き伸ばすことが可能になった。その結果、当時の家や店であふれた70年前の亡霊都市をリアルに再現した真実の地図が完成した。この地図は、被爆者各自の放射線被曝量を計算する際に大いに役立つことになる。

グラント、カリングスらの研究チームは、このような新しい地図の上に個々の被爆者を配置し、9万3000人の被爆者のそれぞれが位置を変えていることを発見した。古い地図の被爆者は、2次元のグリッド上で交差する二つの数字に基づいて配置されていた。当初の配置では、便宜上、小数点以下２桁の数字は省略されており、その結果、基本的にほとんどの被爆者がグリッドライン上に張りつくことになったのだ。小数点以下の数字が追加されると、地図は変化した。被爆者は、遠くまでではないにしても、とにかく移動していたのだ。グラントによれば、この変化により、放影研の疫学グループは自分たちの調査に「自信をもつようになった[41]」。

さまざまな科学者が、広島・長崎からさまざまな教訓を引き出した。１９４５年夏の出来事を理解しようとしたのは、もちろん自然科学者ばかりではない。人文科学者や社会科学者にも、同じことがいえる。そのなかには、歴史家も数多くいたし、私もその一人だった。

第6章

身体という戦場

戦争における人間の身体は、武器でもあり、標的でもある。戦争は、身体強度がものを言う領域である。つまり、人間の身体能力が極限まで突き詰められる場所であり、同時に、人体の損傷が科学と政治の双方において、重要な「証拠」の一つになる場所でもある。損傷した身体は勝利（または敗北）の証拠であると同時に、身体の極限を示す科学的証拠でもある。戦争にかかわる人間の極限状態を対象とする生物医学では、治すための知識と傷つけるための知識の相互性が明確に見てとれる。両者は複雑に絡み合っており、簡単に引き離せない。

20世紀には、高度で洗練された軍隊で生じる問題を解決しようとして、科学者や医師たちが「標的としての」人体を詳細に探究し始めた。彼らが見つけようとしたのは、人体を破壊するための最善策ばかりではなかった。敵の人体を破壊し続けられるように、身体の機能を維持するための最善策をも見つけようとしていたのだ。ある意味、これは当然のことかもしれないが、近代生物医学と戦争の関係を理解しようとしている私たちにとっては、些細なことではない。[1]

このプロセスがどのようにして展開されたのかを示すために、このような見方が重視されてきた生物医学の分野に目を向けてみたい。具体的には、航空医学の出現、第二次世界大戦で重傷を負った兵士を対象とした前線でのフィールド調査の発展、朝鮮戦争という実験場における調査研究などを考察する。さらに、ベトナム戦争や第一次湾岸戦争といった20世紀後半の戦争にも目を向け、アメリカ軍兵士の化学物質曝露《ばくろ》による生物医学的影響についてもページを割きたい。ところで、このように生物医学分野で研究対象にされた人たちはみな、敵兵ではなく、アメリカ軍兵士だった。兵士である彼らの負傷と経験は、多くの付随データを提供してくれた。ここで注目したいのは、より深刻な傷を負わせるという目的のために、専門家がどのような方法を使って負傷を研究したかということである。

軍事関連の科学研究は、暴力を軸に身体イメージをつくり上げることが多かった。1943年、イェール大学の生理学者ジョン・フルトンは同僚に対し、脳を「脳脊髄液で満たされた硬い箱のなかの、弾性があまりない留め具によって吊り下げられている半流動体」と表現した。[2] フルトンは、銃器によって破壊される脳の特性を抽出したのだ。私は、フルトンの視点は、1900年以降、身体を標的（さらには戦場）とみなす一連の生物医学の一般的な出現を反映したものだと思う。

この章で考察する人体の負傷に関する科学研究は、次第に暴力性を増していく20世紀の工業化された科学戦争において、身体がどう捉えられ、どのような意味を持っていたのかを示す歴史的証拠である。戦争によって、負傷とストレスがもたらす身体の極限状況に対する関心に火がついた。戦場では、こうした極限状況を「ごく自然に」研究できるからだ（人間を被験者にした実験にも同じことがいえる）。こうした考えは、第一次世界大戦の悲惨な経験を反映している。

1940年代にアメリカ科学界の指導的立場にあった研究者の多くは第一次世界大戦に深く関与しており、新しい化学兵器をつくり出す科学計画に加わったり、兵士として最前線で戦ったりしていた。彼らが青年だった時期に起こった第一次世界大戦は、毒ガス中毒になったり、大砲で大ケガを負ったり、機関銃で手足をもがれたりする、悲惨な戦争だった。彼らは（そのような言い方はしなかったとしても）、技術の変化が身体経験をどのように変化させるかを身をもって知っていた。1930年代以降は、彼らの関心は身体リスクに移り、身体を一つのシステムとして理解するようになった。身体とは、日常的に強いストレスにさらされたり、切り開かれたり、押しつぶされたり、凍えたり、飢えたり、毒に侵されたり、弾丸で穴だらけになったりする秩序立った体系なのだ。そこで、身体の限界を確かめ、標的としての特性を完全に理解しておく必要があった。

たとえば、キャロライン・バイナムの特筆すべき研究（死者の復活と身体そのものの不死性に関する中世の概念について）は、昔の人間の社会生活を理解するのに役立つ。それと同じく、戦争で負傷した身体に関する科学的な概念もまた、20世紀を理解するのに役立つはずだ。[3] 鈍的外傷、飢餓、凍え、吐き気、ショック、創傷弾道学、高高度低酸素症などについての科学研究は、制御された負傷を利用して（最終的には）兵士の身体を強化した。その結果、傷の癒えた兵士は敵兵士の身体を傷つけ続けることが可能になった。科学技術戦争の文脈においては、過酷な状況（吐き気を催す動き、極寒、失血、食糧不足、酸素不足など）のなかで、人体がどれだけ長く機能を維持できるかを知ることが重要だった。20世紀の生物医学で重要な意味をもつようになった身体損傷の問題は、戦争を遂行する特定の方法を反映していたのである。

飛行機という新しい技術は、身体に新たなリスクをもたらすこととなった。飛行によって生じるそうした医学的問題に対処するために、航空医学が発達した。

空を飛ぶという新たな機会を得て、世界中の軍隊はこぞって飛行機技術を採用した。1903年末にライト兄弟がキティホークで最初の試験飛行を行ってから、1909年にアメリカ軍がライト社から初の飛行機1機を購入するまで、わずか6年しか経過していなかった。この最初の1機は、発足したばかりのアメリカ陸軍通信隊航空機部門に配属された。世界各国の軍隊も同じように夢中になった。軍需に応えて、航空機産業は急成長を遂げた。

当初は、この新技術を戦略的にどう活用するかははっきりしていなかった。飛行機とその軍事的価値に関する考え方は、1940年代の10年間で大きく変化した(現在に至るまで変化し続けているともいえる)。アメリカの航空戦力理論家ウィリアム・ミッチェルは、爆撃機が登場すれば陸軍や海軍は時代遅れになると考えていた。イギリスの理論家ヒュー・トレンチャードは、爆撃によって広範囲に及ぶ「不平不満」が生まれ、その結果、どんな戦争でも終結すると考えていた(その方法については定かではなかったが）。イタリアの理論家ジュリオ・ドゥーエは、「文明」とはより大きな脆弱性をもたらすものであり、航空戦力によって敵国の「神経系」を攻撃すれば、敵国を打倒できると考えていた。[4]

第一次世界大戦が始まったころは、飛行機が偵察や諜報活動に役立つと期待されていた。また、本来なら爆弾や化学兵器の投下に使用できたはずだが、当時はそうした目的にはあまり使われなかった。そもそも、どれくらいの数の飛行機があればよいのか、パイロットや乗組員にはどのような訓練が必要なのか、新設された航空隊を運営するにはどのような管理体制が最適なのか、といったことさえ明らかではなかった。にもかかわらず、第一次世界大戦が勃発した１９１４年までには、主要な参戦国はみな航空戦力に資金をつぎ込み、その可能性を探り始めていた。

こうした熱狂がもたらした結果の一つとして、パイロットをはじめとする乗組員が、未知の領域であった大気圏上層部で活動するようになったことが挙げられる。そこでは、速度や加速度の状況が地上とは異なっているが、そうした状況から身を守る対策はほとんど講じられていなかった。航空戦力の登場にともない、吐き気、低酸素症、見当識障害、空中減圧症といった新たな生物学的経験が生じた。学問分野としての航空医学は、こうした経験から発達した。飛行中のパイロットは機械のなかにはめ込まれ、その機械によって未知の危険な空間に連れていかれた。銃を持つ兵士と同じく、パイロットは機械と身体を融合し、一つの機能的実体をつくり上げたのだ。[5]

飛行にともなうリスクは、早くも1912年には認識されていた。パイロット志望者の健康診断に関するアメリカ陸軍省の詳細な指示からも、そのことがうかがえる。志願者は視力が抜群によく、色覚に問題がなく、目を閉じながらでも片足跳びで自在に動き回れるような優れたバランス感覚をもっていなければならなかった。アメリカ陸軍は飛行士に並の兵士よりも高い身体基準を要求したが、これは、身体的に優れた若い兵士を飛行に従事させることによって、飛行にともなう身体的リスクを軽減しようと考えたからだろう。その結果、志願者の30％は不合格になった。しかし、第一次世界大戦が始まるころになると、多くの国の航空隊では、歩兵よりも低い基準が設けられていた。フランスの偉大なエースパイロットとなったジョルジュ・ギヌメールは、歩兵としては虚弱で病弱であると判断され、やむなく航空隊に入隊した。アメリカのエディ・リッケンバッカーは、一流カーレーサーとして活躍したのち、エースパイロットの地位を手にした人物だが、もともと角膜に欠損があり、奥行き知覚に難があった。[6]

1918年、初の「航空医官」数名がアメリカ陸軍医学研究所に着任した。最初に与えられた任務は、凍えて腹を空かせ、確実に酸素が不足しているような状況にある長距離飛行中のパイロットに、どのような服を着せればよいかを考えることだった。ニューヨーク州ミネオラの医学研究所には、パイロットや乗組員を受けもつ予定の医師を教育する8週間の授業も用意されていた。1920年代には、第二次世界大戦で陸軍航空軍の司令官となるヘンリー・アーノルド少佐が、将来的なリスクを明確に認識していた。高度約6000mで飛行する単座戦闘機のパイロットが約1万2000mまで上昇すると、新たな生物学的圧力に直面することになり、そこでは、酸素、気密性の高いコンパートメント、与圧服が必要になる。航空医官はパイロットを被験者にした実験を開始し、どんなに経験豊富なパイロットであっても特定の飛行条件下では見当識障害に陥る可能性があることを明らかにした。パイロットは自分の本能よりも科学技術に信頼を置くべきであったが、「飛行機を設計した人と飛ばす人とのあいだには断絶があった」とティモシー・シュルツは記している。一部の技術は、極度の不快や身の危険を感じることなしには使えない代物だった。[7] たとえば、B-17「フライングフォートレス(空飛ぶ要塞)」の乗組員は、凍えるような寒さ、低酸素症、減圧症に悩まされた。詰まってしまった機関銃を何とかしようと格闘している爆撃兵なら、凍傷覚悟で手袋を外す必要があったかもしれない。また、B-17は対空砲火から乗組員を守るために飛ぶ高度を高くしていたが、その設計自体が本来守るべきはずの乗組員の生物学的なニーズに対応していなかった。[8]

最初期の航空医学史家の一人に、イェール大学の生理学者ジョン・フルトンがいる。フルトンは科学研究開発局(OSRD)の創傷弾道学プログラムを監督し、第二次世界大戦中は吐き気の研究に取り組んだ。その後はイェール大学に医学史のカリキュラムを創設した。彼はまた、20世紀半ばのアメリカにおける精神外科手術、特にロボトミーの主要な推進者の一人でもあった。航空医学史に関する記述のなかで、フルトンは(どうやら酸素に関するあらゆる研究を関連性ありと見ていたようで)、その起源を1640年代のエアポンプを使ったロバート・ボイルの研究に求めている。[9] しかし、妥当な航空医学の出発点は、19世紀から20世紀初頭にかけての、フランスとイギリスの科学者による高山病に関する医学研究かもしれない。高山病は軍事的・植民地的問題であり、1935年の国際高地探検隊（アンデス山脈）では、登山家にアンセル・キースら医学専門家が同行し、長期にわたる低酸素の影響を追跡した。

1939年に第二次世界大戦が勃発し、乗組員が最高高度約1万700mで飛行するようになると、科学文献に減圧症の報告が見られるようになった。1940年には、アメリカ研究評議会によってアメリカ航空医学委員会が新設された。

海軍はフロリダ州ペンサコーラ、メリーランド州ベセスダ、フィラデルフィアの海軍航空機工場に航空医学の研究所を設立していたが、これらの研究所では、緊急の「現在パイロットが遭遇している飛行上の問題」にだけ対処していた。[10] 陸軍航空軍もライトフィールド（オハイオ州リバーサイド）とランドルフフィールド（テキサス州サンアントニオ近郊）に航空医学の研究所を設けており、そこでは生理学者が飛行機会社と協力して新しい飛行機の設計を支援していた。[11] しかし、医学部の研究者は、航空医学の問題を基本的な人間生物学の観点から見ており、航空機産業も軍隊がこの問題をきちんと追及してくれるとは思っていなかった。

減圧症は初期の主要な焦点だった。1942年5月に設立された減圧症小委員会は、塞栓症《そくせんしょう》と「潜水病」の解明に着手した。小委員会はまた、チャンバー試験を使って、減圧症にかかりにくい新兵を特定しようと試み、若い年齢層（18〜23歳）の約半数が、症状なく約1万1600mでの曝露に耐えられることを発見した。小委員会はさらに、キャビンを与圧する方法を検討した。ある報告書には、「兵士をどこまで酸素なしで輸送し、戦術的に効率的な状態を維持できるかという問題については、高度約2400〜4300mのあいだとの分析がなされている」と記されている。この研究は、航空機の圧力制御の仕様を設定するのに役立つものだった。[12]

減圧症小委員会以外にも、航空医学委員会から資金提供を受けた研究チームがいくつかあり、ウサギやモルモットを「約1万5000mまで急激に減圧」して「胃破裂や内臓出血」で死亡させる研究を行っていたほか、「グレイアウトとブラックアウト」の研究の一環として人間の耳の血液量を記録する装置の開発や、減圧室の適切な構造、暗闇と人間の視覚、犬や猫における加速の影響などの研究を行っていた。[13] 1942年の夏、イェール大学のフルトン研究室をルイス・B・フレックスナーが訪問する。二人の科学者は与圧服を比較検討するためにコネチカット州のコルセット会社に出かけた。スペンサー・コルセット社は、約325ドルでフライトスーツを「大量に」つくることを提案した。[14] 同じころ、イェール大学のハロルド・ランポートは遊園地を訪れ、吐き気を起こさせる実験用に改造が可能な乗り物がないか探した。フルトンに宛てたランポートの手紙には、回転系遊具の「スピットファイア」と「ロープレーン」が有望で、オレゴン州セーラムのエイヤリー・エアクラフト社が、ローロプレーンのより高速な実験用バージョンを5000ドルで製作してくれると言っていると記されていた。この仕様なら、5~10秒で50rpm（回転／分）に達することになる。「自転する乗り物が瞬時に位置も変えるのですから、横方向や逆方向の加速だけでなく、通常の正方向の加速も研究できるでしょう」とランポートは書いている。この手紙には、記憶をもとにランポートが描いたスケッチも添えられていた。[15] こうしたように、コルセットや遊園地の乗り物といった日常的世界の平凡な技術が、航空戦力の技術的問題を解決するために活用されることもあった。

1942年、ペンシルベニア大学のカール・シュミットは、被験者の人間を低温減圧室に入れ、低温低酸素状態が呼吸器系、心臓血管系、視覚機能に及ぼす影響を研究していた。エバンス記念病院のロバート・ウィルキンスは、被験者が意識を失うまで循環器系に圧力を加え続けた。ロチェスター大学のウォレス・フェンは、被験者をタンクのなかに入れ（頭部はゴム製の首輪から突き出させた）、身体に圧力をかけて血圧の影響をテストしていた。シカゴ大学のヘンリー・リケッツは、無酸素状態の長期的な影響をテストするために、被験者を6週間にわたり毎日6時間、低酸素状態にしていた（リケッツの場合は、「しようとしていた」と言ったほうが正確かもしれない。プログラムに継続して参加してくれる被験者を確保するのが難しかったからだ[16]）。

航空医学では、パイロットの身体の研究だけでなく、パイロットの身体を包み込む技術のあらゆる研究が行われた（ヘルメット、ゴーグル、特殊防寒服、与圧服など）。技術者たちは、「減速外傷」（事故）の影響を最小限に抑えるために、飛行機のコントロールパネルを設計し直した。1944年、アメリカ研究評議会（NRC）、陸軍航空軍安全局、アメリカ機械学会が話し合った結果、エンジン制御とコックピット機器の標準化に関する合意が得られた。各飛行機の「チェックリスト」用のプロトコルは、パイロットのミスを減少させた。[17] 心理学者はパイロットが注意力と冷静さを維持する薬を探していた。パイロットは科学技術によって徹底的に再構成され、ほぼ自らが機械になってしまった。[18]

一方、アメリカ科学研究開発局の減圧症小委員会は、イェール大学の学部生を減圧室に入れ、減圧症にかかりにくい体質というものがあるのかどうかを調べていた。その結果、約半数の人が、約1万2000m相当の高さで3時間、減圧症の症状を呈することなく耐えられることが明らかになった。もちろん、次のステップとして、どのような人が高い耐性をもっているかを見極めるための予測テストが用意されていた。また、記憶に残る別のプロジェクトもあった。バージニア大学の研究グループは、回転方向と垂直方向の加速度によって生理的危機状態に陥り、意識を失った被験者の表情を動画撮影した（307ページ図9）。生理的外傷の映像記録が撮影されたというわけだ。[19]

ほかのグループは「戦闘飛行における不安状態」にどう対処すべきかについて研究を始めた。アメリカ海軍研究局のユージン・デュボイス少佐は、1945年の報告書のなかで、「飛行疲労」や「飛行ストレス」、勇気の欠如、臆病などとさまざまに呼ばれていた問題を要約している。彼によれば、パイロットがこのようなストレスを経験する可能性は、標準的なガウス曲線(正規曲線)に従う。デュボイスはそのような曲線をデータに基づいて作図したわけではないが、そのような曲線が存在すると仮定して資料を作成した。このストレスを発生させる要因として、デュボイスは、敵の行動と友人が殺される場面の目撃を挙げている[20]。

中程度の墜落事故も戦争中の研究の焦点となった。研究の代表者によれば、誰も負傷しなかった些細な事故や、「飛行機が完全に崩壊してしまったような重大な事故」を追跡調査するのは意味がないというのだ。重要なのは、深刻だが生存可能な負傷をともなう事故だ。コーネル大学医学部のヒュー・デハヴェンが組織した調査によって、こうした中間域の墜落事故で最も重傷を負った箇所は頭部と顔面であることがわかった。1940年当時のコックピットは、突起物だらけの計器パネルや使い勝手のよくない操縦輪(コントロールホイール)など、危険がいっぱいだった。1943年に始まった衝突傷害会議では、空軍、航空産業、生物医学者が集まり、コックピットの安全性向上に

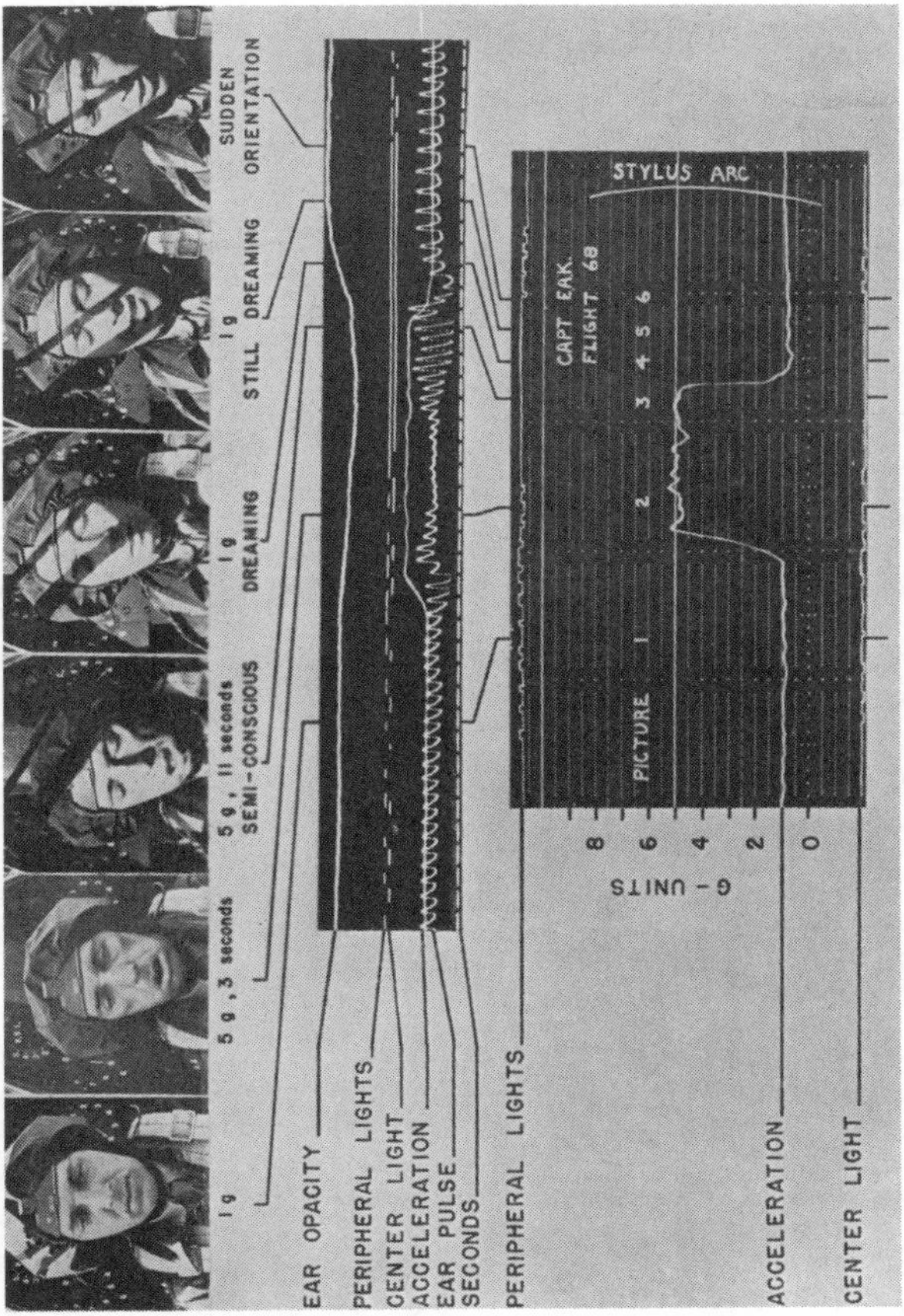

図９　生理的危機に陥ったパイロット。運動によって顔が変形している。［Eugene M. Landis, The Effects of Acceleration and Their Amelioration, in E. C. Andrus et al., *Advances in Military Medicine, Made by American Investigators*, vol.1 (Boston: Little, Brown,1948), page 251, figure 33］

つながる方法が議論された。ちなみに、自動車などの乗り物で使用されている3点式安全ベルトは、この研究から生まれたものだ。[21]

こうした幅広い研究において、高高度・高速飛行のストレスに対する視覚的、X線的、定量的、生化学的、心理社会的な記録が作成され、航空戦力計画の資料となった。人間の被験者（兵士、大学生、医療ボランティア、ダイバー、登山家）のおかげで、長くて寒く、不快で危険な飛行経験がモデル化された。被験者の身体は、エンジニアがパイロットや乗組員のためにコックピットや衣服をつくり直す際の指針となった。

さまざまな組織によるこうした研究は、いわゆる「通常科学」の一形態だった。これは、確立されたパラダイムの枠内で行われる、現象を理解するための科学研究を指す言葉だ。この「通常科学」という概念は、トーマス・クーンが名著『科学革命の構造』（1962年）において最初に提唱した概念である。[22] この概念で重要なのは、科学研究は一般的に、ある種の問題が重要で有意義なあるものであるという確立された幅広いコンセンサスに基づいているとする考え方である。黎明期にあった航空医学という分野の場合、実験室という状況で制御された人体損傷をつくり出すことは、間違いなく幅広いコンセンサスを得られる課題だった。

順応性は、飛行機と飛行機に搭乗している人間の両方に存在すると考えられていた。減圧症にかかりにくい人がいるかもしれないし、ある種の心理状態は薬でコントロールできるかもしれない。さらに飛行機自体を改良すれば、中間域の墜落事故の被害を減らせるかもしれない。航空医学の究極的目標は、どんな状況であっても、パイロットを含む乗組員をできるだけ長く生存させ、その身体機能を正常に保つことだった。そうすれば、乗組員は爆撃任務を継続することができる。言い換えれば、地上の爆撃対象地域の人たちを死傷させるという任務のために、乗組員の健康を維持し、十分な高度で長時間飛行できるようにしておくことが重要だったのだ。航空医学の標準的な教科書では、乗組員の生存と安全性に重点が置かれていたが、その生存と安全性は、当然ながら地上の人たちの死と負傷を促進するものだった。航空医学は、傷を治す知識であると同時に、傷を生み出す知識でもあったのだ。

戦時中は、すでに重傷を負っている人たちがフィールド調査の対象となった。イタリア戦線におけるヘンリー・ビーチャー（１９０４～１９７６）の研究はその一例である

（図10）。ハーバード大学の麻酔医だったビーチャーは、20世紀の医学において最も影響力のある人物の一人で、1950年代にはプラシーボ効果を定義した論文を書き、大きな議論を呼んだ。1960年代に発表された非倫理的な研究に関する論文は、現代の生命倫理運動の先駆けとなった。さらにその後、ビーチャーは死を脳死として再定義し、臓器移植を促進する政策にも貢献した。ローラ・スタークやスーザン・レデラーの論文からも明らかな通り、ビーチャーは一癖も二癖もある人物であったが、そうした人間的評価はさておき、彼が生物医学の実践に大きな影響を与えたことは間違いない[23]。

ビーチャーはまた、戦争中にリアルタイムで負傷した人たちのフィールド研究を行い、貴重で重要な成果を上げた。彼の研究チームは、イタリア戦線で瀕死の重傷を負った兵士を対象として、ショック症状に対する有望そうな治療法を調査した。トリアージ方式（負傷の程度に応じて治療の優先順位を決めること）に従い、ビーチャーのチームには、生存の可能性が低いと考えられる兵士がフィールド研究用に回されてきた。

イタリア戦線の野戦研究所で培った経験は、ビーチャーのその後の仕事において、何度も繰り返し活かされることになる。プラシーボ効果、インフォームドコンセント、脳

図10　ハーバード大学の麻酔医ヘンリー・ビーチャーの調査チーム。イタリアアルプス、1944 ～ 45年。［Board for the Study of the Severely Wounded, North African–Mediterranean Theater of Operations, *The Physiologic Effects of Wounds: Surgery in World War II* (Washington, D.C.: Office of the Surgeon General, Department of the Army, 1952), frontispiece］

死といった問題に対する彼の関心はみな、重傷者研究委員会所属の巡回軍医としての経験を反映したものだ。移動を繰り返す現場では、彼自身も強烈なストレスを受けながら、ショックの治療、痛みの特性、麻酔の使用などに関する実験を行った。１９４５年夏、兵役が終了したビーチャーは、指揮官への手紙に、「あなたのご指導のもと、この戦域での仕事は、私にとって大きな経験になりました。

今後の人生に死ぬまで影響を与え続けることでしょう」と書いている。[24]
その仕事とは何だったのか。ビーチャーは以前からショック症状に興味をもっていたが、1940年初頭にハーバード大学の研究室でショックの治療に関する調査研究を始めた。最終的にイタリアのアンツィオに到着するまでの2年間、彼は戦場での調査を許可してもらおうと自分を売り込む努力を続けていた。ビーチャーの特徴は、同僚に先駆け、近代戦で誕生した負傷兵の価値を認識していたことにある。彼の当初の訴えは、自分が役に立てるならヨーロッパに送ってほしいという一般的な申し出にすぎなかったが、その後は麻酔とショックの問題に狙いを定め、嘆願書のなかで、この問題に関する研究は動物を使って行われたものばかりだったと指摘した。とはいえ、彼は動物を使った研究を批判しているわけではない。ビーチャーはこう書いている。「麻酔とショックの関係にかかわる、差し迫った実際的問題の多くは、材料が豊富にある場所、すなわち、実際に戦闘が行われているどこかの前線で、生身の人間を対象にしてこそ解決できる。民間の実務では、ショック状態で手術を受ける人は非常に少ないので、十分な研究が行えない」[25]。一方、戦場は、民間ではめぐり合えない研究材料を大量に提供してくれる。イェール大学という民間環境にビーチャーをとどめていたら、重要な研究を行えるせっかくの機会を無駄にすることになっただろう。

ビーチャーはこの機会を「一世代に一度の、いやおそらく数世代に一度の好機」と位置づけ、その機会が「指をすり抜けつつある」と記している。前線で優れた観察者が学びとることは、「今後何年にもわたって、軍事面だけでなく民間業務においても」非常に重要なことになるだろう。ＯＳＲＤの医学研究委員会委員長宛の嘆願書のなかで、ビーチャーは、ショックと麻酔に関する生物医学的研究を行うために、軍隊に入隊して前線に送られることを望んでいると記している。[26]

１９４３年夏、ビーチャーの願いが叶った。アメリカ陸軍少佐に任命された彼は、蘇生と麻酔の担当医官として北アフリカに派遣された。アフリカ、イタリア、フランスで計25カ月間の従軍生活を送り、イタリアでは、重傷者研究委員会のメンバーとして彼の人生で最も重要な仕事を行っている。

この委員会（運転手と技術者のほか、外科医6名、化学者1名、看護師2名、事務員10名で構成）は、移動式研究室と7張りの大型テントを所有していた。彼らは、暴力的活動や「最大軍事活動」を追いかけてイタリア中を移動し、重傷を負った兵士186名を研究用に集めた。そのうち、65名が死亡した。これは死亡率35%で、野戦病院の平均死亡率の約2倍に当たる。しかし、委員会に回されてきたのは絶望的な患者ばかりで、負傷の際の状況(戦闘中や交通事故などの事故)にかかわらず、全員が搬送不可能と考えられていた。ビーチャーたちが見ていた傷は、抽象化され中立的な存在になるべく意図された傷だった。送られてきた兵士の身体は、歴史や戦争ではなく、失血に対する生理学的反応によって特徴づけられていた。ビーチャーによれば、「適切な臨床例があまりに豊富だったので、研究所では材料を処理するのに苦労することが多かった[27]」。

ビーチャーのもとに送られてきた患者のほとんどは、銃撃、砲弾の破片、手榴弾、地雷の爆発、建物の倒壊などで負傷したアメリカ人だった。それ以外には、トラック事故の負傷者が2名。飛行機事故の負傷者が1名。テント火災による負傷者が1名。誤って撃たれたり刺されたりした者が3名。戦闘中に負傷した民間人が6名、ドイツ軍捕虜の負傷者が13名だった。負傷者の内訳と原因の幅広さは、近代戦が生み出した負傷の機会の広さに対応している。ビーチャーのプロジェクトは、付随データに依存するものだった。言い換えれば、戦争によって人間や環境が被った損害の結果として、新しい知識を収集・評価する機会が図らずも生じ、ビーチャーはその機にうまく乗じたのである。

現場でのビーチャーの行動で最も興味をそそるのは、重傷の兵士に痛みを感じているかどうかを尋ねたことだ。最終的には、２年間でアンツィオ、ヴェナフロ、カッシーノの各戦線で重傷を負った２２５名の兵士と南フランスで重傷を負った若干名に聞き取り調査を行い、そのなかから末梢軟部組織の損傷が大きく、瀕死の重傷を負った50名を選んだ。頭部に重度の損傷を受けた兵士は除外したが、これは調査対象としている認知機能に影響が及ばないように考慮したためである。彼は各兵士に「そこに横たわっているとき、何か痛みを感じるか」と尋ねたところ、驚くべきことに、32％の兵士がまったく痛みを感じないと答えた。ひどく痛むと答えたのは、約24％だった。彼らはみな、生死にかかわる傷を負った兵士だったが、そのほとんどは激しい痛みを感じていなかったのだ。[28]この聞き取り調査をきっかけに、ビーチャーはプラシーボ効果や医学における精神状態の役割に興味を持つようになった。[29]

朝鮮戦争が勃発すると、ビーチャーのイタリア戦線での事例が、負傷兵に関するフィールド調査のモデルとして引き合いに出された。さぞかし彼も喜ばしく思ったことだろう。

戦争が勃発した1950年6月から、休戦協定が結ばれ、南北間に非武装地帯が設定された1953年7月まで、朝鮮半島の戦場は事実上、アメリカの科学者や医師たちのフィールド調査の場として機能していた。朝鮮半島は、さまざまな研究(胃液の分泌、副腎機能、筋肉の代謝、創傷、戦闘時の心理状態、大ケガを負った後のブドウ糖の吸収と循環器系の恒常性など)の壮大な実験場となった。戦闘は、「体調万全の健康な若い成人男性」が「高速の発射物で重傷を負う」という「またとない機会」だった。外科研究チームが提出した1955年の報告書によれば、外傷は戦争における中心的な医療経験であり、「外傷によって動的なプロセスが開始される」。そのプロセスにおいては「傷は傷以上のものであり」、多くの器官系を通して複雑な全身的変化をもたらす。報告書の著者によれば、人体にはこのような複雑さがあるので、戦場で効果的な治療を実施するには、積極的なフィールド調査が不可欠である。[30]

朝鮮半島で行われたとりわけ重要な研究として、創傷弾道学にかかわるものがある。

創傷弾道学とは、兵器の破壊力を増大する方法を見つける端緒として創傷を研究する学問分野である。これはビーチャーのフィールドワークとはまったく違っていた。ビーチャーが戦地で傷を研究していたのは、ショックを治療し、重傷を負った人たちの命を救う方法を見つけるためだった。ところが、創傷弾道学は、戦場や実験室で生じた傷を利用し、弾丸や武器の技術を改良することを通して成立した分野だった（今もそうである）。創傷弾道学は、破壊された肉体から技術的概念に至る、一種のリバースエンジニアリングに近い。その目的は、弾丸を使ってより大きな損傷を与える方法と理由を解明することにある。その意味で、創傷弾道学は、医療研究とは正反対のものといえるかもしれない。あるいは、「逆向きの公衆衛生」（通常は生物兵器に使われる用語）の一形態と呼ぶこともできるだろう。

19世紀半ば、新しい小火器技術によって、それまで見たこともない破壊的な傷が生み出され、それがきっかけとなって、創傷弾道学が誕生した。エリック・プロコシュは、創傷弾道学についての研究論文で、工業化された新しい弾丸が「体内での実際の爆発」に近い何かを生み出したという仮説を追跡調査している[31]。投射物が直接当たらなくても、弾丸のエネルギーによって組織が破壊される事例が見つかり、1848年ごろから科学者たちは何が起こっているのかを理解しようとして、動物の臓器や組織を撃ち始めた。重要なモデルの一つは、流体力学だった。人体はほとんどが水であり、アメリカの科学者チャールズ・ウッドラフは、「キャビテーション（空洞現象）」を説明するのに海洋工学を援用した。[32] プロコシュによれば、二人のイギリス人研究者は、何が起こっているかを説明するために、「絵のように美しい海辺の風景」のイメージを持ち出しさえしたという。

夏になると北東海岸の港はどこも漁船で混雑するが、そこでは爆発効果の実例を目の当たりにできる。小さなタグボートが漁船の群れのなかにじわじわと割り込んでいけば、タグボートは船首に触れる漁船の邪魔をするだけで、船を押し通すことができる。しかし、そのなかを猛烈な勢いで走り抜けようものなら、漁船の群れは左右に散らされ、その衝撃がそのまま港の壁へと伝わってしまう。低速で脳内に入った弾丸は脳の中身を頭蓋腔の壁に押しつけるが、中身を破裂させるほどの運動量はもっていない。ダムダム弾と同じくフラットノーズ弾は、頭部が完全に覆われた弾丸よりも運動量を迅速かつ効果的に伝達することができるので、爆発効果が増す。[33]

造形用粘土や石鹸などでつくった「肉の模造品」を使用することによって、要素（サイズ、形状、速度）をあれこれ変化させながら試射を行えるようになった。たとえば、1916～1917年にアメリカ陸軍の軍医を務めたルイス・B・ウィルソンは、黒い糸を埋め込んだゼラチンに弾丸を撃ち込んだ。模擬的な傷とはいえ、この糸のおかげで、繊維と肉が絡み合う様子を観察することができたのだ。[34]

第一次世界大戦後、アメリカ陸軍の兵站部チームと衛生部チームが傷の体系的な研究を始めた。標的にされたのは麻酔をかけた豚やヤギで、これは傷の生理学的効果を研究できるので死体や死骸よりも好ましいと考えられていた。この研究では、弾丸が標的を通過する際の速度低下と加速度低下の計算も行われた。第二次世界大戦のころには、弾丸、速度、弾丸が生み出す創傷の性質、キャビテーション（空洞現象）問題、身体の各部位が受ける影響についての一連の文献が揃い、実験技術も正確で洗練されたものになっていた。この研究で、速度の重要性が明らかになった。秒速760mあたりに分断点があった。弾丸の速度がそれよりも速ければ、傷のひどさが格段に増した。[35]

1940年12月、霊長類学者のソリー・ズッカーマンらは、『ブリティッシュ・メディカル・ジャーナル』に、スパークシャドウグラフ（印画紙に標的の一瞬の影を写し取る装置）を使って弾丸を追跡した論文を発表した。この方法によって、組織変化の驚くべき画像が得られた。動物の四肢は瞬間的に膨らみ、著者の表現によれば、「まさに内部爆発さながらに」歪んでいたのだ。[36]

1943年、プリンストン大学のE・ニュートン・ハーヴェイは、弾丸が肉にどのような影響を与えるかを調べるために猫を撃ち始めた。彼は生物学研究所で、5人の生物学者に弾道学とX線の技師を加えた研究チームを編成していた。チームでは、人間の兵士に近い大きさの大型類人猿を撃つことが検討されたが、大型類人猿は場所をとるうえに、高価で入手も困難だった。スペースと費用の面から、猫と犬を標的にすることに落ち着き、最終的にはほとんどが猫になった。

ハーヴェイのチームは、標的の大きさに合わせて、標的に当てる発射物のサイズも縮小した。そうすれば、発射物を小動物に当てるという実験で、「発射物の質量と標的の質量に関しては、陸軍の標準ライフルの銃弾の質量と人体の質量に類似した」状況を表せるからだ。

当時プリンストンで撃たれていた猫は、敵兵の代用品だったのだ。麻酔をかけられた猫は、台の上に固定され、そして撃たれる。その模様は動画や写真で撮影される。猫は、アメリカの軍事行動による来るべき犠牲者の象徴だったわけだ（３２３ページ図11）。

プリンストン大学のグループは、高速度カメラを使って、「高速の弾丸が軟部組織に入ったときに起こる変化」を毎秒８０００フレームで撮影した。このような傷は数千分の1秒で生じるが、ハーヴェイのチームは、高速度撮影とX線撮影によって一瞬の出来事を可視化し、分析できるようにした。麻酔をかけられた猫の身体は、さまざまな部分の毛が剃られ、マス目の印がつけられた。損傷の状態は、頭部、大腿部、腹部、大腿骨の各画像によって記録された。ハーヴェイのチームは弾丸を遅らせる力の法則を計算し、生体筋肉の遅延係数を算出した。これにより、猫の大腿部を通過する際に弾丸に生じる速度の損失を測定できる。

このようにして、創傷という出来事は技術的な抽象物となった。猫は具体的な動物ではなく、代表例としての動物にすぎなくなった。猫の身に起こったことは、あらゆる状況で生じる傷一般にかかわることだった。方程式によって、どのようなエネルギーに対しても、任意の種類の組織が被る身体的影響を予測することが可能になった。代用の敵兵(猫)と代用の弾丸とのこうした相互作用で明らかにされた法則は、理論的には何にでも適用できる。傷害をもたらす武器の能力を高めることは、技術的かつ量的な問題であり、プリンストン大学のハーヴェイの研究チームは、この方程式を正しく求めることの重要性を理解していた。

朝鮮半島での創傷弾道学調査は、最初から戦争計画に組み込まれていた何百もの調査のうちの一つだった。陸軍省軍医総監室の医学研究開発委員会が派遣した創傷弾道学調査団は、傷と防弾服の効果を追跡した。1950年11月から1951年5月にかけて、陸軍のカール・M・ハーゲット博士(数年来、防弾服の研究を続けていた)、化学隊のジョージ・コー大尉、医療隊のジェームズ・バイヤー少佐は、共同で傷の特徴づけを

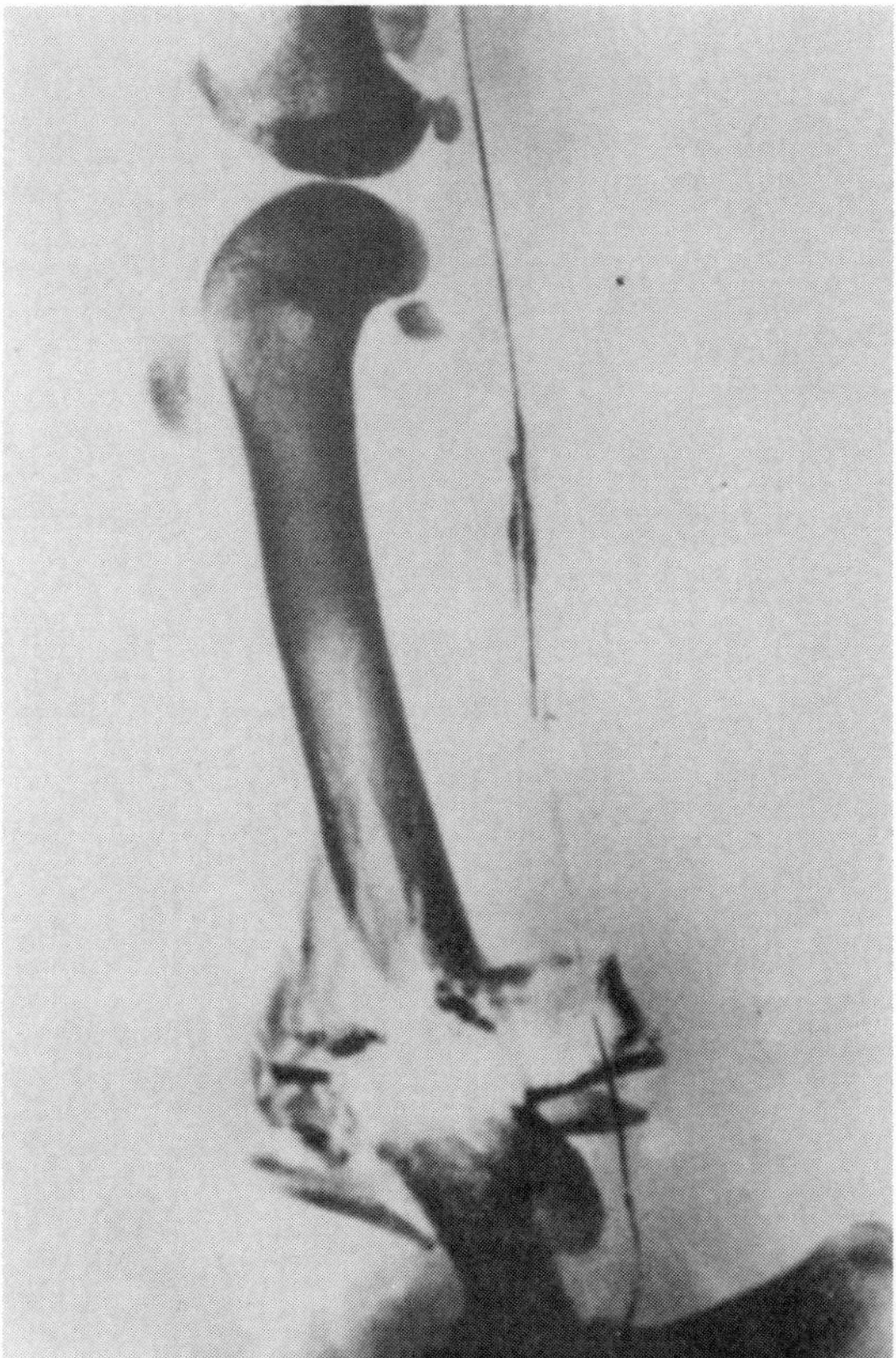

図11　猫の大腿部に0.8mmの鋼球を秒速910mで衝突させた後に撮影したレントゲン写真。粉砕された大腿骨とそのまわりで破片がかたまりをつくっている様子に注目。［James Boyd Coates, ed., *Wound Ballistics* (Washington, D.C.: Office of the Surgeon General, Department of the Army, 1962), figure 107］

行った。朝鮮戦争終結時に提出された最終報告書はその大部分が図表で構成されているが、創傷弾道学チームは、70万773個の傷と4600人の負傷者のデータを提出した。彼らは、戦場にあった弾薬の多くは基本的に役に立たなかったと結論づけた。爆弾の破片はほとんど誰にも当たらなかったし、小火器で死傷した兵士はほとんどいなかった。死傷者の92％は、迫撃砲と手榴弾の破片によるものだった。[37]

創傷弾道学調査団のメンバーは、地質学者や鳥類学者のように、収集したフィールド資料をたがいに関連づけたり、自然的・生物学的影響と関連づけたりしながら配置した（図12）。戦死した兵士から採取した爆弾や手榴弾の破片は、鳥の卵や植物の種、あるいは考古学的遺物の破片を配置する方法をまねるかのように、大きい順に配置されたり、形や起源ごとにまとめられたりした。自然史のフィールドワーク的手法を用いて、傷や迫撃砲の破片が目録化されていった。研究者は、研究結果の基礎となる破片や傷を分類・比較・測定し、名前をつけた。

たとえば、第二次世界大戦時に収集されたドイツ軍の砲弾の破片は、同じ人物に命中した発射物の断片として順番に並べられていた。これらの断片はみな、「別の」投射物

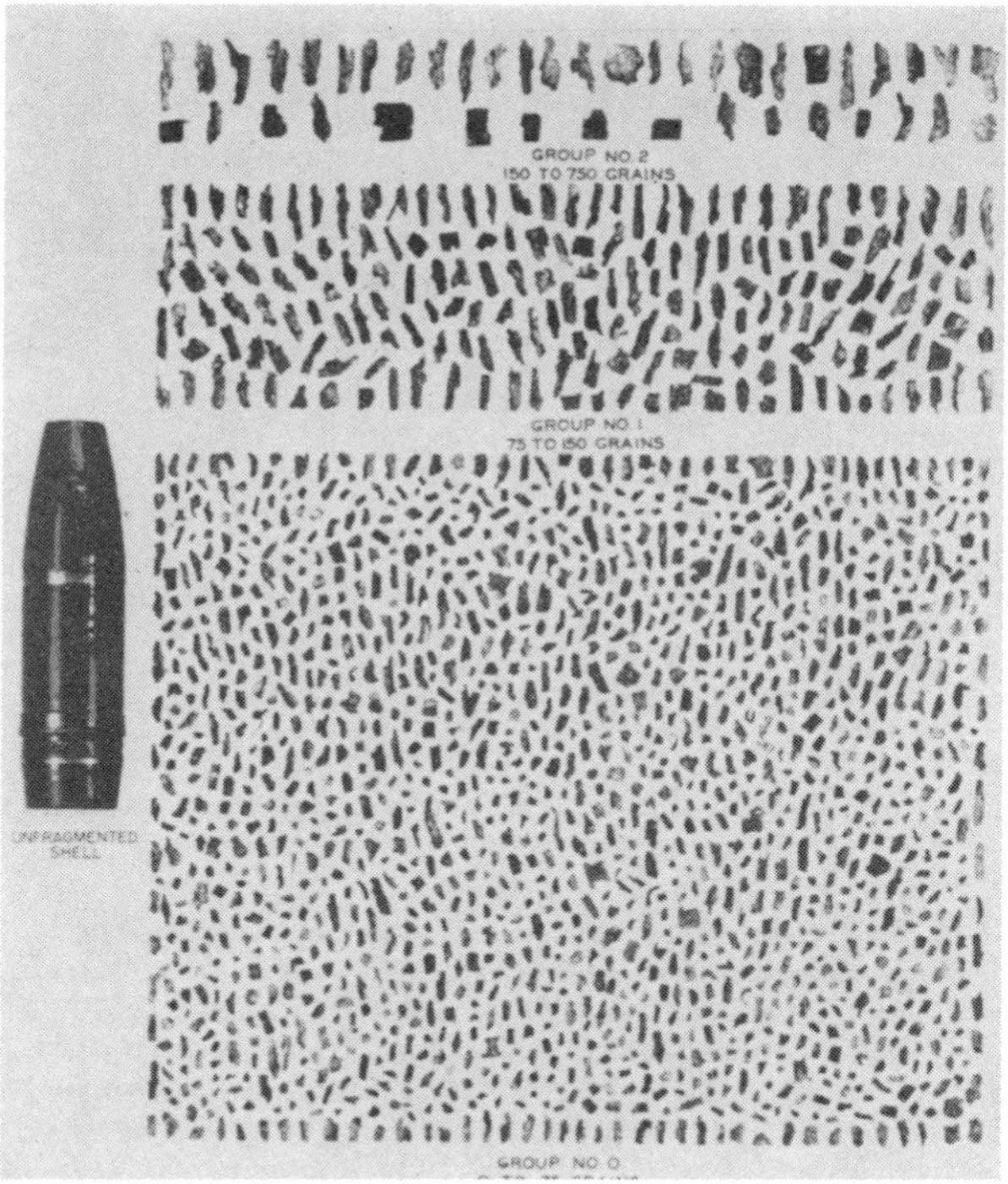

図12　回収されたドイツ軍75mm榴弾の破片の数々。その整然とした並べ方は博物学のコレクションを思わせる。［James Boyd Coates, ed., *Wound Ballistics* (Washington, D.C.: Office of the Surgeon General, Department of the Army, 1962), figure 27］

によって致命傷を負った人から発見されたものだった。これらは、副次的な発射物である。別の画像には、人間の顔の図の、アクリルガラスの破片が当たって負傷の原因となった位置に印がつけられていた(「アクリルガラスの破片による85個の傷の位置」[38])。もっと印象的な合成画像もある。砲弾の破片が原因で戦死した850人の兵士の遺体を調べ、彼らに命中した破片の解剖学的位置が、男性の人体図に重ね合わせて示されているのだ。破片の数は6003個にのぼる(図13)。この人体図のパターンから、命中すると死ぬ可能性が最も高い場所(喉の前部)が明らかになった。このようなデータは、狙撃兵や弾道学専門家が武器を開発したり、人材を育成する際の指針となる。また、戦場で使用する防弾服の開発にも重要な情報となるだろう。つまり、砲弾の破片が当たった位置を示す戦死者850人分の人体図にも、治癒する知識と傷つける知識が1枚の画像として書き込まれていたのだ。

プロコシュは、対人地雷開発史に関する説得力のある研究論文において、対人地雷における殺傷力の劇的な増大を追跡調査しているが、その具体的代表例が、1960年に陸軍によって標準化されたM18A1クレイモアである。この対人地雷は、鋼球を破片と

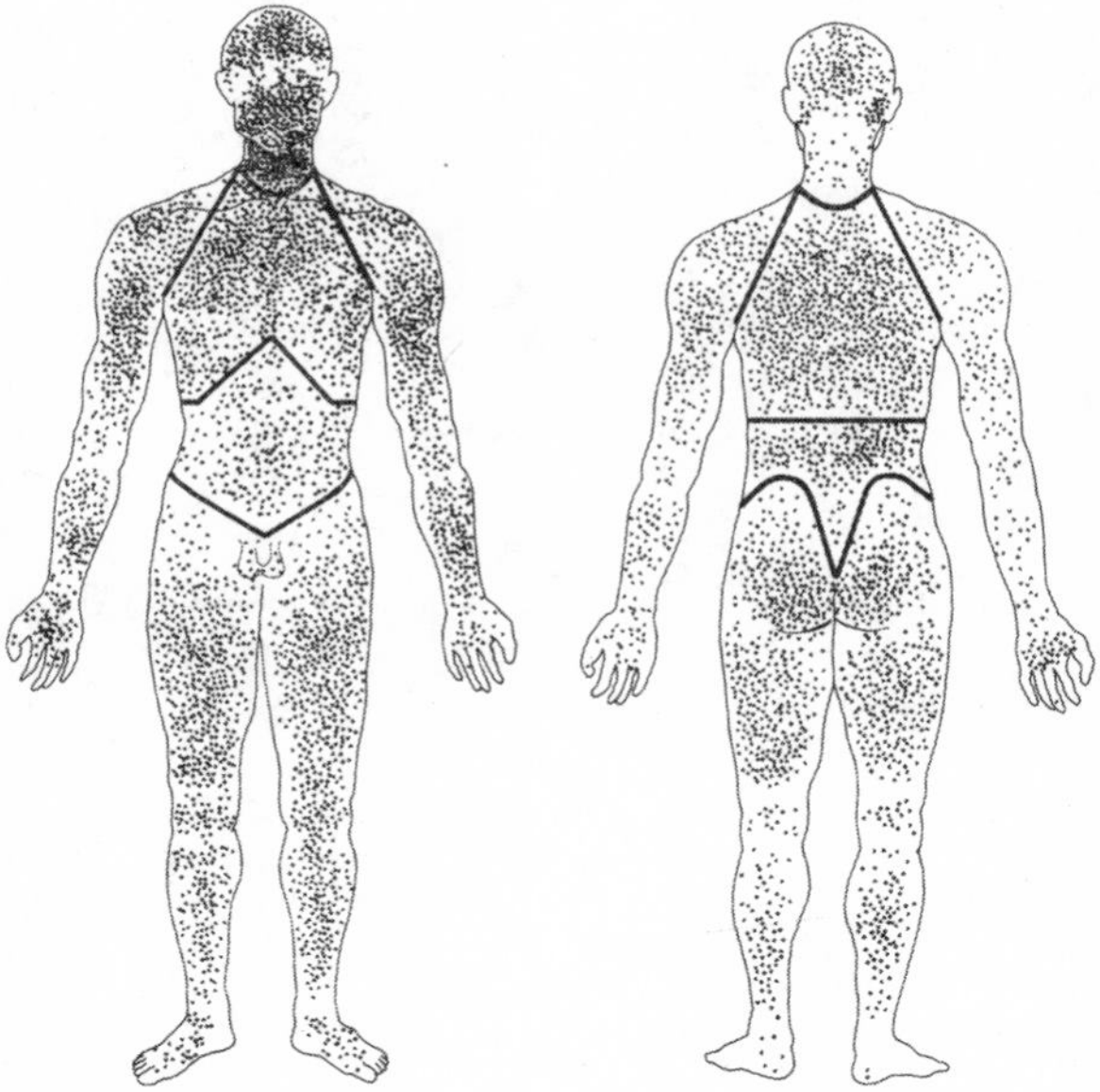

図13　弾丸6003発分の命中箇所を示す印が書き込まれた人体図（男性）。人体の脆弱箇所の目安になる。［James Boyd Coates, ed., *Wound Ballistics* (Washington, D.C.: Office of the Surgeon General, Department of the Army, 1962), appendix H, figure 1］

して使用したアメリカ初の高性能爆薬だった。クレイモア地雷は、「高い致死率」を生み出す「事前断片化」技術を使って構築されており、人体の損傷を最大化する適切なレベルで正確に爆発する。クレイモア地雷は、朝鮮戦争での経験と調査データに基づいて開発された。これは陸軍創傷弾道学調査団のフィールド研究における実用的な成果の一つである。[39]

アメリカ軍兵士の身体が知識の源となった事例は、少なくとももう一つあるが、この事例は激しい論争の的となった。「フレンドリーファイア（友軍相撃）」という用語は、実際の戦闘の文脈では、通常、自軍の砲撃や流れ弾による負傷を指す。時には敵に向けられた弾丸や爆弾に命中することもあるからだ。しかし、私はここで、この用語を別種の負傷を指す言葉として使いたい。この場合、私は（やや風変わりな方法で）、科学的、医学的、技術的な洗練によって生み出された自軍の負傷を説明するために、この概念を援用することにする。私の言うフレンドリーファイアとは、軍事的に優勢な側に特有のフレンドリーファイアであって、具体的には、科学的優位性という特権を手にしたアメリカ軍部隊におけるフレンドリーファイアである。思うに、洗練された軍隊は、その洗練さゆえに生じるリスクに直面しているのではないだろうか。

ベトナムでは１９６１～１９７１年に、オレンジ剤（オレンジ色だったのは容器の縞模様）と呼ばれる除草剤が約４５００万Ｌ使用された。今日の推定では、この約４５００万Ｌには約１７０kgのダイオキシンが含まれていた。ダイオキシンは最も危険な化学物質の一つである。

数百万人の民間ベトナム人、ベトナム戦争に参戦した数万人の各国軍兵士、数千人の作業員などの人員が、猛毒の除草剤にさらされた。森林戦対策の一環として、ベトナム全土にオレンジ剤などの除草剤が散布されたからである。長期的な健康への影響は深刻だった。

化学的除草剤の開発に対する関心は第二次世界大戦から始まった。一般的に化学工業界は雑草防除や食糧増産用の農薬の選択肢を広げようとしていたが、すべての農作物破壊技術には軍事利用の可能性があった。１９４０年代半ばには、日本の稲に効く除草剤が大量に製造されていたが、示唆的なことに、１９４５年になると、稲の破壊を心配する声が上がった。これは、アメリカが今にも日本を占領することが予想され、占領軍には現地の米が必要になるからだった。

1950年には、除草剤の国内市場は大きく成長していた。空軍はヒューズ・エアクラフト社と密かに契約し、軍事用の散布システムの設計を依頼した。ベトナムでの除草剤散布テストが最初に行われたのは1961年8月だったが、本格的な運用は1962年1月に始まった。最初期の訓練の一つは、アメリカ軍施設の周囲の木の葉にオレンジ剤を手持ちの噴霧器で散布することだった。

この大規模プロジェクトのコードネームは「ランチハンド(牧者)作戦」だった。この計画は当初から物議を醸しており、ジャングルやマングローブの生態系への影響について、科学者のあいだから懸念の声が上がった。また、たとえ戦術的目的であっても、さらには植物に対してであっても、化学兵器は一切使用すべきではないという倫理的・法的な疑念も提起された。農作物破壊計画はきわめてデリケートな問題であり、ケネディ政権は、特定の標的のそれぞれについて、直接の承認を要求することにした。一般的に畑は非戦闘員のものであり、散布は地域住民と敵兵の両方から食料を奪うことになった。ジャンヌ・マーガー・ステルマン、スティーヴン・ステルマンらの重要な研究によって散布ミッションが再現され、ダイオキシンレベルがとりわけ危険な地域がマッピングされた。飛行記録を用いた入念なアーカイブ作業と、戦時中の散布のやり方の理解に基づくステルマン夫妻の研究によれば、１９６１年から１９７１年のあいだに少なくとも１万９９０５回の出撃が確認されている。１９６６年以降はオレンジ剤に加え、パープル剤、ピンク剤、グリーン剤などの除草剤も登場した。[40]

除草剤使用に関する倫理的懸念、化学兵器とみなされる可能性についての懸念、生態系に対する影響についての懸念――アメリカの指導者たちはこうした懸念を深刻に受け止め、偽装工作を計画するほどだった。アメリカはベトナム共和国（南ベトナム）とのあいだで、除草剤がベトナム領内に入った時点で、すべての除草剤はベトナムに帰属するとする協定に署名した。除草剤の在庫管理と移送はすべてベトナム人が担当した。また、ミッションはベトナム人の要請によるものだとして、法的な問題が生じないように工夫されていた。実際にはアメリカ空軍が除草剤を散布していたが、その法律上の正式な「責任」はベトナム側にあった。散布時にはアメリカ人乗組員は軍服を着用せず、アメリカ軍航空機は取り外し可能な国籍マークをつけて任務を遂行した。すべての任務にはベトナム人乗組員が同乗していた。

こうしたすべてのことから、アメリカ当局者がこの活動の本質をいかに徹底して理解していたかがわかるだろう。オレンジ剤を積んだ航空機が墜落したこともあったし、広範囲に除草剤を散布する予定だったフライトが中止になったことは何百回にも及ぶ。中止になったフライトのうち42回は、最終的に除草剤の緊急放出を行っており、これは、積み込んだ化学物質の全量を約30秒で放出するというものだった。

1967年初頭、5000人以上の科学者が、ベトナムでのオレンジ剤の使用中止を求める請願書をジョンソン大統領に提出した。この科学者たちの行動には、アメリカ科学者連盟とアメリカ科学振興協会の後押しがあった。散布計画は1970年5月に中止された。このころには環境保護庁が国内での使用を抑制し始めており、それが空軍にオレンジ剤を兵器庫から撤去させる圧力になった。計画は急遽中止されることになったが、アメリカ国内には大量のオレンジ剤が保管されていた。空軍は、テキサス州サンアントニオ郊外のケリー空軍基地に数万ガロンのオレンジ剤を貯蔵していた。さらに、オレンジ剤を製造していた工場付近では、すでに深刻なダイオキシン汚染を被っていた。

ニュージャージー州のある地域は、アメリカで最もダイオキシン汚染の激しい地域の一つであるが、そのすべての原因は、ダイアモンド・シャムロック社がそこでオレンジ剤を製造したことにある。

除草剤の製造が始まった１９３０年代から１９４０年代にかけては、化学工業界でさえ、ダイオキシンの毒性と健康への影響を十分に理解していなかった。１９６０年代になると、各社はダイオキシンに問題があることを認識していた。１９６５年、ダウ・ケミカル社は最終生産物に含まれるダイオキシンのレベルを最小限に抑えるべく、生産ラインを1年近く停止して制御プロセスの見直しを行った。結局、何百万人もの人たちが高レベルのダイオキシンにさらされた（ベトナム人が３００～４００万人、アメリカ、オーストラリア、ニュージーランド、韓国、ベトナム各軍の兵士が数万人）。

ベトナムから帰還したアメリカ兵は、発疹、吐き気、頭痛、子どもの先天性欠損症などに苦しんだ。１９７０年代後半には、多くの帰還兵が、化学物質にさらされたことが身体の不調にかかわっているのではないかと疑い、救済を求めていた。退役軍人局は最初のうちは心理的な問題として片づけていたが、退役軍人局で働く一部の医師や職員は、オレンジ剤が原因ではないかと疑問に思い始めた。退役軍人局で働くシカゴのソーシャルワーカーのモード・デヴィクターは、彼女が目にしてきた病気とベトナムの散布地図との関連を探り始めた。彼女は、除草剤に何が含まれていたのか、それがどのようにして帰還兵を病気にさせたのかを解明しようと、化学会社の代表者に説明を求めるようになった。

退役軍人局はデヴィクターの口封じを試みたが、彼女はそれに屈せず、最終的にシカゴのテレビ局の記者に連絡をとった。1978年、CBS系列のWBBM-TVの記者ビル・カーティスがデヴィクターの主張に基づいて制作した報道番組「Agent Orange: Vietnam's Deadly Fog［オレンジ剤：ベトナムの死の霧］」が放送された。この番組によって空軍は対応を促され、翌年から研究が開始された。結局、アメリカ疾病予防管理センター（CDC）は、ベトナム戦争に従軍した退役軍人が、従軍しなかった退役軍人よりも45％高い割合で（ガンで）死亡していたことを文書化した。[41]

1991年、アメリカ連邦議会はオレンジ剤の調査研究を退役軍人局から全米科学アカデミーに移した。その目的は、物議を醸していたオレンジ剤曝露の問題を検討する場をより中立的な機関に移すことであり、また、関心領域をガンだけでなく、神経行動障害、呼吸器障害、免疫系の問題、消化器疾患、甲状腺の問題などにも拡大することだった。一方、高レベルのダイオキシンで汚染された環境下で住民が生活し続けていたベトナムでは、オレンジ剤のきわめて悲惨な影響が見られた。ベトナムでの調査は２００２年に始まった。

結局、アメリカでは集団訴訟の和解が成立したが、このことは、オレンジ剤の影響が医学研究として取り上げられたというよりも、法律によって医療問題として組み立てられたということを意味しており、科学界でオレンジ剤の影響が正式に認められたことは一度もない。ダイオキシンのメカニズムはすでに解明されているが、ベトナムではあまりに多くの軍人および民間人が高レベルのダイオキシンにさらされていたため、その影響を公式に認めるわけにはいかなかったのだ。南ベトナムが取り仕切っているかのように偽装されたミッションのように（積み荷の譲渡、マークを貼り替えた輸送用ジェット機）、長期的な健康被害は法律によって偽装され、現実を無視した負債にされているのだ。科学技術戦争において、よく見られる現実的な戦略である。

同様の事例をもう一つ挙げる。アメリカ軍は1991年の第一次湾岸戦争で、多方面からの技術的・医学的な毒性下に置かれた。それは奇妙な組み合わせだった。兵士は、戦争までの短い準備期間に複数のワクチン接種を受けた。テントには有機リン系殺虫剤が散布された。イラクの（サリン神経ガスが備蓄された）弾薬庫が爆発・炎上した際に、煙と瓦礫《がれき》に遭遇した。兵士には、神経ガスから身を守る薬が与えられた。どう見ても、準備を重ね、曝露を経験した彼らの身体は、異様なまでに技術的であり、科学的であり、サイボーグ的だった。兵士が受けたワクチンや薬は、身を守るためのものだったが、病気になるきっかけになっていた可能性も否定できない。

1990年末、70万人近くのアメリカ軍兵士がペルシア湾に派遣された。任務は、サダム・フセイン大統領のイラク軍をクウェートから追い出すことだった。この軍事作戦は迅速に行われ、広くアメリカ国民に支持された。またしても、アメリカの勝利に終わった。終戦直後の1991年3月、イラク南部の弾薬庫がアメリカの戦闘工兵によって意図的に爆破された。弾薬庫の爆破自体は、敵の資源をなくすという意味で、ごく標準的な戦略だったが、このカミシヤ弾薬庫には、サリン神経ガス（これまでに生産されたなかで最も致命的で、急速に作用する神経ガスの一つ）が備蓄されていたのだ。爆発の煙にさらされた区域にいた人は、サリン神経ガスの発火性有毒生成物に、濃度の差はあれ、ほぼ確実にさらされた[42]。

湾岸戦争症候群のその後は、おなじみの軌跡をたどる。1996年の時点で、第一次湾岸戦争帰還兵70万人のうちの約10万人が、さまざまな医学的問題を報告していた。彼らは、胃腸障害、奇形児、慢性疲労症候群、記憶喪失、自己免疫疾患、複視、関節痛などの症状を抱えていた。湾岸戦争症候群は現在では湾岸戦争病と呼ばれ、従軍した69万7000人の帰還兵のうち約25万人が罹患している。この病気の定義と症状は、時間とともに変化している。2014年、退役軍人省の湾岸戦争帰還兵の病気に関する研究諮問委員会は、この病気を、疲労、痛み、神経学的または認知的な問題、胃腸の問題、皮膚・呼吸器の問題と定義した。CDCの定義では、上記に加え、鼻づまりと過剰な腸内ガスが追加されている。多くの研究によって、湾岸戦争帰還兵は、非派遣の湾岸戦争退役軍人やほかの対照群に比べて、そうした症状の有病率が高いことが示されているが、この病気の分類は依然として論争の的となっている[43]。

帰還兵は何十年ものあいだ、退役軍人局の医師や退役軍人問題委員会の科学者から、現在抱えている問題は心理的なものであり、戦時中のストレスの結果であるとか、以前からの精神疾患であるといわれてきた。1997年、国防総省は、イラクの弾薬庫が爆破されたとき、10万人のアメリカ軍兵士が神経ガスにさらされた可能性があると認めた。お決まりのパターンとして、1998年には、アメリカ科学アカデミーの医学研究所が設置した新しい科学者パネルが、神経毒曝露と帰還兵の病気との関連性にも疑念を投げかけた。2002年、退役軍人省によって任命された新たな専門家は、湾岸戦争帰還兵は、ペルシア湾には行かずに退役した軍人に比べて、病気になるリスクが2倍になることを明らかにした。

湾岸戦争症候群については多くの文献があり、長大な科学報告書が何本も書かれている。これらの報告書には技術的詳細が記載されており、その根底には、機関の適切な役割、生物学的証拠の性質、責任とリスクの問題などについての仮定と価値観が潜んでいる。どれも議論百出が確実な難問揃いである。ほかの多くの複雑な病状と同じく、湾岸戦争症候群は境界線上の空間を占めている。弾薬庫の爆撃によって生じたのであれば、それは科学技術戦争の結果である。そして、それを生み出したのと同じ知識生産システムが、今、その存在を証明する役割を担っているのだ。

ある意味、軍事医学史は厄介な分野である。医学史家はこれまで一貫して、戦争中の健康問題にはあまり関心を示してこなかった。２０１５年、当時のアメリカ医学史学会の会長マーガレット・ハンフリーズは、医学史家の多くが事実上戦争を無視してきたと述べている。彼女は、医学における思考や治療の物語は「戦争が勃発する」までしか進展しないという慣習を指摘した。

戦争が始まると、それがどのような戦争だったとしても、その時点で物語は終了してしまうのだ。

軍事医学、外傷、医療と障害、戦争などの歴史については優れた研究があり、特にシェルショックと戦闘外傷に関してはそうである。この章で述べてきたように、少なくとも20世紀においては、実際に戦闘が行われている戦場は、途方もないエネルギーと生産性をもつ医学研究のホットスポットだった。こうした戦場におけるさまざまな発見によって、救急医療、外傷、外科、ショック治療をはじめとする多くの分野に変革がもたらされた。軍の資金援助によって重要な医学研究が進められ、緊急治療室に運び込まれるほかないような人たちに利益をもたらした事例も少なくない。

また、近代戦における医学的影響は、2通りの意味で科学技術的性格をもつことをしっかり認識すべきである。まず、化学、物理学、数学といった科学分野がつくり出した、工業化・科学化された戦争の結果であること。そして、統計学者、医師、疫学者、遺伝学者その他の科学者の努力によって特徴づけられ、抑制・管理されていることである。後者の科学者は、戦争の影響の証拠を提供する。場合によっては、条件が妥当かどうか、現実的かどうか、生物学的かどうかの判断を求められる。

実験室での損傷の生産と戦場での損傷の生産は、これまでに何度も近代科学技術戦争のこの二つの次元を融合させてきた。戦場をはじめとするフィールド研究では、治癒に関する知識と負傷に関する知識が同時に機能するのだ。

最後にもう一つ例を挙げよう。1948年1月、あるフィールド調査プロジェクトのために、暑熱馴化《じゅんか》した32人の兵士がフロリダ州のマクディル空軍基地からカナダのマニトバ州のキャンプ・シャイローに送られてきた。このプロジェクトの目的は、厳しい寒さが代謝、必要栄養量、副腎系に及ぼす影響を調べることだった。マイナス37℃の自然環境下で、兵士たちは12日間にわたり、カロリー摂取量を制限された。フィールド調査地には、人里を離れ、風を遮るものが何もない荒涼とした土地が意図的に選ばれた。尿と血液がモニター機器でチェックされた。寝泊まりはテントだったが、防寒具は標準的なものしかなかった。兵士は８人ずつ四つのグループに分けられ、各グループは異なる食糧の配給を受けた。「最後の数日における観測の継続性と信頼性を確保するための心理的戦略として、被験者およびスタッフは、早ければ14日後に『救出される』と信じ込まされていた」。しかし実際には、12日目の夜に突然救出され、すぐにキャンプ・シャイローの暖房の効いた建物に運ばれた。この実験の報告書は、『アメリカ軍メディカル・ジャーナル』（1950年）に掲載されている。

これは、兵士の身体が極端な寒さと限られた食事摂取量という状況下でどのように機能するかを調べるために、実験的に損傷の生産が行われた典型的な例だった。この実験では、飢餓、寒さ、心理的ストレスの限界をテストするために人体に強制的に負荷がかけられ、さらには、最後の数日間の結果が「救出」の期待に影響されて不自然なものにならないように、ちょっとした小細工さえ使われた。

本章は、イレーヌ・スキャリーの研究を大いに参考にしている。スキャリーは戦争描写に使われる言葉について探究してきた文学研究者である。彼女によれば、軍事行動は、形式的には政治的、外交的、道徳的な目的のために行われるものであることは事実であるが、その行動自体は人体の損傷を生み出すことを意図しているという。スキャリーは、研究書『痛みに悶える身体：世界の創造と破壊』（1985年）において、「損傷は、ありとあらゆる戦略を通して、また武器の一つひとつを通して意図的に生み出されるものである。つまり、別の何かを生み出す過程で不用意に生み出されるものではなく、軍事活動全般の無慈悲な目的である」と述べている。[44]彼女によれば、技術力、たとえば特定のヘリコプターのホバリング能力の記述は、本質的にはそのヘリコプターがもつ、損傷を与える力を評価するものである。ヘリコプターの場合なら、評価項目には、敵を見つける能力、敵に接近・到達する能力、敵に被害を与える能力、さらには、ヘリコプターの乗組員の相対的安全性や、即座に（あるいは近い将来に）敵を傷つけ続ける能力などが含まれているはずだ。

損傷した身体は戦争の「副産物」であるという一般的な考えに関して、スキャリーははっきりと重要な問題を提起している。戦争では民間人の負傷が「副産物」（付随被害）という言葉で表現されることが多いが、このことは、その負傷が偶発的であり、意図的ではないことを示唆している。しかし、戦争におけるあらゆる死は、敵味方を問わず、また軍事活動を通じて求められていたものが何だったにせよ、間違いなく有用なものだ。彼女によれば、人間社会では死の使い道がいくつもあり、戦争においては死が必要不可欠であるという。兵士は、自分が招集されたのはこの使い道であることを承知のうえで招集に応じたのであり、彼らは国のために死ぬか、国のために殺すかのどちらかの運命にあることを理解している。結局、あらゆる死は勝者側の信念を正当化するものだとスキャリーは言う。戦争が終わってしまえば、死という身体の変質はもはや敵味方どちらかのものではなく、戦争そのものに属するものであるように見える。

スキャリーは、実に説得力のあるやり方で、戦争には現実と虚構が単純かつ驚くべき方法で混ざり合っている、と書いている。痛みに悶える身体、重傷を負った身体、処理に困る死体。こうした身体のリアリティは、その源から切り離され、イデオロギーや論争、政治的権威の事例などに取り込まれる。国際問題を、歌合戦やチェスではなく、戦争によって解決することの明快な利点は、これといってない。ただし、その結果の正当性は戦争が終わった後も生き残る。なぜなら、スキャリーが言うように、あまりに多くの戦争参加者が参加という永遠の行為のなかで凍りついているからである。この「参加」とは、参加者自身の死や負傷の身体的性質を意味する。勝利した側は、「傷つき、露わにされた多数の人体の物質的重み」によって、物質的事実の力と地位を一時的に獲得する。[45]スキャリーの損傷とその有用性に対する関心は、科学技術と損傷両方の大量生産によって提起された問題の一部を表しているのだ。

本章で示してきたように、20世紀に人間の身体は戦場となった。科学研究に現れる人体は、武器であると同時に標的でもあった。それは脆弱であるばかりでなく、順応性・柔軟性に富むものでもあった。人体の限界は、さまざまな環境(空中、極寒、イタリア戦線でのショック状態)のなかで検証された。20世紀の人体の損傷は、科学と政治の両方における重要な「証拠」の一つとなった。スキャリーが示したように、損傷した身体は勝利または敗北の証拠になる。また、身体の極限を示す科学的証拠でもある。戦争にかかわる人間の極限を研究する生物医学においては、「治す」ためでもあり「傷つける」ためでもあるという、知識の相互的特徴が顕著に示されている。

第7章
心という戦場

広報・プロパガンダの専門家エドワード・バーネイズは、有名な論文「説得工学」(1947年)のなかで、コミュニケーションネットワークが世界を縮小させつつあると述べている。「アメリカの目と耳には言葉が絶え間なく叩き込まれている」と彼は言う。アメリカは「一つのささやき声が何千倍にも増幅される小部屋」になっていたのである。[1]この見解は、10年、20年と時が経つにつれ、いっそう説得力を増していった。

バーネイズは、(自らそのことを強調していたように)ジークムント・フロイトの二重の甥だった(母がフロイトの妹で、父がフロイトの妻の兄)。ウィーンで生まれ、幼少期にニューヨークに移住したバーネイズは、叔父の思想を参考にしながら、広報・プロパガンダ分野で最も成功した重要な推進者の一人になった。バーネイズの手法と戦略は、ナチスのプロパガンダ機関だけでなく、第二次世界大戦、朝鮮戦争、さらにはベトナム戦争を通して、アメリカ国民の士気管理にも影響を与えた。[2]

一般的に、バーネイズは冷笑的で道徳にとらわれず、たとえ間違ったことや危険なことであっても、人を説得することに喜びを感じる人物だと見られていたが、それでも世間に認められるようになり、のちには、能力と影響力を兼ね備えた重要人物として知られるようになった。『世論の結晶』（１９２３年）には、内面生活についての心理学的な考え方を利用して、意識下の欲望をかきたてる方法が述べられている。あからさまに言うと拒否されるようなことでも、イメージやほのめかし、婉曲的表現などを使って、それとはわからないように表現すれば、意識下の欲望を操作できるというのだ。バーネイズによれば、民衆を説得するには彼らの思考法を理解する必要がある。民衆は、明晰な思考をしているわけではないのだ。一般市民にとっては、「自分自身の心が自分と事実とのあいだに立ちはだかる最大の障壁である。〔中略〕自分を絶対視しているので、集団行動の観点からではなく、経験や思考に基づいて物を見ることができなくなっている」と彼は説明する。[3]

バーネイズは、プロパガンダにはリスクがつきものだということに気づいていた。１９４２年には、一般大衆への訴えは、偏見や憎悪、満たされない欲望をかきたてかねないと指摘している。「戦後の心理的・経済的な先行き不安を背景に、無節操な指導者がシンボルを操作したことで、１９２０～１９３０年代に何百万もの人たちが新しい指導者やイデオロギーに従うようになった」。共産党、ナチ党、ファシスト党の台頭は、このシンボル操作によって「目に見えて」加速した。「ヒトラーはシンボルを活用した。ヒトラー式敬礼は政治的シンボルなのだ」。バーネイズによれば、ナチスは「脅迫、威嚇、検閲」を使って「全体主義的残虐性」を全国に浸透させた[4]。ナチスドイツでは、国家の祝日や祭りのようなものでさえ、党の必要性や優先度を基準に考えられていた。「ここには、士気高揚に対する全体主義的な神聖視があり、それは攻撃と防御の両面における心理戦として実行された。虚偽と扇動に満ちたものではあったが、ナチスだけがこのような事前の士気高揚を国内で実践していたのである」。ナチスは海外でもプロパガンダ戦略を推し進めており、バーネイズはそれを「恐怖戦略」と呼んでいる[5]。

バーネイズに限らず、20世紀の多くの思想家が、大衆文化、ナショナリズム、戦争、プロパガンダなどを何とか受け入れようと努力してきた。彼らの思想は、1900年以降におけるコミュニケーションの新しい公共景観の反映である。識字能力の研究者によれば、1820年には世界の約12％の人々に読む能力があったと推定されている（ヨーロッパはそれよりも高く、約50％だった）。1900年には、89％のアメリカ人が読む能力があると自認していた[6]。アメリカでは1910年ごろから高校教育を受ける人が増加したことで、子が親よりも高学歴になるケースが増え、予想外の形で家族の力学が変化しつつあった。一方、ラジオによる音声放送は１９１０年代に始まった。最初は天気予報ばかりだったが、１９２０年には、ニュース、教育、音楽、演芸などの番組も提供されるようになっていた。１９２９年に世界恐慌が始まると、多くの家庭がフランクリン・ルーズベルト大統領が語りかける「炉辺談話《ろへんだんわ》」に耳を傾け、ラジオを通して世界恐慌を体験・理解した。１９３０年代に入ると、世界の物騒な出来事や次の戦争の兆しに関する情報がラジオニュースで流された。ラジオは、狭い地域社会とのつながりしかなかった家庭を世界に結びつけることになった。１９６０年代のテレビや１９９０年代のインターネットのように、ラジオは増え続ける世界中の視聴者のもとに、遠い場所で起こった出来事に関する情報が伝わる速度を変えたのである。

バーネイズらは、この新しい大衆に、ある特定の形態の政治的・経済的・軍事的な力が潜んでいることに気がついた。１９１９年、心理学者のＧ・スタンリー・ホールは、第一次世界大戦の残酷な結末を調査し、「大局的に見れば、あらゆる戦争において心理的な力が主要な役割を果たしている」と記している。[7] 第一次世界大戦時のプロパガンダ専門家として有名な社会学者ジョージ・クリールが述べたように、戦争には「人員の動員に劣らず、国家の精神が動員されなければならない」[8]。政治学者のハロルド・ラスウェルは、民主国家は「情報弱者の国民をコントロールし続けるためにプロパガンダを必要とする」と述べ、戦時中にそのための一連の戦略を公表した。そこには、「敵の悪行の例を挙げて、戦争の責任は敵にあるという国民の信念を強化する」とか、「好ましくないニュースは実は敵の嘘であると国民に信じ込ませる。これにより、不和と敗北主義を防げる」といった戦略が含まれていた[9]。

このような考え方によって、あらゆる人間の心は弱体化され、勧誘を受けて入隊するような潜在的な前哨基地(一つの軍事空間)になった。第二次世界大戦で連合国空軍が繰り返し行った「無差別爆撃(恐怖爆撃)」は、敵民間人の脳裏に、その攻撃によって自分の国が崩壊するかもしれないという心理(恐怖)を刻み込んだ。1950年代の「洗脳」においては、身体と心の徹底的な分離の可能性が想像されていた。外見からはアメリカ人捕虜にしか見えない人物が、アイデンティティと身体をともに偽装した中国共産党のスパイである可能性もあったのだ。プロパガンダやコミュニケーションの研究者は、洗脳の影響がどのように働き、それがどれほど強力になり得るのかを定量的に追跡し、暴力的紛争の指揮と戦略における洗脳の機能について探究した。人類学者も「文化」の統制に取り組み、孤立した集団を消費者として、また「自由」の同盟者として「現代」に引き入れるプロジェクトを進めていた。彼らは孤立した「未開人」の心を、アメリカ（および他の大国）の権力のための資源として構築したのである。心を戦場として構築した科学は、心理状態を国防資源と解釈した。心を変えることが重要な国家プロジェクトとなり、プロパガンダ、コミュニケーション、心理戦、洗脳やマインドコントロール、権威への服従などについての科学的・社会科学的研究は、しばしば軍からの資金援助を受けた（特に１９４０年代から１９８０年代までの、冷戦時代にほぼ重なる期間）。研究の目的の多くは、経済や政治的関係を統制するための手段として、感情や思考を科学的にコントロールする方法を確立することにあった。こうした研究によって、心は科学技術戦争のきわめて重要な戦場になったのである。

個人のアイデンティティは安定しており、そう簡単に壊れるものではないと考えている人がほとんどだろうが、実際には、心理学、精神医学、人類学、そして政治学でさえ、過去1世紀にわたって、アイデンティティという不安定で操作されやすい概念に翻弄されてきた。これらの分野の専門家は、人間の心を可塑的で順応性のあるものに変えるいくつかの要素に気づいた。彼らは、この可塑性を政治や経済、軍事に利用する方法についての説明書をつくりさえした。これまでの研究によれば、主観的には、アイデンティティは堅固で不可欠な自己の核のように感じられるかもしれないが、強制的な感覚遮断、孤立、飢餓、操作、あるいは訓練、近代化、経済成長といった状況下では、置き去りにされる可能性があるとされる。

さらに、こうした方法は一種の兵器として使われる可能性がある。心理戦は、言葉や議論、イメージやプロパガンダを用いて、その作業の大半を完遂する。第一次世界大戦の初期には、敵兵に投降を促すビラがばら撒かれたが、これは効果的な心理戦の一形態だった。その後、先進国では心理戦に関する多くの軍事的研究計画が立てられ、そこに社会科学者が招き入れられた。クラウゼヴィッツの言うように、戦争がほかの手段による政治であるとすれば、プロパガンダはほかの手段による戦争ということになるだろう。

一般には、心理学、社会学、政治学、人類学といった「ソフトサイエンス」は地位が低く、自然や社会についての信頼できる法則やルールを引き出すことができない学問分野だと考えられている。だから、心理学やその他の社会科学が軍事的ニーズに実用的に応用されることは、一部の科学分野で実用的な応用がステータスの高さと結びついていたこともあって、実践的社会科学者にとっては魅力的なことだった。物理学者は原爆を開発したことで利益を得た。だとすれば、社会科学にも同じことが可能なのではないか。20世紀の主要な社会科学者の多くは心理戦研究計画や国防的ニーズに何らかの形で関与しており、敵や味方の意見や見解、忠誠心を左右するために利用できそうな研究には、軍が資金を援助していた。そして、アメリカでは、ＣＩＡがコミュニケーションと心理学の研究における重要な資金源となった[10]。

この研究の大部分は、軍事化された知識の「薄明かり」のなかで構想された。つまり、多くの社会科学プロジェクトにおいては、秘密の目的のために得られた知識も共有・公開されることがあったが、プロジェクトの起源が国防プロジェクトだということは秘匿されたのだ。プロジェクトの成果である科学論文は、公開されたものであると同時に秘密のものでもあった。ジョイ・ローデが国防総省の社会科学プログラムに関する研究で明らかに示したように、研究者は、自分たちの研究に関する公的な報告書と私的な、あるいは秘密の報告書の両方をもっていることが多かった。この両方は必ずしも矛盾するものではなく、単に別のものというだけだった。[11] また、クリストファー・シンプソンは、『圧政の科学』において、コミュニケーション論や政治学の研究で見られる、ごちゃ混ぜで絡み合った性質を見事に描き出している。こうした分野の学者は、自分の研究成果が軍の資金援助に基づくものだという事実を隠すのが常だった。CIAや国防総省の資金援助をもとに実を結んだ研究成果は、秘密の国防報告書として出版されたのち、国防関連の起源や目的を抹消したうえで、中立的で学術的な社会科学研究として再利用された。その際、文章を書き直したり、プロジェクト名を一般公開用につけ替えたりして、軍部とのかかわりをわからなくすることが多かった。そして、このような学術界の体質のせいもあって、防衛関係者とのかかわりの妥当性や倫理性に疑問を抱くような考え方をする学者は、この分野から排除されていった。[12]

こうした冷戦時代の公開科学データの性質（公に知られてはいるが、その起源がはっきりとしなかったり、隠蔽されたり、曖昧にされたりしているもの）は、ほかの多くの科学分野にも存在していた。そういうこともあり、知識生産一般における軍事利益の影響は、これまであまり検証されず、理解もされてこなかった。つまり、不可視的存在であることを運命づけられていたのだ。国防がらみの仕事は、純粋な知識の追究と矛盾するように見えることがあったからである。[13]

おそらく、社会科学はこのような混合の影響を受けやすかったのだ。

初期のプロパガンダにおいて、バーネイズはひときわ力のある人物だった。彼は、自分の目的のためにコミュニティの指導者たちを結集させてしまうことで有名だった。その目的が、ラッキーストライクのタバコであろうと、アイボリー石鹸であろうと変わりはなかった。アメリカンタバコ社の仕事では、医師を丸め込んで、喫煙は健康によいという研究結果を公表させた。バーネイズの仕事でよく知られているのが、女性に喫煙を勧めるキャンペーンである。当時は、女性の喫煙が社会的に許容されていなかったのだ。このキャンペーンは、１９２８年に請け負ったタバコ案件の一環として行われた。タバコ市場を拡大するために、バーネイズは直接的な売り文句は二の次にし、代わりに

「自由」を全面に押し出した。女性にとってラッキーストライクは自由の一つの形だと訴えたのだ。ラリー・タイが指摘したように、第一次世界大戦までは、「消費者の嗜好の変化に合わせて企業が製品ラインや売り文句を変更するというパターンが多かったが、バーネイズは、やり方次第で消費者自身が調整を行うように仕向けられると考えていた」。バーネイズは、女性の恐怖や欲望を探るために心理学者に相談し、次に喫煙の利点について証言してもらうために、医学の専門家やメディア界のスターのような「オピニオンリーダー」に協力を求めた。さらに、ホテルに対して夕食のメニューにタバコを追加してもらえないかと頼んだり、喫煙は女性を「過食の危険」から救うと訴えたりもした。[14]

こうした回りくどくて焦点の定まらない売り文句には、問題もあった。仮に、首尾よく女性にタバコを吸わせることができたとしても、そのタバコの銘柄がラッキーストライクだという保証はどこにあるだろうか。当時のラッキーストライクは緑と赤のパッケージだったが、バーネイズ自身の調査によると、女性はその配色を嫌っていたという。アメリカンタバコの社長が色やデザインの変更を拒否したため、バーネイズは緑色のイメージ向上に乗り出した。美術の教授や服飾デザイナー、社交界のマダムたちを仲間に引き入れ、彼のキャンペーンは、大々的に宣伝された豪華な「グリーンボール（緑の舞踏会）」で最高潮に達した。

効果はあったのだろうか。バーネイズはあったと考えていた。その年、アメリカンタバコ社の収益は３２００万ドル増加した。バーネイズは、ほかの同業者と同じく、「真実」自体にはほとんど興味をもっていなかった。真実とは道具にすぎず、製品を購入してもらったり、方針を支持してもらったりするための説得材料として、発見したり考案したりするものだった。彼の目的は、欲望を活性化させ、操作することだった。バーネイズは、「説得工学」において、知略と説得術に長けた専門家が世論を密かに誘導すれば、同意を操作できると述べている。彼にとって社会秩序とは、操作レバーの位置さえわかれば制御できる予測可能な機械のようなものだった。バーネイズが１９２８年の著書『プロパガンダ』で説明しているように、「政治の世界であれビジネスの世界であれ、社会的行動であれ倫理的思考であれ、日々の暮らしのほぼすべての行為において、われわれはごく限られた一部の人たちに支配されている。〔中略〕彼らは、大衆の精神的プロセスや社会的パターンを熟知しているのだ」。バーネイズは自分を少数精鋭の「熟知している」側の人間だと考えていた。[15]

バーネイズの伝統を受け継ぎ、フロイト思想に多大な影響を受けた政治学者のハロルド・ラスウェルは、20世紀半ばのアメリカにおけるプロパガンダ論に重要な役割を果たすようになった。第二次世界大戦中、ラスウェルはアメリカ議会図書館内に設置された戦時コミュニケーション研究実験部の主任を務めた。これはロックフェラー財団の助成金によって運営されていたグループである。ラスウェルはまた、コミュニケーション研究を一つの学問分野として発展させるため、学際的な研究者グループの創設にも尽力した。このグループは、人間の動機づけや説得に関する洞察を得られる行動科学の力と重要性を強調していた。[16]

戦後、ラスウェルは有名なシンクタンクのフーバー研究所とランド社で、シンボルやプロパガンダの研究を続けた。長年にわたる研究を通して、彼は、民主主義にはプロパガンダが必要だと論じた。公共政策の決定は知力に優れた精鋭のエリートが行うべきであり、エリートは、さまざまなコミュニケーションツールを駆使して、その決定が正しいことを国民に納得させればよいというのだ。「われわれは、自分の利益を判断するのに最適な人物は自分であるというような民主主義的な独断論は脇に置かなければならない」。このようなアドバイスは、戦時中にはとりわけ重要だった。戦時中、アメリカは戦争の原因を常に敵のせいにし、歴史と神の名のもとに統一と勝利を主張していたからだ。

ラスウェルによれば、ドイツにおけるナチズムの台頭のような重大事件は、心理学の理論を援用することによってのみ理解できるという。彼は、『精神病理学と政治』において、人は論理に従って行動するわけではないと述べている。民衆は自分が最も得をするように行動をするものだという大前提自体が間違っており、自分にとって最も大事なものを損なうような政策を支持する可能性もあるし、実際にそうしてきたのだと彼は言う。そして、このようなことが起こるのは、とりわけ危機的状況にあっては、データや理性ではなく、感情操作やシンボル操作に民衆が影響を受けるからだとする。個人が原始的衝動に屈した際に発動するこうしたダイナミクスは、フロイト思想の「イド（エス）」「自我」「超自我」という概念によって説明することができる。[17]

ラスウェルが思い描いた有権者は、民主的討議に参加する思慮深い人物ではなく、夢遊病者だったのだ。有権者はきちんと考えられるように導いてもらう必要があった。自分だけでは感情にとらわれてしまうからだ。ラスウェルによれば、民主主義社会においては、ホワイトプロパガンダ（説得）が完全に正当なものであるのに対し、ブラックプロパガンダはそうではない。これは、偽の情報源を使って何かを提示することであり、たとえば、情報源が実際には政府のスパイからお金をもらっているのに、政府に批判的な人からの情報であるかのように見せかけることである。しかし、プロパガンダの最も一般的な形態は、開示性と虚報が入り混じった「グレー」なものだという。[18] グレープロパガンダは、たとえば「自由」といった、理性や思考を素通りさせるような題目を掲げることによって効果を発揮する。過度に単純化したり、「一般人」へのアピールになるような、徳目についての曖昧な言葉遣いも効果的であるとラスウェルは述べる。また、ステレオタイプ、スケープゴート、よく知られたキャッチフレーズなどがプロパガンダに利用されることもあった。ラスウェルが指摘するように、公然と認められた前提よりも、暗黙の前提のほうが、効果的で説得力が増すことがある。つまり、はっきり明言されれば拒否される考えでも、さり気なくほのめかされれば受け入れられることがあるのだ。

多くのコミュニケーション学者や政治学者と同様に、ラスウェルも1950年代から1960年代にかけて、CIAから研究のための資金援助を受けていた。CIAはMITの国際研究センターを全面的に支援しており、MITの研究チームに対しては、機密版と非機密版という2通りの研究書の出版を支援した。また、国際研究センターを通してほかの機関の研究者への支援も行っており、たとえば、フォード財団はMITその他の研究者にCIAの資金を提供していた[19]。

こうしたネットワークは、心理戦とコミュニケーション研究における開示性と秘匿性の興味深い組み合わせを示している。CIAは、自分たちが資金援助しているコミュニケーション研究に対する世間の反応を気にして、その支援経路を偽装していた。フォード財団のような一見中立的で自律的な組織からの資金提供は、関係する研究者とCIA自体の両方を保護していたのだ。

もちろん、多くの科学分野では、公然と軍部から資金を提供してもらっていた。物理学、生物学、化学、さらには人類学の学者も軍関連の支援を受けていた。具体的には、海軍研究局（海洋学の重要な支援機関）や原子力委員会（名目上は民間機関だが、国の核兵器計画を担当しており、環境学や生物学の研究を大規模に支援していた）などがそうだ。[20]一方、ＣＩＡは秘密主義的だったので、学者たちは、ＣＩＡの支援が明るみに出ると自分たちの研究の正当性が疑問視されるのではないかと危惧した。

心理学・コミュニケーション論の研究者ハドリー・キャントリルは、１９３０年代後半、有名なプリンストン・ラジオ調査プロジェクトの副責任者として、基本的にはＣＩＡのための放送サービスを行っていた。気骨ある科学者として知られるキャントリルは、コミュニケーション論やデータ調査の成果を収集し、体系的に評価しようとした最初の人物である。彼が世界各地で行った世論調査は、20年以上にわたって世論に関する国際研究の基準となった。当時の学者の例に漏れず、キャントリルも、アメリカは世界中のすべての人を一刻も早く現代資本主義経済に引き入れる努力をするべきだと考えていた。西側の内政干渉的開発政策を支持するキャントリルにとって、それに対する知的に有効な批判などあり得なかった。誰もが大量生産品の消費者になることを望んでいるはずだというのは西側陣営の思い込みにすぎないが、彼には、この真っ当な疑問など眼中になかったのである。資本主義は本質的に善であり、世界中の民族グループにとっては、現状がどうであれ、それこそが唯一の正解だった。[21]

この考えは、時には破壊的な方法で何十年にもわたってアメリカの政策を導いてきたもので、貧しい世界の孤立した人間集団に対して、特定の暴力をともなって展開された。これは戦争の一形態であり、その経済的・社会的な目的は、アメリカのエリート的価値観や信念を特権化することだった。戦争の支持や選挙の投票、あるいはタバコの購入や美容製品の使用に関して、民衆を意のままに説得することが可能なら、革命的な共産主義者ではなく、現代的・資本主義的・民主的な国民になるようにと説得することも可能ではないか。かつて第三世界と呼ばれていた地域における扇動者や過激派の活動の阻止には、多くの科学分野がかかわっていた。アメリカは、伝統社会の（素朴で貧しい）人たちが、急進的民族主義者や社会主義者、過激派らの訴えに簡単になびいてしまうのではないかと危惧していたのだ。[22]だからこそ、かなり強硬な手段を用いてでも、彼らを資本主義に引き込むことが重要とされた。

ブラジル、ソ連、ペルー、インド、中国など多くの国家が、実際には多様性に富む多言語国家だった。こうした国々は、複数の地域、文化、言語が寄り集まって一つの国家を構成しているが、土地請求権、農業習慣、宗教的伝統、言語、社会組織などはそれぞれ独自のままだった。こうした多様な民族集団が、どうして20世紀の現代国家に忠誠を誓えるというのだろうか。人類学者なら、その違いを研究し、その影響を計算して、解決策を提示することができるかもしれなかった。

アメリカには歴史的に、オーストラリアなどその他の多くの地域と同様に、先住民を管理するための懲罰的な習慣(殺害を含む)があった。しかし、あからさまな暴力的文化抹殺政策や大量虐殺政策は、1945年以降、一般的に人権侵害と理解されるようになった。ビコスにおけるコーネル大学ペルー計画をはじめとする地域開発プロジェクトの目的は、先住民グループを現代化するための慈悲深い手順を確立することだった。コーネル大学チームは、ペルー政府の当局者に、ほかの地域にも適用でき、迅速で費用もあまりかからない文化変革のための青写真を提供することを約束した。続いて、大学はそのプロセスを文書化し、「停滞した」生活スタイルによって経済成長を阻害している「後進的な」人たちに適用できる計画を練り上げた。

ビコス計画は、こうしたアイデアを孤立した貧しい地域に適用したフィールド実験であり、当時の社会科学開発計画のなかでもとりわけ有名で、かなりの注目を浴びたが、同時に批判も浴びた。ペルーの「インディオ問題」は、何百万人もの貧しい先住民をいかにして現代国家に組み入れるかに焦点が当てられており、ビコスでの取り組みは、その方法のモデルを提供するものと考えられていた。

ジェイソン・プリビルスキーは、ビコス計画に関する説得力のある論文で、このプロジェクトが現地でどのように進められていったのかを実践的な観点から探っている。[23] １９５２～１９６６年に実施されたコーネル大学ペルー計画は、社会変革を応用した現代化実験だった。２２５０人の先住民を研究対象とし、ペルーの高地を社会科学の実験室にした。コーネル大学チームは、ビコスの地域社会に新しい農作物、農薬、ＤＤＴ、現代的な診療所、新しいトイレをもたらした。このプロジェクトはまた、現代の科学と医学に対する信頼、土着の治療師の拒絶、消費主義といった新しい価値観を奨励した。さらに約束通り、そこで生じた社会変革の観察・記録・分析が行われた。

一般的には、孤立したグループを「石器時代から原子力時代」へと移行させた大胆な社会実験とみなされていたが、ビコスは広く非難を浴びもした。ペルーでは、それを先住民を取り込み、物質財や資本主義的価値観への社会的教化を通して社会主義革命を阻止しようとする努力とみなす者もいた。

このプロジェクトを主導したコーネル大学の人類学者アラン・ホルムバーグは、1955年、スタンフォード大学行動科学先端研究センターの名誉ある特別研究員を務めることになり、そこで彼は、アメリカの国益を世界に広めるために活動していた社会科学者のネットワークに出会った。そのなかには、CIAが資金提供するMITの国際研究センターに務めていた政治学者ハロルド・ラスウェルや、シンクタンクのランド研究所で防空システムにおける人為的ミスを減らす方法を研究していた心理学者ジョン・L・ケネディらがいた。ホルムバーグは現代化を反共産主義の好機と捉え始めていたところだったため、この二人との議論は、ビコス計画に対する考え方に影響を与えた。

コーネル大学の研究者たちは、ビコスでの門戸開放方針を維持し、ほかの人類学者、学部生、平和部隊のボランティア、さらにはジャーナリストまで現地に招き入れ、ビコスについてもっと学べるようにしていた。１９６３年には、『クリスチャン・サイエンス・モニター』紙の記者が、このプロジェクトを評して、地域社会は、「どんなに後進的であっても、柵の民主主義的側に入れば、平和的かつ迅速に20世紀に入ることができる」ことが証明されたと記した。同年、『リーダーズ・ダイジェスト』誌はこのプロジェクトを「ビコスの奇跡」と呼んだ。「ソビエト連邦が発展途上国の人たちの生活を改善することについて話しているあいだに、ビコスの住民は10年で封建主義のくびきを振り払った」。１９６２年の『サタデー・レビュー』誌は、この実験は「10年足らずで人間の精神を４００年分高めてしまった」と述べている。こうした熱狂的な報道が示す通り、ビコスは、ペルー以外の場所でも先住民グループの変革が可能であるということの実例だった。[24]

プリビルスキーは、このプロジェクトが関係者にとって他に類を見ないほど科学的に思えた点を強調している。人類学者はこのプロジェクトを、実験室に限りなく近い、社会変革のためのフィールド実験を展開するまたとない好機と見ていた。冷戦時代の社会科学がどのように機能していたかを知るための格好の事例といえるのだ。世界支配のために、説得、プロパガンダ、社会操作が駆使された。民衆と社会システムに関する知識は、社会操作への指針にもなった。軍関連からの多種多様な支援が、大学の社会科学者(社会学、政治学、人類学、経済学など)のネットワークを通して行われた。純粋無垢な場所などどこにもなかった。先住民グループを支援したいと考えている人でさえ、この種のプロジェクトに参加できたのである。このことは、食料や医療を必死に求めている人たちにとっては朗報だっただろうが、科学的・政治的に変化させられていく人たちに限定された行為主体性を与える計略の一部でもあった。

デイヴィッド・H・プライスは、冷戦の絶頂期に活動家の人類学者がFBIによって徹底的に監視されたことを綿密に書き記し、マッカーシズム(赤狩り)に対する恐れが、「人種や階級、グローバル資本主義の欠点に対する重要かつ決定的な人類学的批判になり得たものを加工し、鈍らせてしまった」と述べている。[25]「自由な探究」は、国家の報復に対する恐れから暗黙のうちに制約されていた。進歩的知識人が組織的に政策的役割から追放され、学術機関から見捨てられると、今度は、知識自体が機会と抑圧の両方によって方向づけられることになった。社会科学者は、社会や政治を変革するために活用できる洞察力をもっているように見えた。彼らは、20世紀の重要な戦場の一つである心に関する「心の理論」をつくっていた。

こうした問題が奇妙な形で露呈したのが「洗脳」という問題である。20世紀初頭、アメリカの行動主義心理学者ジョン・ブローダス・ワトソン（1878〜1958）は、心の完全な可塑性を重視する人間社会統制理論を展開した。ワトソンは、12人の健康な幼児を用意してもらえれば、自分の行動技術を適用して、音楽家や専門家であろうと、犯罪者であろうと、意のままの人間に成長させられると主張した。ワトソンの行動主義理論では、アイデンティティはすべて環境によって形成されるとする。つまり、環境をコントロールする科学技術によって、人間のすべての行動を変えられるということだ。[26]

ワトソンが1903年にシカゴ大学に提出した博士論文は、ラットの学習と神経系の相関性についての研究だった。その後、海鳥の研究に転じ、1913年には、それまでに学んだことを人間に応用した。何を考えているかと尋ねるわけにはいかない動物を研究対象としていたこともあって、ワトソンは、意識は人間の行動とは無関係であり、心理学にとって重要でないことは明らかだと主張した。彼によれば、心理学の核心は、脳内を調べることではなく、人間行動を予測し、制御することにあった。そうすることによって、心理学を、客観的科学(数学的な厳密さをもって問題を追究できる科学)にすることが可能だと彼は考えたのだ。[27] ワトソンの心理学者としてのアカデミックキャリアは、大学院生との不倫を理由にジョンズ・ホプキンス大学を辞職せざるを得なくなった1920年に終わった。彼はその後、マーケティングやPRの分野で成功を収めた。[28] しかし、冷戦時代を迎えると、ワトソン初期の「空っぽの意識」(自分自身を知らない脳)という考え方が、特にマインドコントロールという考えが喫緊の課題となった1950年代に、重要な役割を果たすことになった。

この重要な考えの一部は、洗脳として知られるようになった。[29] ジャーナリストのエドワード・ハンターは、1950年9月、『マイアミ・ニュース』紙の記事で、この用語を公的に使用した。彼によれば、「brainwashing」は中国語の「洗脳」の直訳であり、現代科学と古代中国における弾圧政治の慣習を組み合わせたものである。実際には、CIAはこの用語をハンターの記事が公表されるかなり前から使用していたし、ハンター自身、心理戦専門家としてアメリカ戦略事務局（ＣＩＡの前身）で働いたことがあり、この用語が使われていることを知っていた。[30] この用語はそもそも、中華人民共和国の成立（１９４９年革命）後に非協力的な農民を再教育する中国の方法を指していた。封建的環境で育った農民を共産主義者につくり変える必要があったのだ。ビコスの先住民農民と同じく、中国の農民は新しい生活様式と新しい政治的忠誠心を受け入れなければならなかった。中国では、抵抗した人たちは投獄され、再教育の内容を受け入れるまで拷問された。

朝鮮戦争のアメリカ人捕虜のなかには、同様の拷問と心理操作を経験した者もいた。その結果、彼らの一部は中国に協力し、細菌戦に関与していたとしてアメリカを不当に非難する自白書に署名した。21人のアメリカ人捕虜が、共産党員として朝鮮半島にとどまるよう中国の尋問官に誘導されたという事例もあった。[31]

尋問官が特に関心を示したのはパイロットだった。パイロットなら、偽りの生物兵器ミッションについてであっても、説得力をもって詳細な説明ができるだろうからだ。捕虜の自白書は、アメリカを糾弾する世界規模のプロパガンダに利用された。「寝返った

GI（兵士）」に対するアメリカ国民の反応は、1950年代の人種的・性的緊張を如実に表していた。21人のうち3人は黒人だった。おそらくアメリカの人種的不平等を強調するために採用されたのだろう。また、GIの「半数」が同性愛者であるという報告もあった。中国で（あるいは最終的にアメリカに帰国してから）聞き取り調査を受けたGIに関するツウェイバックの報告によれば、洗脳されていたという証拠はなかった。捕虜はさまざまな理由でそこにとどまっていた。その一つに、アメリカに戻ると告訴されるかもしれないという恐怖があった。「心が折れて」戦争犯罪を自白してしまったからだ。[32] いずれにせよ、洗脳という考え方には、象徴的にも政治的にもきわめて大きな影響力があった。CIA当局は、「洗脳された人」が存在する可能性を心配し始めた。もし熟練のパイロットが、組織的な拷問とマインドコントロールによってアメリカを弱体化させるよう説得された場合、愛国者を装ってアメリカに戻ってきても、実際には国を破壊し、民主主義を転覆させようと決意している可能性があるというわけだ。もちろん、これは映画や小説で繰り返し描かれてきた話だ。

1956年、ラックランド空軍基地の空軍人員・訓練研究センターは、中国共産党の強制尋問技術を客観的に評価した研究結果を公表した。この研究は、尋問に抵抗し、アメリカに送還された捕虜の聞き取り調査を利用したもので、いくつかの要因が組み合わさると、捕虜のアイデンティティ感覚が変化する可能性があることが記されていた。その要因とは、睡眠不足、栄養失調、隔離、極度の身体的脅威と苦痛などである。それらはみな、「ひどい疲労感と脆弱感」に結びついていた。[33] 朝鮮半島で１９５１年から１９５４年まで空軍の精神科医として勤務していたロバート・Ｊ・リフトンは、送還されることになった捕虜の一部に聞き取り調査をし、『思想改造の心理』（１９６１年）において、捕虜の体験と彼が「思考コントロール」と呼ぶものの性質を探究した。[34] 彼によれば、人間のアイデンティティや個性といった感覚は、いくつかの方法で変えられる。たとえば、強制的に友人や愛する人を批判するよう求められれば、捕虜は罪や恥の感情を覚えるようになる。あるいは、孤立と疲労の結果、いずれは限界点に達し、危機が生じる。危機が訪れると、看守は寛大さを示し、別人になることによって生き残る道を示す。リフトンによれば、普通はこの段階で何らかの秘密を打ち明ける傾向があるという。捕虜は自分のアイデンティティの欠点として拒絶された要素を非難し始める。たとえば資本主義や民主主義などが非難の対象となるわけだ。そして看守は再び、新しい体制のルールに従う別人として生まれ変わる選択肢を与える。[35] リフトンがこうした問題についての理論を練っていたころ、哲学者ハンナ・アーレントは、エルサレムで行われたナチスの行政官アドルフ・アイヒマンの（テレビ中継された）裁判を雑誌記者として傍聴していた。この裁判は1961年4月に始まり、1961年12月の有罪判決で終わった。アイヒマンは1962年5月に絞首刑に処せられた。この裁判に関するアーレントの5本の記事は、1963年2～3月に『ザ・ニューヨーカー』誌に掲載され、同年後半に『エルサレムのアイヒマン：悪の陳腐さについての報告』として書籍化された。[36]

彼女の記事は物議を醸した（この議論は今も決着を見ていない）。アーレントはホロコーストをユダヤ人のせいにしているとして批判する声が上がったのだ。記事には「死の収容所」行きの列車の運行管理に関して、アイヒマンはユダヤ人指導者と協力し合って効率的に仕事をこなしたと書かれていたからである。また、アイヒマンは反ユダヤ主義者として描かれているが、彼の反ユダヤ主義は大量殺人への関与を説明するものではないとも記されている。納得のいく説明を求めてアーレントが出した結論は、絶えず変化する個人的選択の力と重要性という別のところに落ち着いた。彼女によれば、アイヒマンは出世したかったのだ。そして、ほかの多くの人(「最終的解決」が計画されたヴァンゼー会議の会場である邸宅の床を掃除した人や、収容所行きの列車を運転したり収容所に物資を売ったりした人など)と同じように、よい仕事をして昇進したいと思う労働者として、アイヒマンはこの問題に関与した。このことが彼の悪事を陳腐なものにしたのだった。[37]

「個人の行動を制御する力を備えた全体主義国家」というこの途方もなく恐ろしいビジョンは、27歳のイェール大学専任講師スタンレー・ミルグラムが展開しつつあった研究とも重なっていた。この研究のフィールド調査のためにミルグラムが提出した助成金申請書には、リフトンが記した、中国に抑留されていた捕虜の体験に関する言及が見られる。このフィールド調査が、心理学の実験としては最も有名なミルグラムの実験につながることになる。ミルグラムは、のちの公式コメントで、自らの実験結果とホロコーストにおける人間行動の理解との関連性を強調しがちだったと述べている。彼もまた、人間の心がやり方によっては容易に操作され得るという兆候を何とか受け入れようと努力していたのだ。ちなみに、歴史家のイアン・ニコルソンは、ミルグラムが白人の男性性や、男らしくない「組織人間」の厄介な台頭にも関心をもっていたことを説得的に論じている。この主題は、朝鮮半島に居残った捕虜に対する世間の反応についてのツウェイバックの報告にも登場する。[38]

ミルグラムの実験研究は説明する必要がないほど有名であるが、簡単に復習しておこう。ミルグラムは募集に応じた被験者に、記憶力のテストと称してある実験を提示する。被験者は、もう一人の研究対象である「学習者」の相手をするように言われる。

募集に応じた被験者の役割は「教師」だった。学習者には単語を答える一連の単純なテストが課せられる。学習者が答えを間違えると、教師は罰として軽い電気ショックを与える。この学習者はもちろんサクラであり、存在しない電気ショックの電圧の上昇に応じた適切な演技を前もって練習済みだった。この実験の本当の主題は、募集に応じた教師の行動であり、本当の問題は、教師がどの段階までショックを与え続けるかということだった。レバースイッチは、サクラの学習者に対する痛みと危険の増大を示しており、順に「強烈なショック」「きわめて強烈なショック」「危険：深刻なショック」「XX

X」と表示されていた。[39]

ショックのレベルが上がるにつれて、多くの被験者は異議を唱えたが、そのたびに白衣を着た実験者が、実験を終わらせるようにと無慈悲な指示を出して被験者をせきたてた。白衣というのが実験のポイントで、白衣を着ない場合は反応が悪かった。このミルグラム実験は、演技、設定、順序、言語を変えてさまざまな場所で行われ、権威への服従を理解するための基準とみなされるようになった。服従的な反応は共通していて、国境を越えることすらあった。

実験報告書では、白人男性の服従が重視されていた。実験には女性も少数ながら参加していたが、ミルグラムの名声と評判を高めた最初の３本の論文には言及されておらず、ある意味、ミルグラムの実験は、冷戦時代の公共文化に浸透していた男らしさに対する懸念の表明であるようにも見えた。冷戦時代の公共文化では、学術文献と一般文献の両方が、「消費者主義、フェミニズム、共産党の浸透などを、きわめて『内部志向型』であるアメリカ人男性の終焉」と関連づけている。歴史家のニコルソンは、この一般文献の多くに「他人志向型」の付和雷同者に対する懸念が表明されていたと指摘している。これはたとえば、「アメリカとソ連のあいだに見られる気がかりな距離感の欠如」について論じる傾向のことである。ニコルソンによれば、ミルグラムの研究は、「人間の本性」に関する「時代を超越した」実験ではなく（人間が権威に服従しやすいのは事実だとしても）、むしろアメリカ人男性の不安が高まっていた時期における歴史的に偶発的な男らしさの誇示を提示しているという。ある意味、このことがミルグラムの実験に即効性とカリスマ性、さらには読みやすさ（ミルグラムに学者としての成功をもたらした社会的な力）を与えた。彼の研究は、職場の画一化、そしておそらくフェミニズムの新しい形に対する男性の恐怖を裏づけているようにも思える。一般人やジャーナリズムの反応の多くも、消えつつある男らしさへの懸念と、アメリカ社会におけるジョン・ウェイン流「自立的思考」の衰退への懸念を反映しているように考えられる。[40] ミルグラムは自分の研究を、適切な条件のもとでは、誰でも（アイヒマンであれ、郊外に住む白人の父親であれ）残虐行為にかかわるように誘導され得ることを実証するものとして提示した。それは、平均的なナチ党員であるアイヒマン、さらには中国のマインドコントロールにも部分的には関連するものだったが、直接的には、アメリカ国内のジェンダー・アイデンティティという問題に根ざしたものだった。

ミルグラムの研究から容易に導き出される一つの教訓は、心は操作されやすいものであり、そのことが戦争と社会統制にとって重要な意味をもつということだ。ＣＩＡが向精神薬の研究を始めたのも、この教訓を反映してのことだった。

第二次世界大戦後はソ連の潜在的競争力に対する恐れから、アメリカの国防関連機関、特にＣＩＡは、積極果敢にＥＳＰ（超感覚的知覚）、サイコキネシス（念力）、マップダウジング、占い、超自然現象や超常現象の研究に乗り出した。ＣＩＡのプログラムでは、さまざまな幻覚剤や向精神薬が人間の被験者に投与され、そうした薬剤に、情報を引き出したり、被験者を操ったりする効力があるのかどうかが調べられた。また、特殊な能力をもっていると主張する人たち（霊能者《サイキック》、スプーン曲げ師、霊媒師など）の研究も行われ、実験室やフィールドでその能力がテストされた。こうした幻覚剤や特殊能力を主題とするＣＩＡの各計画には、アメリカの44校の大学に所属する科学者がかかわっていたが、ＣＩＡが資金を提供していることを知らずに参加した人も多かった。

プロジェクトの目的は、超能力が存在するかどうか、その能力が複製可能かどうか、戦争に役立つ可能性があるかどうかを判断することだった。プロジェクト研究の多くには、スタンフォード研究所、ハーバードやプリンストンなどの大学、軍隊（海軍、陸軍、空軍）や原子力委員会の支援を受けた研究施設など、エリート科学コミュニティが関与していた。プロジェクトの運営は、秘密と公開といういつもの薄明かりのなかで行われた。そこは、奇想天外な超常現象、ＬＳＤ、マジックマッシュルームなどを対象とし、科学と占いが交錯するという思いもよらない影の世界であった。

１９５３年、中国の「洗脳」技術の報告を受けて、ジョン・フォスター・ダレス国務長官は、「マインドコントロール」を研究対象とするＣＩＡの「ＭＫウルトラ計画」の開始を承認した。ＣＩＡは、尋問や人間行動のコントロールの補助として役立てるため、ＬＳＤその他の薬物を積極的にテストした（自らＬＳＤを摂取した捜査官も数多い）。薬物テストの被験者は数千人にも達したが、本人の同意なしに薬物を摂取させられたケースがほとんどで、多くの被験者は強力な向精神薬の影響により、後遺症に長く苦しめられることになった。

その一つの実例が、有名なフランク・オルソン事件である。フォート・デトリック

（陸軍の医学研究施設）の生化学者フランク・オルソンは、ＭＫウルトラ計画の一環として、密かにＬＳＤを混入したコーヒーを飲まされ、９日後にホテルの窓から転落して死亡した。一般にはＬＳＤによる自殺とみなされているが、彼の家族は殺人だと考えている。ＭＫウルトラ計画の記録は、当時のＣＩＡ長官の命令で１９７３年に意図的に破棄されたが、その一部は間違って別の場所に保管されていたために破棄を免れ、１９７０年代に行われたＣＩＡプログラムに対する連邦議会の調査の重要資料となった。その後、ほかの被害者とその家族による訴訟が何件か続いた[41]。

ＭＫウルトラ計画で用いられた手順や手法の多くは、どう見ても厳密な科学的方法や倫理的調査手法とはかけ離れたものだったが、これもひとえに、調査や実験を科学的に行っていけば、マインドコントロールについての軍事的理解を深めることができるはずだという発想の表れだったのだろう。

現在でも、不可思議な精神的能力に対する関心が完全になくなったわけではない。２０１４年には、海軍研究局（ＯＮＲ）が３８５万ドルを投じて「スパイダー感覚」の研究を開始した。これは、イラク戦争で一部の兵士が発揮した直観的な危機察知能力を表現するための用語である（それ以前の戦争でもこうした事例はちらほら報告されていた）。彼らに備わった、敵やIED（即席爆発装置）を避ける能力は部隊内でも有名で、危機の「予感」を前もって知らせることができたので、本人のみならず、仲間の身を守ることにも役立った。この能力は、論理的な思考を介さずに生じるリスク認識の一形態だったと考えられる。海軍は、戦闘状態にある部隊が「つながりを理解し、移動経路を予測する」手助けとなる訓練の開発を始めた。ONRの遠征機動戦・テロ対策局のプログラムオフィサーであるピーター・スクワイアは、ジャーナリストのアニー・ジェイコブセン（こうした科学と戦争の狭間にある注目すべき世界についての魅力的な本を何冊も書いている）にこう語っている。「この『第六感』なるものがどのようにして生じるのかをぜひとも解明する必要があります。この仕組みが解明されれば、それを進展させる方法があるかもしれないし、もしかしたら部隊全体に直観力を広めることができるかもしれません」。目標は、一人でも多くの兵士に予感を教え込むことだ。ちなみに、国防総省はこうした能力をもはやESPとは呼んでいない。今では「センスメイキング」と呼ばれ、「移動経路を予測し、効率よく行動するために、（人、場所、出来事の）つながりを理解しようとする意欲的な継続的努力」と定義されている。[42] 脳に予測能力が備わっているのであれば、国防関係者がそれを戦争に利用しようと躍起になるのも当然だ。

どうやら恐怖は、以前から戦争にうまく対応するための手段の一つだったらしい。何人もの将軍や兵士、さらにはクラウゼヴィッツをはじめとする理論家が、恐怖について考え、そのことを記している。20世紀になって変わったのは、恐怖や精神的苦痛、マインドコントロールなどを用いた戦略立案に役立つ専門家が台頭したことだった。彼らは実験的手法を用いて、恐怖や欲望が国家の目標のためにどのように利用可能かを測定することができた。その過程で、心は科学の戦場となり、征服されるべき領域となった。社会科学者が編み出した理論の一部は、ソ連、発展途上国の革命勢力、アメリカやその他の先住民グループなどに見られる特定の政治的恐怖と一致していた。

20世紀を通して、心理学、社会学、政治学といった高度な人間科学は、軍事的に重要な精神状態（絶望、恐怖、士気、勇気）を生み出すための技術的資源となった。脳や心は、革命を阻止したり、独裁者を打倒したり、資本主義に基づく現代性を維持したりするための場所となった。プロパガンダを使えば、脆弱な人間集団を共産主義から守ることができたし、民間人を動員することもできた。この新しい技術的装備が頼りにしたのは、社会科学研究や心の理論であり、そこには、勝利に至る道として、感情を研究・監視・制御することができるという期待が込められていた。

人間の心は今も、科学戦争において最も重要な戦場の一つであり続けている。テロリズムからも明らかなように、心は社会的秩序と無秩序の広く認められた行為主体である。社会的・政治的システムを支えているのは心の状態なのであり、心はその詳細な地図を作成すべき、きわめて重要な国防領域であり続けている。国防高等研究計画局（DARPA）は、現在進行中のブレインマッピングプロジェクトの主要な資金提供者の一つである。この心理空間（器官、想像力、アイデンティティ）は一見内面的なものに思えるが、実際には、知識、実践、政治、社会秩序の領域にまたがって広く構築・展開されているのだ。

精神分析家のグレゴリー・ジルボーグは、政治学専門誌に掲載された挑発的な論文（1938年）において、プロパガンダを科学的に解明するには、「個人の内部で起こる曖昧な心理学的プロセス」についての理解が必要だと述べている。彼によれば、人間の

「本能」は「感情のたった一つの起源」であり、感情は、「目に見えるか見えないかにかかわらず、生活と行動の起源であり、原因であり、意味である」。また、プロパガンダは、どんな人でも動員することができ、「暴力や賄賂といったほかの心理掌握技術よりも安価である。平時には、憎悪を表出するための洗練された方法が数多くある」という。たとえば、政治運動、荒々しいスポーツ、犯罪の疑似体験、刑事司法制度への参加などである。しかし、戦時中には、憎悪のための洗練された方法は一つもなかった。「私たちは未開人であらねばならないし、現にそうしている」。ジルボーグによれば、独裁国家は「憎悪の醸成」を重視しており、「こうした国は民主的な社会からは攻撃的に見えるが、その政府も国民も、自衛行為をしているだけだと心から信じているのだ」[43]。そこでジルボーグは、心こそが、戦争、革命、人種的憎悪、大量虐殺などが起こった本当の場所、つまり核心的領域であると主張した。彼は暴力に重要な心理的役割を与え、それが人間の必要性から生まれたごく自然なものだと考えた。ジルボーグの説明においては、それは必要なことだった。彼が１９３０年代後半の世界秩序の混乱について熟考していたときには、こうした主張は説得力があるように思えたに違いない。

第8章

ブルーマーブル

1945年から1975年にかけて、世界地図は軍事化一色に染まった。冷戦下の軍拡競争にともない、科学技術、兵器、兵士、空軍基地、ミサイル、核爆発といった軍事化の波が、それまでは人を寄せつけず、誰にも気づかれず、軍事とは何の縁もなかった未知の場所へと押し寄せた。熱帯の楽園、凍てつく極寒の地、砂漠、島々、さらには空気もなく冷たい宇宙空間や大気圏上層部、あるいは海中にまで。軍事計画立案者の目には多くの場合、そうした場所が、遠隔の地で所有者も占有者もおらず、無価値で使い捨て可能な空き地に見えたのだ。

このように見られていた地理的空白は、技術の進歩とともに次々と「埋められる」ようになった。それらはまさに、巨額の費用をかけた大規模な工学的・科学的偉業が達成された現場であった。具体例としては、グリーンランドの流動する氷床《ひょうしょう》の内部に建設された地下核ミサイル発射施設（キャンプ・センチュリー）、地下の巨大バンカー（グリーンブライアー）、人工衛星（CORONA《コロナ》）などが挙げられる。CORONAは、宇宙空間を周回しながら、ソ連領内の接近が最も困難な場所でさえ監視写真を撮影できるように新たに設計された意欲的な人工衛星である。[1]

アメリカの軍事計画立案者は、地球上のあらゆる場所が何らかの潜在的脅威をもたらしたり、何らかの戦略的優位性を提供したりするものだという感覚を抱いており、科学技術によってその帝国を拡大してきた。知識はこの地理的拡大の構造に組み込まれていた。冷戦時代の産物である「影の図書館《シャドー・ライブラリー》」は、「人間の知識」を物質的に地下に保管するものだった。同時に「アメリカ人の暮らし」に関する記録も保存され、第三次世界大戦が終結すれば、本、写真、録音・録画資料に基づいて再構成される手はずになっていた。その一方で、科学者、技術者、医学研究者、社会科学者らによって新しい知識が次々ともたらされ、その結果、世界の地理的状況を再構成する新たな方法が開発された。こうしたプロジェクトの多くは軍事目的と民間目的が融合したものであり、公開と秘密が入り混じった薄明かりのなかで進められていた。たとえば、ある幸運なボーイスカウト団員が氷の下にあるキャンプ・センチュリーの核の町を訪問する機会を得たが、そこにあるはずの移動式核弾頭については公開されなかった。

核兵器による世界地理の軍事化は2通りの方法で進行した。

まず、核兵器は公式には秘密にされていたため、人目につかない場所で保管・実験・

生産するのが理想的だった。核戦略では、核ミサイル基地の発射施設を地下に隠したり、敵の監視から見えにくい場所に設置する必要があった。プルトニウムの生産や核実験にも、ある種の秘密を保てるような孤立した空き地が必要だった。このような核施設や核兵器実験計画は、少なくとも孤立しているか辺鄙な地にあると考えられる場所に物理的に分散していた。多くの場所で、孤立は核生産に不可欠な要素だった。

第二に、核兵器によるこの新しい世界は、放射線自体の移動性と（特殊なモニター装置による）検出可能性によってもたらされた。放射性廃棄物や放射性ちりは移動して世界中に拡散する。それはつまり、核実験やプルトニウム生産を行っているという「メッセージ」を送っているも同然であり、実際には、孤立、空虚、秘密といった概念は成立しない。結局のところ、「核」と無縁な場所などどこにもないように思われた。大気圏上層部、子どもの乳歯、魚、表土、写真乾板、サンゴ礁、雨などにも放射線の痕跡が見られ、ソ連の核実験は、風に乗ってほぼリアルタイムで検知された。放射線は水や空気を通じて拡散し、人間や動物の体に侵入したのち、食物連鎖を経て土壌に定着し、川に蓄積される。その結果、徐々にではあったが、放射線の存在は地球規模の問題として知られるようになった。

環境にとっては大惨事だが、この地球の改変は、通常とは異なる方法で「自然」状態になった場所を生み出しもした。今では、「ビキニ環礁ダイビング」(まだ放射能を含んでいるので時間制限あり)を楽しみ、海の世界の繁栄ぶりを確かめることができる。放射能汚染が原因で人間が住まなくなったチョルノービリなどと同じく、ビキニは野生生物が人間の干渉を受けない、「自然」にとっての特別な場所になったのだ。フィールド生物学者のティモシー・ムソーとアンダース・モラーは、このような放射能汚染を被った場所では、生き物の精子や成長パターンに異常が見られることを報告している。その一方で、たとえ放射線が野生生物に損傷を与えているとしても、人間のもたらす被害のほうがずっと大きいと考える科学者もいる。[2] 原爆をはじめとする核実験は環境に甚大な影響を与えたが、汚染されたことによって純粋な自然を取り戻しもした。自然は、人間の生命維持能力を破壊するものによって守られているのだ。

人類学者のジョセフ・マスコが指摘したように、有史以来、人間は環境を変化させてきたが、このグローバルな核経済は「新しい何かを表している。産業の変化の影響が、国家安全保障の言説を通して世界中に広まり、国有化されたのは初めてのことである」[3]。核産業の影響は物質的、社会的、エコロジー的、政治的なものであり、国家の後押しによって日常生活に組み込まれた。

科学技術としての核兵器は、このようにして、冷戦時代の知識産業の多くを特徴づける、公開と秘密の混合を物理的に成し遂げたのである。核兵器は、世界を核実験場やミサイル基地として、また、放射能で汚染され、環境的に切り離せない混合体としてつくり変えた。この世界地理の改変には階級的で政治的な側面があり、世界の貧しい地域は地球規模の「ゆるやかな」核戦争に巻き込まれた。超大国の大気圏核実験によって2000発以上の核兵器が爆発したが、ボー・ジェイコブスが鮮やかに思い出させてくれたように、この核戦争は、実際のところ、政治力や科学技術力をもたない地域の人たちに対する限定核戦争だったのである[4]。

マーシャル諸島、アルジェリア、オーストラリア先住民の土地、フランス領ポリネシア、太平洋のキリバスなどの地域では、繰り返し核実験が行われた。地域住民は放射線、爆風、熱線にさらされ、彼らの土地は汚染され、放棄され、没収された。ソ連とアメリカの国内核実験場となったシベリアとネバダではさらに多くの爆弾が炸裂したが、島嶼実験場の多くは、自国の領土外にある植民地同然の途方もない辺境の地だった。ジェイコブスによれば、それらは「先進国の視界の外で戦われた核戦争の地」であり、先進国世界の学者は核兵器を「使用不可能な」ものだと繰り返し述べていたが、貧しい世界では何度も使用されていたというのが実際のところである。「平和」は核実験によって維持されるという手垢にまみれた前提自体が、そもそも支離滅裂なでたらめだった。ジェイコブスに言わせれば、核実験はそれ自体が戦争なのだ。[5]

冷戦時代の地理的改変には美しく印象的な側面もあったが、悲劇的な側面もあった。その過程で、地球自体が一つの戦場となった。[6] この章では、核戦争にかかわるさまざまなプロジェクトに注がれたエネルギーと創造性に注目したい。といっても、プロジェクト自体やそこで使われた技術を評価するのが狙いではないし、プロジェクトの関係者とその発想を人類の進歩を例証するものとみなすべきだと言いたいわけでもない。そうではなくて、この種の大規模システムにどれだけ多くの人的資本が投入されてきたのかということに、読者の注意を向けさせたいのだ。読者には、人間の才能という有限の世界と、天然資源や生命という有限の世界において、これらのシステムが何を使い尽くしたのかに気づいてもらいたい。関連作業、多大な努力、創意工夫、投入された資源の量に気づいてほしいのだ。それに気づくことこそ、その結果を理解することにつながる道である。

この章の締めくくりには、1972年に宇宙空間から撮影された地球の写真「ブルーマーブル」について考えてみたいと思う。その写真には美しい惑星が写っていたが、そのとき地球はすでに技術的知見のネットワークでがんじがらめになり、深刻な機能障害を起こしていたのである。

まずはコロンビア川からスタートしよう。

1942年12月、ワシントン州中央部のコロンビア川沿いにあるハンフォード・サイトを訪れた軍関係者は、そこに4時間滞在したのち、戦時中のプルトニウム生産施設の候補地として理想的だと判断した。この地を確認した彼らは、最初の報告書にこう記している。「地形はおおむね平坦で、川に向かって傾斜している。土壌は砂質で、セージブラッシュしか生えていない。地元では『かさぶたの土地《スキャブランド》』として知られ、価値のない

図14　ハンフォードＢ原子炉：施設全体の俯瞰写真。1945年。［アメリカエネルギー省提供］

土地と考えられている〔著者による強調〕人口は推定１０００人未満で〔中略〕残りの土地は実質的に無価値である[7]」

「無価値」や「空虚」という概念、戦時中や冷戦期には無価値な場所こそ科学技術で埋め尽くされることになるという考えは、核実験、核生産、核廃棄物のための立地を選定する過程で何度も出てきた。ハンフォード（図14）が人里離れた無人の地という感覚は、ハンフォードの労働者とその家族、牧場関係者や以前からそこにいたアメリカ先住民といった人たちで埋め尽くされた後も長らく残っていた。[8] このように何もない土地という感覚が蔓延していたため、施設の方針や慣行の多くが理にかなったように見えていた。ハンフォードの施設に必要なものは、水とエネルギー、そして空虚だった。

プルトニウム生産施設から発生する放射性物質の影響に関する本格的な研究は、施設が稼働する前から始まっていた。それは、サケに触発されたものだった。サケは自然の一部であったが、商業的価値があるものと理解されていた。19世紀には、この地域では天然のサケが大規模採取産業の中心となっていた。缶詰技術のおかげでサケを広範囲に出荷できるようになったからだ。ところが、１９３０年代のダム建設により、上流ではサケが繁殖できなくなった。魚道は下流のダムにしか設置されなかった。ハンフォードでプルトニウム生産施設の建設が始まった１９４３年までには、遡上できなくなった天然のサケの代わりに、商業的なサケ漁業が行われていた。サケは生簀《いけす》で飼われ、川の水で生命と健康を維持していた。

原子爆弾を開発していたマンハッタン工兵管区の統括責任者レズリー・グローヴス少将は、当時、同僚の一人から、「君が何を成し遂げようと、サケの鱗を1枚でも傷つければ、死ぬまで北西部一帯の恨みを買うことになる」と忠告された、とのちに打ち明けている。これを受けてか、当初の施設には応用水産研究所が含まれていた。ハンフォード・サイトでは、（生態系のアクターではない）商品としての魚に対する懸念が根強くあったからだ。応用水産研究所はワシントン大学の研究者によって運営される極秘の魚類研究所だった。大学との契約書には、研究所の目的はサケの真菌感染症治療におけるＸ線の使用に関する調査と書かれていた。しかし、問題はその点にはなかった。実際、研究室のスタッフは、サケやマスに対する放射線の影響を調べるためにＸ線を放射線源として使用していた。重要なのは、マンハッタン工兵管区が将来的に貴重な漁場に損害を与える可能性があるとして、裁判で責任を問われるかどうかということだった。[9]

放射性降下物に対する科学的なモニタリング計画も、最初のころは同じ法律上の懸念を抱えていた。たとえば、１９４５年夏に行われたトリニティ実験における放射性降下物の調査がそうだった。陸軍職員が放射線測定器を使って、爆心地から半径２００マイル（約３２０㎞）以内の放射性降下物を追跡した。この２００マイルという距離は、生物学や物理学に基づくものではなく、裁判にかかわる数字だった。顧問弁護士が、この距離を超えれば、訴訟を起こされる心配はまずないと考えた距離が、200マイルだったというわけだ。[10]

その後まもなく、核実験による放射線が各地で検出されるようになった。1945年7月にニューメキシコ州で行われたトリニティ実験では、イーストマン・コダック社インディアナ工場の写真乾板が曇ってしまった。1945年後半には、世界中の大気圏上層部で放射性ちりが旋回していることが知られるようになっていた。

1949年秋にソ連が原子爆弾を爆発させたのち、核リスクを監視していた人たちは、放射性ちりを検出する技術を使えば、ソ連の核兵器備蓄の状態も明らかにできることに気づいた。[11]

そのため、ハンフォードの施設では、1949年後半から意図的に高放射性のヨウ素131を大気中に放出し始めた。その目的は、空気中にソ連由来と思われる放射性物質が検出された場合に備えて、アメリカ空軍がその評価を行うための実験環境をつくることだった。この放出は「グリーンラン」と呼ばれていた。これは、ヨウ素をまず冷却して濾過するのではなく、まだ高い放射能を持つ「未処理の《グリーン》」状態で放出したためだ。

１９４９年12月、ハンフォードの煙突から約３００兆ベクレルのヨウ素１３１が放出された。一日の放出量としては、おそらくハンフォード史上最大の量だった[12]。１９４９年のこの実験によって広大な範囲が汚染された（その詳細は１９８６年になるまで公表されなかった）。この実験は、地域の野生生物や家畜を脅かし、ハンフォードの民間人や労働者に重大なリスクをもたらした。

多くの学者が、ハンフォードがどのように管理されていたのか、なぜそのように管理されていたのかを探ってきた。数十年（１９４３～１９８３年）にわたって、エンジニアや科学者、医師、管理者といった、高度な訓練と教育を受け、少なくとも汚染の危険性については十分な知識をもっていた者たちが、組織ぐるみで取り返しのつかない大惨事を引き起こしたのだ。ハンフォードは現在、世界で最も放射能汚染がひどい場所の一つであり、約１５２０km^2がスーパーファンド法の対象地域になっている。ハンフォードの被害の一部は基本的に復元することが不可能であり、一部の区域は、放射性廃棄物を地下に「永遠に」封じ込めておくしか手だてがない。どうしてこうなったのか。

おそらく専門外のことは知ろうとしない選択的無知が決定的要因だったのだろう。戦時中は緊急事態に対応するため、安全よりも迅速な生産が優先されていた。ハンフォードの運営管理者たちは労働者の安全を望んでいたが、施設全体では戦争に必要なプルトニウムの生産を急いでいた。さらに、地域の生態系は表面的にしか理解されていなかった。候補地を選んだ人たちは、広い範囲の環境や経済的に無価値な生物のことは考慮せず、施設が生み出す廃棄物の「永続性」を想像することもなかった。彼らは、その場所が（現在は広く認識されている）通常の生態系ネットワークでつながっているにもかかわらず、孤立した場所であるといつまでも考えていた。さらに、安全に埋め立てられない廃棄物を埋め立てられると考え続けていた。経済的利益と労働者個人の安全が環境破壊よりも優先されていたのである。化学兵器を海に投棄した人たちと同じように、ハンフォードの運営管理者たちは、自然界というものを、もはや何をどれほど撒き散らしても問題にはならないほど無限に近い場所だと想像していた。敷地は広大で、廃棄物を埋めようが、放射線を放出しようが、どういうわけか決して問題にならないと思っていたのだ。次第に軍事化されていったほかの多くの場所でも、同じような考え方が広まっていたことだろう。

砂漠も核実験の候補地になった。

１９４５年７月、ニューメキシコ州で史上初の原爆実験が行われた。最終的に、アメリカ西部は一種の核植民地となった。アメリカ先住民グループの土地は放射線に汚染され、連邦政府の所有地にはミサイルの地下格納施設や実験場が建設された。ジョン・ウェインが『赤い河』（１９４８年）、『リオ・グランデの砦』（１９５０年）、『ホンドー』（１９５３年）、『リオ・ブラボー』（１９５９年）などで男性の理想像を演じ、ハリウッド映画がアメリカ西部の栄光を称えていたまさにその時期、現実の西部は核の領土になりつつあったのだ。ジョン・テリーノが指摘してくれたことだが、皮肉なことに、１９５６年のジョン・ウェイン主演映画『征服者』（彼がチンギス・ハーンを演じ、タタール人の恋人役にはスーザン・ヘイワードが起用された）は、ネバダ核実験場から遠くないユタ州セントジョージで撮影の一部が行われた。この映画についてのウィキペディア（英語版）のエントリによると、撮影の参加者にガンで死亡する人が目立つことから、この実験のせいだと考える人もいるらしい。[13]

最初の核兵器実験には砂漠が必要だったようだ（４０５ページ図15）。この初の原爆実験のプロジェクト責任者は、ハーバード大学の物理学者ケネス・ベインブリッジだった。ベインブリッジは、原爆による爆風、瓦礫、放射線にどう備えるべきかを考えなければならなかった。実験地を選択し、決定する必要もあった。原爆の開発地であるロスアラモスは最初から除外されていた。都市部に近すぎて、実験の爆音が聞こえ、目につくからだ。1945年7月の段階で、情報が漏れるのは望ましくなかった。

ベインブリッジらが掲げた条件は、平坦で、雨が少なくて風が弱く、付近に住民がほぼいない地域だった。ニューメキシコ州やカリフォルニア州の砂漠、さらにはテキサス州沖の砂州も検討されたが、最終的には、ニューメキシコ州ホワイトサンズ近郊の荒涼とした土地にあるアラモゴード爆撃試験場に落ち着いた。そこはすでにアメリカ政府の所有地だった。平坦で、不毛で、孤立していて住民もいない。最も近くの町でも約43㎞離れていた。しかし残念なことに、強風に見舞われやすく、放射性降下物が広がる可能性があった。しかし、こうした危険性にもかかわらず、アラモゴードは「トリニティ」というコードネームで知られる実験の地となった。史上初の原子爆弾は、1945年7月15日、アメリカ本土において、一番近い町から約43㎞離れた場所で炸裂した。[14]

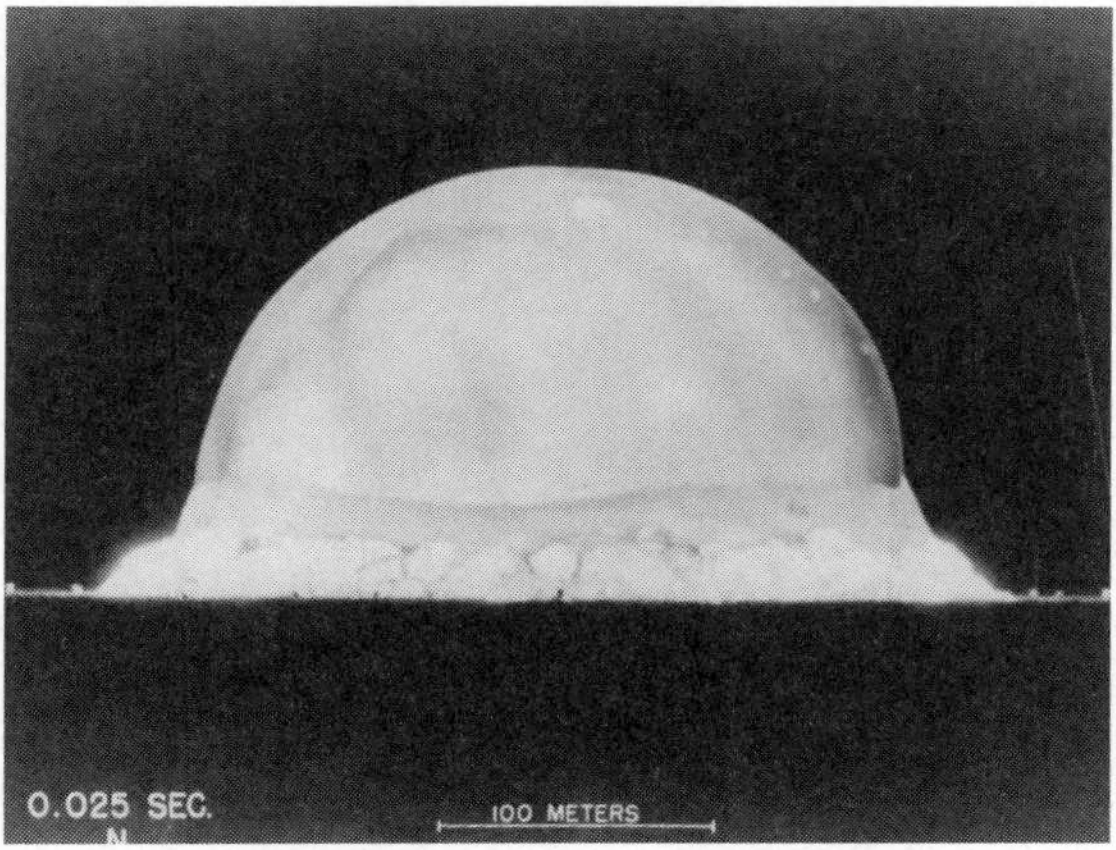

図15　トリニティ実験。1945年、アラモゴード（現在はホワイトサンズ・ミサイル実験場の一部）。［アトミック・ヘリテージ財団提供］

その日爆発した5tの爆弾（ガジェットと呼ばれていた）は、高さ31mの塔の上の台に取りつけられていた。基本的に、この実験の目的は、プルトニウム爆縮型原子爆弾が機能するかどうかを確かめることだった。ロスアラモスの開発チームは、ウランを使った砲身（ガンバレル）型（広島で使用された型の原爆）なら問題なく機能すると確信していた。実験の計画立案者は、爆発時の閃光を心配していた。それで、実験参加者には日焼け止めローションとサングラスが支給された。現地の空は午前5時半ごろには晴れ上がり、爆弾が炸裂した。次にアメリカ大陸の大地で核実験が行われるのは、5年以上も先のことである。

マーシャル諸島で初のビキニ実験が行われた後、1947年に、核兵器備蓄を監督するために新設された民間組織のアメリカ原子力委員会（AEC）は、アメリカ本土の実験地を再び探し始めた。太平洋の実験場は、部隊、関係者、物資などの輸送に問題があり、そもそも国内よりも安全性が低かった。AEC当局者は、国家を揺るがす緊急事態でも起こらないとアメリカ本土での核実験を正当化できないのではないかと案じていたが、緊急事態はすぐに訪れた。1949年8月、ソ連が初の核兵器実験を行ったのである。この事実は1週間足らずでアメリカの知るところとなった。続いて1949年10月、中国共産党の指導者である毛沢東が中華人民共和国の建国を宣言。さらに1950年夏、朝鮮戦争にアメリカが介入する。突如として、三つの緊急事態が到来したのだった。

1950年12月18日、トルーマン大統領はネバダ州南部に国内核実験場（ネバダ実験場）を設置することを承認した。場所は、ラスベガスの北西約105㎞、ナイ郡のトノパー爆撃砲撃練習場の一部である。新たな国内実験場の候補地はここだけではなかった。ほかにも、ニューメキシコ州のアラモゴードとホワイトサンズ（トリニティ実験が行われた場所のそば）、ユタ州のダグウェイ実験場、ネバダ州ユリーカ近くの地域が検討されていた。実際に選ばれた候補地はすでに空軍の所有地であり、速やかに原子力委員会に所有権が移された。最終的には、３万４０００km^2の広大な空き地が核兵器の実験場となった。

ＡＥＣは１９５０年にアメリカ本土での核実験再開を発表した際、実験場の外側にはいかなる影響も及ばないだろうと断言した。

１９５１年１月、ネバダ核実験場初の核実験が開始された。１９５１年１月27日から２月６日のあいだに、５発の核爆弾が炸裂した。ほかの同種の実験と同じく、核実験にはコードネームがつけられており、この実験は「レンジャー作戦」と呼ばれた。２月２日の実験では、ラスベガスの建物の窓が粉々に砕け散った。その後、爆心地は約47㎞北の、山に囲まれた盆地ユッカフラッツに移された。

１９５８年までは太平洋での核実験も続けられたが、ユッカフラッツのネバダ核実験場は、アメリカ軍地上部隊との原子戦機動作戦にとって最も重要な場所となった。実験場には、原爆を体験させる目的で兵士たちが連れてこられた。実際に核兵器を見て爆発を体験しておけば、次の戦争では準備万端で臨めると考えられたのだ。核実験に参加する兵士には、砂漠に生息する爬虫類や昆虫の危険性を警告する小冊子が配られたが、原子爆弾による放射線被曝についての健康情報は与えられなかった。[15]

冷戦時代、ネバダ州では1000発以上の核兵器が爆発した。コロラド州で地上実験が1回、ニューメキシコ州でも初期実験が行われている。しかし、1963年に大気圏核実験が終了するまで、ネバダ核実験場は最も重要な国内実験場だった。一方、ソ連も独自に核実験計画を立て、現在のカザフスタンに位置するセミパラチンスク核実験場で、アメリカと同じく環境や人体に対する影響に配慮せず、500回近くの核実験を実施した。[16] ハンフォードと同じく、この地域もソ連当局によって「人は住んでいない」とされていた地域だった。

こうした実験場での慣行は、近年のエコロジー的な考えと関連づけることができるかもしれない。人類学者のジョセフ・マスコによれば、ネバダでの核実験によって突然変異した巨大アリが登場する映画『放射能X』（１９５４年）は、原爆を軍事面での脅威というより、環境面での脅威として表現しているということになる。このアリは、放射線の影響による突然変異の証拠であるだけでなく、原爆の生物学的リスクや環境リスクの可能性を示す証拠でもあった。アメリカ疾病予防管理センター（ＣＤＣ）の報告書によると、アメリカ本土での地上核実験によって、アメリカ国民のあいだに1万１０００人のガン死亡者と、１万１３００人から21万２０００人の範囲の甲状腺ガンが発生していると推定されている。マスコによれば、このことは、環境と人体の両方における一つの放射能エコロジーを構成するという。[17]

アージュン・マキジャニとスティーヴン・シュワルツは、アメリカの核実験と核兵器の製造に起因する健康リスクを切り抜ける必要がある人たちを7種類に分類した。最初の六つは目新しいものでなく、労働者、核実験に参加した兵士、研究プロジェクトの被験者、核兵器の保守・整備を手伝う国防総省職員、広島・長崎の被爆者である。そして７番目のグループは、彼らによれば、「今後数百年間の地球の住民」である。[18]

また、この場所は、原子力の処分技術にも関連した場所になった。２００２年、アメリカ国内の原子力発電所から排出される使用済み核燃料と高レベル放射性廃棄物を処理する核廃棄物処分場として、ユッカマウンテンが選ばれたのだ。このユッカマウンテン核廃棄物処分場(処理すべき核廃棄物はまだ運び込まれていない)は、ネバダ核実験場に隣接した位置にある。1950年の調査では地表の質が高く評価されており、当初は地質学的にも問題視されなかった。しかし、大気圏核実験が禁止され、代わりに地下核実験が行われる可能性が高まると、この地域の地質が重要視されるようになった。その結果、地下水、地質学的特性、地層などに関する重要な科学調査が実施された。これらの調査から得られた知識のおかげで、さらなる地質学的調査の必要性も明らかになり、その後は、廃棄物の地層処分に関する計画を立てやすくなった。ユッカマウンテンは現在、地質学的にアメリカで最も詳しく理解されている地域の一つである。[19] そして、AEC内部の関係者が当初「重要ではない」と認識していた核廃棄物による環境被害が、今日の原子力産業にとって最も重要な課題となっているのはほぼ間違いない。[20]

ユッカマウンテン放射性廃棄物処分計画は物議を醸し、今も国民の支持を得られていない。大統領選に出馬したバラク・オバマは計画の破棄を約束し、大統領就任後は基本的にその公約を守った。ネバダ州での反対は特に激しい。そのため、アメリカ国内で現在稼働中の１０４基の原子力発電所は廃棄物を処分する場所がどこにもなく、業界最大の問題となっている。ユッカマウンテンを核廃棄物処分場として利用することに賛成する人たちは、反対意見を科学的なものではなく、政治的なものだと安易に片づけてしまっているように思える。もちろん、もとをただせばネバダ州に核実験場がつくられた事情も同じであって、ユッカマウンテンはその歴史的経緯によって、廃棄物処分場の候補地に選ばれている。ネバダ州のこの場所は、常に科学的というよりも政治的に選定されているのだ。

サボテンの花が咲き乱れ、メサや断崖絶壁の絶景が見られるアメリカ西部は、アメリカの象徴として特別な位置を占めている。実に見応えのある地勢をもつこの地域は、観光客に人気があり、住民に愛されている。アメリカのかつてのフロンティアであり、大規模な工学的・科学的偉業がなされた場所でもある。ユッカマウンテンの地質学的調査に注ぎ込まれた費用は90億ドルともいわれており、それだけでも、この自然と政治が混じり合った地域の技術的な複雑さがわかろうというものだ。私たちは自然界に関する知識をどのようにして手に入れたのか。その知識はなぜ地質学的な知識であったのか。それは、国防上の観点から、地殻のこの小さな区域を完全に理解することが重要だったからだ。

太平洋に浮かぶ熱帯の島々は、ロマンチックで観光客好みの美しさにあふれる場所だったが、核実験や科学実験のための軍事的前哨基地にもなった。[21]

1945～1946年の冬、アメリカ海軍の計画立案者は、海軍の脆弱性を検証するには本土から遠く離れた海域が必要だと判断した。その結果、候補地に選ばれたのがマーシャル諸島だった(以前は日本の統治領だったが、第二次世界大戦末期にアメリカが占領した)。核実験計画を立案する任務を帯びた機動部隊を率いたのは、ウィリアム・H・P・ブランディ提督だった。ブランディはマーシャル諸島を「取るに足らない数個のみすぼらしい島々だが、アメリカの最も優秀な息子たちの貴重な血で勝ち取った島々」と呼んだ。ブランディによれば、マーシャル諸島のことを気にかける人など一人もいない。「この諸島で育つのはわずかばかりのココナッツとタロイモ、そして、どこかよそに行きたいという強い願望だけである」。こうした見解によって、優れた外洋航海技術と複雑な社会政治構造をもち、生まれ育った島を愛するマーシャル諸島先住民の故郷を奪い、破壊することが正当化された。[22]

マーシャル諸島で核実験が開始された時点では、その法的地位が未解決のままだったが、軍事計画立案者は意に介さなかったようだ。マーシャル諸島初の核実験であるクロスロード作戦は、アメリカによる統治の交渉の最中であった１９４６年夏に実施された。この時期、アメリカの科学者や政治指導者は、原子力を民間の統制下に置くのか、それとも軍の統制下に置くのか、また、アメリカが原子力の独占状態をいつまで維持できるのかについて議論を続けていた。軍拡競争や原子力計画の将来的枠組み、さらにはマーシャル諸島自体の法的地位さえ不確かな状況で、島々は実験場として接収されたのである。

アメリカの太平洋での核実験は、航空戦力に対する海軍の懸念から始まった。海軍当局者は、核兵器に対する海軍の科学技術の脆弱性を検証したいと考えていた。ある意味、これは現実的な問題ともかかわっていた。航空戦力の時代に海軍は時代遅れだという声があったのだ。実際、海軍は原爆で破壊されてしまうのではないか。この問題は、アメリカ陸軍航空隊にも波及していた。原爆があれば、カーティス・ルメイが指揮した東京大空襲の「千の爆撃機」が時代遅れになるかもしれないからだ。原爆投下に必要なのは数機のB－29だけだったし、その後は結局、それさえも不要になった。大陸間弾道ミサイル（ＩＣＢＭ）の開発によって、パイロットが方程式から完全に排除されたからだ。

１９４６～１９５８年に、アメリカはマーシャル諸島のビキニ環礁とエネウェタック環礁で67発の核兵器を爆発させた。これは、アメリカの核実験で大気中に放出された全爆発エネルギーの80％に相当する。マーシャル諸島での核実験は１９５８年に終了し、１９６３年には国際合意により大気圏核実験が基本的に停止されたが、汚染と放射線にかかわる身体疾患は現在に至るまで続いている。実験場は、「アメリカとマーシャル諸島の関係を、暴力を介した科学的関係として確立した。諸島とその住民は、科学的理解のために暴力と大量破壊が海外移転され、日常化され、合理化される場となった[23]」。核実験の期間中、マーシャル諸島には独自の国際法が適用された。その後、諸島民はかつて居住していた土地に対する損害を理由にアメリカ政府を提訴する。メアリー・X・

ミッチェルが明らかにしたように、実験計画とそれを支えた法的・政治的機構は、アメリカ帝国主義の新たな形態を構成していた。[24]

ジャーナリストで反核活動家のノーマン・カズンズは、この島嶼核実験を「大惨事の標準化」と表現した。ビキニでの核実験を注視していた医学博士のデイヴィッド・ブラッドリーは、ビキニをほかの被害を代表するものとみなした。「ビキニは、海図の片隅に小さな点で示された、どこか遠くのちっぽけな環礁ではない。ビキニは、サンフランシスコ湾であり、ピュージェット湾であり、イースト川である。テムズ川であり、アドリア海であり、ダーダネルス海峡であり、霧に包まれたバイカル湖だ。私たちが考えなければならないのは（あるいは忘れなければならないのは）、ジュダ王〔ビキニ島民の世襲の指導者〕と追い出された臣民だけではない」[25]

１９５１年にネバダ核実験場が開設されるまでは、マーシャル諸島の二つの環礁がアメリカ唯一の核実験地だった。太平洋の島嶼地域では、ほかにもフランス領ポリネシアが１９６２年以降、フランスの原爆実験地となり、イギリスはキリバスで核実験を行っている。核実験中と実験後には、科学調査が実施され、荒廃したココヤシの木や焼けただれた魚といった動植物などが調べられた。ビキニとエネウェタックは（ハンフォードと広島、長崎とチョルノービリ、そして最近の福島と同じく）、爆弾の影響と痕跡を調査する生きた野外実験室となった。実験地付近のサンゴ、海綿、カニ、ネズミ、ヤシの実、地元の農作物などに、爆発の直接的影響が見られた。被曝した人たちへの調査では、ガンのリスクが高まるなど、健康への影響が明らかになった。美しい環礁は、局地的な破壊が普遍的真理を生み出す場所となったのだ。

砂漠に続いて軍事的に重要な空間となったのが、極寒地域である。冷戦時代、爆撃機の航続距離の延長と大陸間弾道ミサイルの開発により、世界はどんどん縮んでいった。そのような状況で、北極圏は特別な役割を演じていた。この地域は、アメリカとソ連を結ぶ最短航空路の下に位置していたからだ。西側陣営の領土であるグリーンランド、カナダ、アラスカには、ラッド空軍基地（アラスカ）、グース空軍基地（カナダ）、ラブラドールレーダー基地群（カナダ）、チューレ空軍基地（グリーンランド）や、北極圏の早期警戒レーダー網のレーダー基地が置かれた。エルマー・F・クラーク中佐がキャンプ・センチュリーに関する報告書（1965年）で述べているように、「原子爆弾、超音速長距離爆撃機、大陸間弾道ミサイルといった兵器の出現にともない、北半球の主要な陸地を結ぶ最短航空路の中間に位置する、はるか遠くの北極地方に、軍事的な注意が向けられることは必然だった」[26]。このクラークの発言には、核兵器はまったく新しい戦争形態を構成するという核の例外主義の考え方が反映されている。北極圏は新たな前線であり、アラスカも戦略拠点の一つだった。耐寒訓練は軍にとって重要な新しい技術となった。かつては軍上層部の関心を特に引かなかった場所である極北は、一変した。

当時はまだアメリカの準州だったアラスカは、冬季戦演習のための自然の野外実験室、通信・監視技術の拠点、爆撃機やミサイルの戦略的拠点となった。1941〜1945年のアラスカ向けの国防費は10億ドル以上に達し、戦後も支出は増え続けた。1952年には、アラスカ準州の労働人口の半分以上が国防総省に雇用されていた（多数の非軍人を含む）。鉱業や漁業が衰退する一方で、1949〜1954年にアラスカに投下された国防費は年間平均で約2億5000万ドルに達し、軍事プロジェクトや軍事施設が経済成長の原動力となった。アラスカの軍事化によって、先住民労働者は新たな機会と新たな課題を手にし、生活を一変させた。1959年、アラスカは準州から州に格上げされる。アメリカ国旗に追加された49番目の星は、同国初の「国防州」を表すものだった。[27]

分厚い氷床に覆われ、人を寄せつけないグリーンランドも、第二次世界大戦と冷戦の期間中、アメリカの新たな関心の的になった。戦後まもなく、アメリカはグリーンランドの購入を希望したが、デンマークは売却を望まなかった。結局、1951年に両国は防衛協定を締結し、これにより、アメリカは氷上に軍事施設を設置する権利を得た。この協力関係は、1968年に核爆弾を搭載したB-52がチューレ空軍基地付近で墜落事故を起こしたことをきっかけに終了する。しかし、16年にわたり、グリーンランドに関するアメリカの利益は、安全保障と主権に関するデンマークの利益と一致していた。グリーンランドは、「アイスワーム」(氷河の中に隠せるミサイル)という着想を探究する場となった。また、宇宙での生活を研究する場にもなった。これは、キャンプ・センチュリーの寒さが宇宙空間を思わせるものだったからだ。1966年になると、キャンプ・センチュリーの原子炉は、かなりの速度で流動する氷床に脅かされ、撤去を余儀なくされた。キャンプはそのまま打ち捨てられた。[28]

図16　キャンプ・センチュリーの氷のトンネル。［Elmer F. Clark, *Camp Century Evolution of Concept and History of Design Construction and Performance*(Hanover, N.H.: US Army Materiel Command, Cold Regions Research and Engineering Laboratory,1965), page16, figure15］

そういうわけで、キャンプ・センチュリーは1960～1966年の約6年間しか存在しなかった(図16)。この氷下の基地は、報道機関によって、科学技術に関する驚嘆の念を示すのによく使われる「これはすごい《ジーウィズ》」という論調で宣伝された。そして、公正を期するためにいえば、実に目を楽しませるプロジェクトだった。陸軍の公式報告書に掲載されている完成したてのキャンプ・センチュリーの写真には、巨大な氷の壁、廊下、氷下の居住区が写っているが、見慣れた景色のようにも見えるし、異様な光景のようにも見える。

氷下の町キャンプ・センチュリーには、自前の水源と食料源もあった（図17）。225人の居住者を収容可能なこの基地には、図書館や映画館、礼拝堂などがあり、1950年代の家庭料理を思わせる食事が提供されていた。この基地は、アイスワーム計画の拠点でもあった。グリーンランドの氷冠のあちこちに600発の移動式アイスマンミサイル（これはミニットマンミサイルに似ているが、氷下での使用を前提としている）を設置するという軍の計画である。ミサイルは氷の中の常設トンネルを通ってレール上を絶えず移動しており、異なる2100カ所から発射することができるようになっていた。計画全体が中止になったのは実用的理由と戦略的理由の両方によるものだったが、少なくとも流動し続けている氷床内に常設のトンネルをつくることは不可能だった。計画全体の動力源である原子炉は前評判が高かったが、3年も経たずに撤去の憂き目に遭った。氷の流動にともない、原子炉は徐々に圧迫されて押しつぶされそうになっ

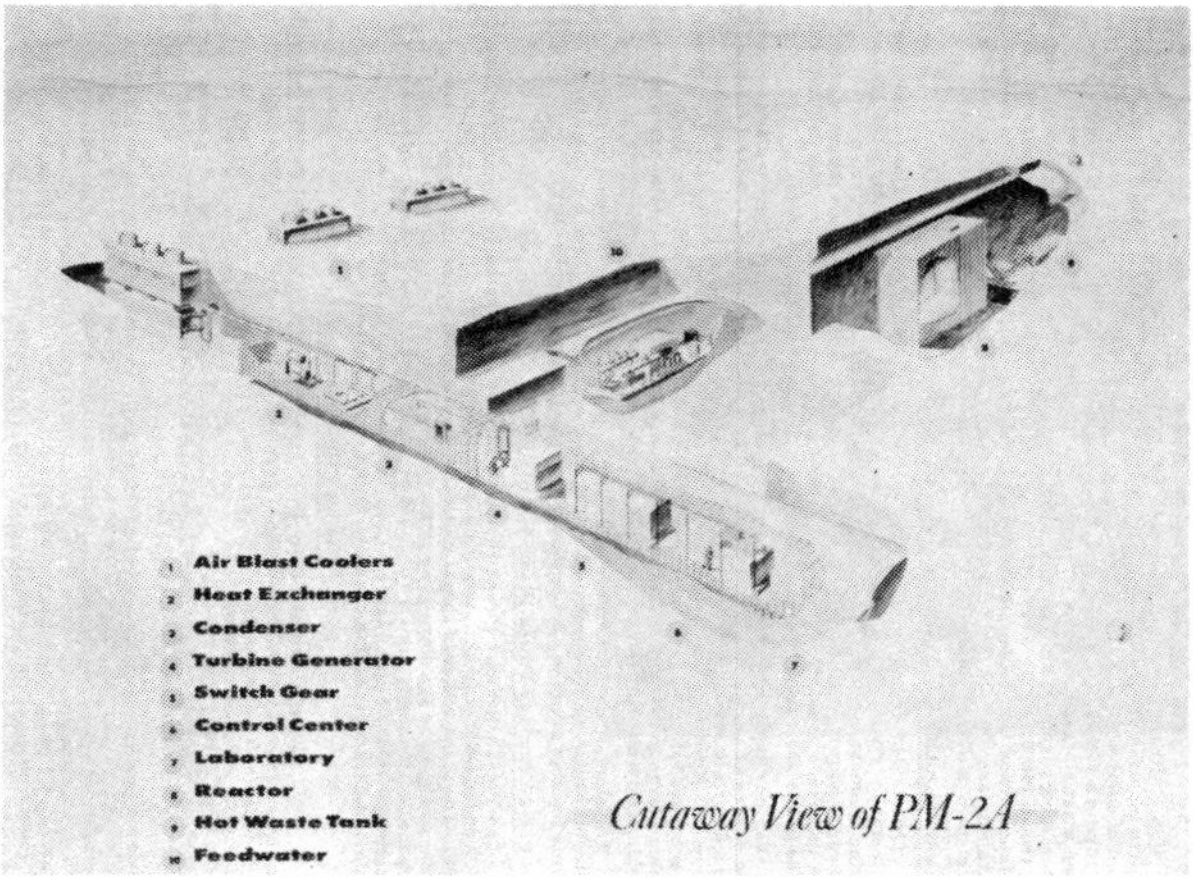

図17　キャンプ・センチュリーの内部構造図。［Elmer F. Clark, *Camp Century Evolution of Concept and History of Design Construction and Performance* (Hanover, N.H.: US Army Materiel Command, Cold Regions Research and Engineering Laboratory, 1965), page 48, figure 37］

ており、一歩間違えば大惨事になるところだった。キャンプ・センチュリーは、建設から4年も経たないうちに崩壊し始めた。1960年代半ばには氷下のミサイルで解決されるはずだった問題は、戦略的に同等のものと見られていた原子力潜水艦に引き継がれた。

しかし、この失敗に終わった短期間の実験の過程で、キャンプ・センチュリーは、深層の氷床コアが最初に採取された場所となった。1966年に掘削されたコアは、岩盤にまで達していた。このコアによって、10万年以上も前の地球に関する科学的知見がもたらされた。特筆すべきは、1966年の時点でアメリカ軍の科学者が気候変動の歴史を研究していたということだ。氷冠を掘削し、氷床コアを収集していたのは、地球温暖化のリスクを評価するためだったのである。極地の温暖化は、1947年には早くも陸軍上層部の知るところとなっており、潜在的な国防問題として認識されていた。わずかな温暖化であっても、軍事施設、滑走路、道路を脅かすことになってしまうからだ。また温暖化が進むと、新たな輸送路が開かれる可能性もある。これはつまり、ソ連に対する新たな攻撃ルートが開かれることにもつながる。そのため、温暖化調査はアメリカ軍の北極計画の重要な部分を占めていた。グリーンランドでは、気象学、地質学、海洋学の分野で科学的に実りの多い研究が行われていた。1957年に新設された北米北極研究所は、北極地域に多様な関心を示すアメリカ企業からの資金提供を受け、グリーンランドでの研究を支援した。また、第二次世界大戦後には、アメリカ陸軍工兵隊でも、雪氷学《せっぴょうがく》を中心とする意義深い調査計画が組まれていた。

ほかの場所と同様に、北極圏でも、科学プロジェクトは秘密と公開の両面で行われることが多かった。北極圏の人里離れた孤立した場所を、すばらしい科学技術の場として宣伝したいと考えている人たちは、ジャーナリストや時にはボーイスカウトまで招待して、その驚異を観察させることもあった。プロジェクトの一部の側面は隠されたり、事実を曲げて伝えられたりしたが、存在自体は秘密ではなかった。この極端な公開性と極端な秘密性の共存という特質は、ＣＯＲＯＮＡというコードネームをもつ最初の衛星システムで、とりわけ興味深い形をとっている。

ジョン・クラウドの魅力的な研究によって明らかになった通り、人工衛星ＣＯＲＯＮＡは、大気圏内核実験やハンフォード・サイト、さらにはキャンプ・センチュリーでさえ実現できなかった方法で秘密にされていた。ＣＯＲＯＮＡ（最高機密のコードワードは、頭字語ではなく大文字で表記するのが慣習だった）は、その存在自体が公開されない一方で、公開されるようになった高密度のマッピングデータを収集するうえで重要な役割を果たした。クラウドの内部慣行に関する説明からも明らかなように、このプロジェクトは、地球を改変してしまうようなプロジェクトの軍民混合的性格を例証するものだったのである。[29]

1958～1972年に実施されたCORONA衛星偵察計画は、1950年代初頭のCIA「ブラック計画」から発展したものだった。この計画は、ソ連の施設や設備に関する情報を収集することを目的としていた。スプートニクによって宇宙からの監視に対するアメリカの懸念が高まり、使用可能で信頼性の高い衛星監視システムの構築に向けた取り組みが活発化した。

1962年、CORONAの運用が開始される。それは、宇宙から密かに写真を撮影するためのアメリカ初の科学技術システムだった。フィルムリターン方式が採用され、撮影済みのフィルムはバケットと呼ばれる再突入カプセルに巻き取られた。このバケットは、衛星自体とは別個に地球に戻される。人工衛星の稼働時間は約19日だった。その後はシールドに保護されながら大気圏に再突入し、パラシュートで減速しつつ降下する。この19日間に、バケットは何度か地球に送り返されていたものと思われる。

衛星には精巧なセキュリティ装置が備わっており、理論上はそれで秘密を守ることができたが、すべてが公開されている非常に実用的な地球科学研究にも依存していた。のちの衛星リモートセンシングシステムはＣＯＲＯＮＡ計画から直接発展したものであり、ＧＰＳ（全地球測位システム）は、ＣＯＲＯＮＡが収集した大量のデータ（最高機密でありながら、手軽にまるごと利用できる）に依存していた。

ＣＯＲＯＮＡには、ロッキード社、フィルムを製造したイーストマン・コダック社、カメラを設計したアイテック社といった民間企業との契約が含まれていた。ＣＯＲＯＮＡ計画の参加者には、さまざまな分野の、大学をはじめとする各種機関の科学者が集められていた。さらに、計画の将来性に興味をもっていたＣＩＡ高官も周辺に出没していた。そして、この人工衛星プロジェクトに携わった人は、プロジェクトに対してさまざまな利害関係をもつ専門家グループ「コードワードコミュニティ」のメンバーとなった。クラウドが言うように、コードワードコミュニティは（今もそうだが）「一点集中というものを組織として見事に体現してみせた。その結果がＣＯＲＯＮＡとして結実したのである[30]」。

ＣＯＲＯＮＡとその後継機をはじめとする偵察衛星システムは、一般的なアメリカの地図を修正する際の主要なソースであり続けている。ＣＯＲＯＮＡのデータを利用して修正された地図には、「航空写真その他のソースデータに基づく」と記載されていた。20世紀の最後の30数年間は、アメリカ地図の「その他のソースデータ」は、すべてがCORONAとその後継機による偵察衛星システムのものだった。つまり、アメリカの地図制作者は、そのデータの起源が消滅してしまっていたにもかかわらず、日常的に極秘データへアクセスできたのだ。

この説明書きが示す通り、フィルムと衛星の両方を回収するには、全地球的なジオロケーション（地理位置情報）が重要だった。プロジェクトが始まった当時、地球科学者は「地球の姿」を完全に明らかにすることはできなかった。「姿」というのは、地球の正確な形状、つまり地球の扁平率、その正確な曲線のことだ。既存モデルの問題は戦時中に認識された。ドイツのロケット科学者ヴェルナー・フォン・ブラウンは、秘密裏に行われた「ペーパークリップ作戦」（ナチス帝国のために働いていた科学者をアメリカに取り込む作戦）の一環として、戦後、アメリカのロケット計画に参加することになった人物だが、彼はアメリカ当局者に、V2ロケットでロンドンを狙うと、英仏海峡のようなわずかな距離でさえ数百mものデータのずれが見られたと語っている。のちに原爆実験に利用された太平洋の島々も、地球上の位置が間違っており、時には数十㎞もずれていることがあった。新しく開発されたＩＣＢＭの精度を考えれば、わずかな誤差でさえ重要な意味をもつ。さらに、ソ連とその同盟国の支配下にある土地など、それ以外の方法ではアクセスできない土地の詳細な画像も切実に必要とされていた。しかし、位置の正確さは、地球自体の正確な地図と、地球の形状の完璧な理解に依存していた。

この種の精密な情報は以前の戦争では必要とされなかった。ミサイルや爆弾の射程、規模、精度の向上にともなって、世界は「縮んで」いき、科学の新たな基本的課題を生み出した。地球はさまざまな道筋を経て、より密接に結びつき、一つの存在になっていったが、世界の縮小もその道筋の一つだった。

衛星プロジェクトほど、地球のあらゆる側面を軍事的なリスク想定に組み込んだプロジェクトはほかになかった。ＣＯＲＯＮＡは、政府の極秘の取り組みを政府の研究所や大学の研究所だけでなく、地図制作会社、専門誌や業界誌、さまざまな機関・分野の科学者や技術者と結びつけた。ＣＯＲＯＮＡのデータには潜在的な多くの用途があり、爆弾投下地図やハイキングマップにも役立つ価値あるデータが満載だった。このデータは世界を見る一つの方法であり、軍事目的で発明されたが、その後はさまざまな目的で利用された。[31]　CORONAから始まった衛星プロジェクトは、当初は一時的で暫定的なものと思われていたものを、リモートセンシングという重要な複合的技術へと急速に進化させた。衛星プロジェクトには地理学や測地学の科学者が動員され、地図制作は実にさまざまな方法で発展した。その過程で、核保有能力や国家の選択肢についての議論を方向づける情報が収集された。世界中で行われているさまざまな活動をほぼリアルタイムでつぶさに観察することが可能になり、結果的に地球を理解可能で戦略的なものにすると同時に新たな方法で秘密にする社会技術システムが構築された。[32]　やがてこのシステムは、宇宙から人間の様子を監視するようになった。グーグルアースには、フィラデルフィアの自宅前に停めた私のまあまあ新しい車の画像が収録されているが、これは宇宙からの監視が生み出した、グローバルなものからローカルなものへ、政治的なものから個人的なものへ、軍事的なものから民間的なものへの圧縮作用の一例である。

冷戦の最中に新たな科学的関心を集めた、見慣れない異質な領域がもう一つある。来るべき第三次世界大戦を生き延びなければならない物や人のために、地下を築き、山を削り、石で補強することによってつくられた新しい種類の地理的空間が登場したのだ。こうしたバンカーは、長期にわたって生き延びるための寒々とした人工的な世界をつくり出した。砂漠、空、海、氷と同様に、地下空間も新たに軍事計画に組み込まれたのである。

現在も使用されている最も小さなバンカーの一つは、ホワイトハウスのイーストウイングとノースローンの地下にある大統領危機管理センターだ。これはフランクリン・ルーズベルトの大統領時代に建設されたもので、核攻撃から長期間生き延びるための場所としてつくられたものではない。冷戦時代に建設されたバンカーには、ほかにもバージニア州のマウントウェザー（大統領と最高裁判所用）、ペンシルベニア州ブルーリッジ・サミットのレイブンロックマウンテン複合施設（戦争を指揮するための「影の国防総省《シャドー・ペンタゴン》」）、バージニア州シャーロッツビル近くのピーターズマウンテン（諜報機関用）、ウェストバージニア州のグリーンブライアー・リゾート（連邦議会議員用）がある。グリーンブライアーは核バンカーとしては1995年に閉鎖されたが、観光地として再開され、今では「冷戦時代観光の聖地」とみなされている。[33]

このバンカーは、1957年から1962年にかけて、ウェストバージニア州ホワイトサルファースプリングスにある伝説的なグリーンブライアー・リゾートの地下に建設された。目的は、連邦議会議員全員に60日間、食料、水、保護を提供することだった。全面核戦争に巻き込まれた場合、上院100人と下院435人の議員たちがここで国を統治し続ける手はずになっていた。グリーンブライアーには、25tの防爆扉、1165m^2のバンカー、除染ベッド12床、共同寝室18室、カフェテリア、発電所、上院・下院用の会議室などが設けられていた。リゾートが建つ丘陵の斜面を220m掘り抜いたこの施設には、車で5時間の距離にあるワシントンから向かう途中で死亡した人のための大きな遺体焼却場もあった。各ベッドには、議員の交代のたびに差し替えられるネームプレートがつけられていた。小さな病院もあった。抗うつ剤が大量に備蓄してあり、(万一に備えて)拘束衣も2着用意されていた。[34] このバンカーは、ワシントンからの距離など実用上の問題があり、1995年に連邦議会の緊急避難所としての役割を終え、2006年に一般公開された。

地下施設は、人間ばかりでなく文書まで保護するようになった。ブレット・スペンサーの言うように、図書館と記録管理は、「第三次世界大戦におけるアメリカの勝利」に不可欠なものだったのだ[35]。実際、アイアンマウンテン・レコードセンターなどの「影の図書館」は、核攻撃対策立案者が知識を「生き延びさせるべきもの」の一部としてどれほど重要視していたかを表している。国家情報、科学データの記録、文化「遺産」を保護することが、未来の「影のアメリカ」を想像する一つの方法だったのだ。図書館に保存してある取扱説明書や技術資料、さらには憲法などの貴重な歴史的文書の助けを借りれば、国家を再建できると思われていたのである。

１９５０年代初頭、文化科学資料保護委員会が設立され、保管と保護に関する戦略を立案することになった。図書館員のスコット・アダムスは、核攻撃から文書を保護するための遠隔地保管の第一人者となった。彼は、１９５４年に研究図書館協会に提出した報告書のなかで「影の図書館」という用語を造語している。また、保存する必要があるものを特定するよう、科学界、産業界、政府に呼びかけもした[36]。多くの地域図書館は、自分たちの蔵書が希少で貴重なものであるとは考えていなかったが（同じものが何百というほかの図書館にもあるため）、政府機関や企業その他の団体はこの問題を認識していた。

おびただしい数の核兵器実験で得られたデータをもとに、資料を保護するための戦略が練られた。冷戦期の核兵器実験では、生きた動物、艦艇、実験用日本家屋などが危険にさらされたのと同様に、文字や映像の記録も同じ目に遭わされた。1956年、ネバダ砂漠で行われたティーポット作戦では、AECのスタッフが調達してきた本棚、金庫、マイクロフィルムやファイルの保管キャビネットのなかに、書籍、紙の書類、マイクロフィルム、映画のリールなどが詰め込まれた。これらの資料は爆心地からさまざまな距離に配置され、一部は屋外に置かれ、一部は建物内に置かれた。それぞれの収納場所には計測器があり、温度、爆風、放射線などが測定された[37]。

30ktの原爆が爆発した際、図書館資料の大半は破壊されて燃えてしまったが、建物内の、特に地下室にあった保管庫や金庫、または爆発から3000m以上離れた場所にあったものは難を逃れた。ティーポット作戦の記録データは、アメリカ国立公文書館が保有する政府文書を保存するための戦略を見極めるのに役立った。1年後のプランボブ作戦の際に行われた同様の実験では、モスラー社の新型金庫「スーパーボールト」が使用され、原爆に耐え得ることが証明された。マイクロフィルムに的を絞った別の実験では、放射線でフィルムが曇ってしまっても、ほぼ問題なく読めることがわかった。その結果、貴重資料の大量複製を計画していた国立公文書館では、マイクロフィルムに対する信頼度が高まった。核攻撃から文書を保護するための新しい基準がつくられた結果、マイクロフィルムの使用は爆発的に増加し、多くの機関が複製計画を開始した１９５２年には、アメリカのマイクロフィルムに対する支出は倍増した。[38] 一部の機関では、文書保護を目的とする訓練が日常業務に組み込まれた。アメリカ国立公文書館記録管理局（ＮＡＲＡ）は、自由憲章（独立宣言、合衆国憲法、権利章典）を保護するために、55ｔのモスラー社製の特大金庫を採用した。冷戦期の大半は、警備員が毎晩、ロボットアームを使って文書を金庫に移し替えていた。銀行などの金融機関には、核攻撃を受けそうもない場所に建てられた「文書保管センター」に目をつけたところも多かった。そこに毎日の業務記録などを保管しておくのだ。その数、規模、構造的強度、高度な情報管理システムを考えれば、こうした民間企業による文書保管サービスの存在は、当時想像されたアメリカの未来にとって「情報防衛」がいかに重要であったかを印象的に示している。

この種の文書保管センターでとりわけ有名なのは、アイアンマウンテン・レコードセンターだろう。創業者のハーマン・クナウストは、第二次世界大戦で記録資料が破壊されたときに引き起こされた混乱を経験したヨーロッパ移民の話にヒントを得て、ニューヨーク市から160㎞ほど離れた場所にある鉄鉱石の鉱山やキノコ農場で使われていた坑道などを巨大な金庫に改造した。壁が磁鉄鉱でできている「アイアンマウンテン」の施設は「アメリカで最も安全な場所」だというのが、その宣伝文句だった。1961年には、そこに20万本のマイクロフィルムリール、全部で約1億ドル相当の貴重な絵画、多くの政府文書、銀行や金融業界の毎日の業務記録などが保管されていた。アイアンマウンテンは、一般的な緊急保管センターとなっていたのだ。そのほか、全米各地の廃坑や採石場だった場所にも、このような保管センターがつくられた[39]。

こうした冷戦時代の地下施設は現在、自然災害、劣化、盗難、破壊行為、テロリズム、戦争などの被害から文書や記録資料を保護している。そして、インターネット時代の現在、アメリカの地下アーカイブはこれまでにないほどに成長している。冷戦が終わって久しいが、長期的な記録の保存は今も優先度が高い。実際、この事業全体が、現代社会における情報の重要性を浮き彫りにしている。スペンサーによれば、こうした共同利用の「影の図書館」がきっかけとなって、ついには人間の保護を目的とする計画が生まれた可能性さえあるという。ある地下文書保管施設の経営者は、こう言ったそうだ。「企業が記録資料保護計画を始めると、そのうち簡易ベッドと食料が持ち込まれる。そして次には、実物大の事務所が欲しくなるのだ」[40]

現在、グリーンブライアーは観光地になっている。ハンフォードのB原子炉も同様である。サウスダコタ州のミニットマンミサイル国定史跡、ワイオミング州シャイアンのウォーレン空軍基地、コロラド州グリーリーのミサイルサイトパークなどもそうだ。こうした場所は、全面核戦争に備えるために軍事施設のネットワークが構築され、地球全体が戦場となるなど、アメリカが大きく変貌を遂げることになった時代の記念碑である。放射線汚染区域が野生生物保護地区になっている例もある。ロスアラモス周辺の空き地がそうだし、サバンナリバー核施設（プルトニウムとトリチウムを生成）やアイダホ国立工学環境研究所（52基の原子炉が稼働中）、さらにはハンフォードのスーパーファンド法対象地にも保護地区が設けられている。エネルギー省は1999年、ハンフォードの約3万6000ヘクタールの土地を、1種類の鳥（アメリカダイシャクシギ）と2種類の植物（ロマティウム属の*Lomatium tuberosum*とイヌガラシ属の*Rorippa columbiae*）のために確保すると発表した。

危険すぎて人間が立ち入れない場所が、ほかの生物の避難所になるのだ。もちろん野生生物にとっても放射線はよくないが、どうやら人間ほど深刻ではないらしい。

アポロ17号の宇宙飛行士が撮影し、1972年のクリスマスイブにNASAが公開した写真は、通称「ブルーマーブル（青いビー玉）」と呼ばれている（図18）。これは、歴史上最も幅広く複製された画像である。とはいえ、初めて宇宙から地球を撮影した写真でもなければ、初の高高度画像でもないし、太陽の光で完全に照らされた地球全体の最初の画像というわけでもない。しかし、息を呑むほど美しい写真だった。この写真を見た世間の人たちは、「宇宙船地球号」談義に花を咲かせた。この1枚を、環境保護主義に対する世間の共感の全体的な高まりと関連づける評論家も少なくなかった。地球全体が一つの生命体であることを暗示するかのようなこの写真は、ガイア理論や新宗教運動

図18　1972年に撮影された「ブルーマーブル」(AS17-148-22727)。［NASA提供］

を後押しすることにもなった。「ブルーマーブル」は、科学的な画像であると同時に、感情に強く訴える哲学的なイメージでもあったのだ。

この写真が公開されたちょうど４年前に、同じようにコード化された写真が撮影されている。１９６８年のクリスマスイブに、アポロ８号の乗組員は月の地平線上に地球が昇る画像を撮影し、帰還後に公開した。この写真は「アースライズ（地球の出）」と呼ばれ、荒涼とした月の地表を前景に、地球が半分照らされている様子が映し出されていた（図19）。宇宙空間のあらゆるものが黒か灰色か黄褐色だったが、地球は白や青に輝いていた。

「ブルーマーブル」と「アースライズ」は、平和な軍国主義という冷戦のメッセージを見事に表現した科学的画像だった。米ソ両国の宇宙計画の責任者たちは、宇宙を戦略上重要な空間として認識していた。チェスの試合は絶えず進行しており、その試合には、ミサイルや爆弾だけでなく、情緒や感情、忠誠心といったものが常に絡みついていた。宇宙空間は二つの超大国間の争いの一部だったが、きらめく地球の美しい画像は、希望に満ちた未来を漠然と予感させた。軍事的優位性をつくり出すことを目的としたまさにその技術が、一体性、共通の目的、平和といったものを暗示するために戦略的に利用できる画像を生み出していたのだ。放射性降下物や核リスクが世界を恐怖で結びつけるのに対し、「ブルーマーブル」と「アースライズ」は、希望の可能性を視覚的に捉えていたのである。[41]

図19　1968年クリスマスイブの「アースライズ」。［NASA］

冷戦下に繰り広げられた地球の地理的再構成の核心には、科学があった。「ブルーマーブル」と「アースライズ」は、その科学の成果を示す画像だった。原子爆弾や核シェルター、人工衛星は専門技術の賜物だった。グリーンランドのアイスワームは技術者と物理学者の努力の結晶であり、その計画と建設にはかなりの手腕を必要とした。CORONAは、情報処理技術の潜在能力を鮮やかに立証した。科学と技術を中心とした人間の努力によって、わずか40～50年で地球全体がつくり変えられてしまったのだ。それを可能にしたのは、無限に近い過去の遺産に基づく、大規模で圧倒的な破壊力をもつ知識システムだった。放射能汚染が原因で世界中に設けられた立入禁止区域は、何かほかのことに向けることもできたであろう英知を結集した人類の努力を示す記念碑である。

ベンジャミン・レイジアは、宇宙空間から撮影された地球の画像に対する哲学者たちの反応についての思慮深い論考を書いているが、そのなかで、1957年に打ち上げられたソ連の人工衛星スプートニクに対する哲学者ハンナ・アーレントの苦悩に言及している。彼女はスプートニクを、生命体(生きている地球)が技術的な人工物に置き換えられつつある厄介な兆候とみなしていた。天空の機械スプートニクは、アーレントによれば、地球を見捨てるためのイデオロギー的・科学技術的な第一歩なのだという。彼女にとってのスプートニクは、地球など重要ではないと主張する機械にほかならなかった。というのも、この機械は、年老いてぼろぼろになった地球という惑星を見捨てて、未来の新しい惑星のことを考えているように思えたからだ。スプートニクは地球に関心がなさそうだった。それは現在に対する無関心、地球上の生命の限界に対する無関心を暗示しているように見えた。アーレントはこのように想像しながら、スプートニクに新しい嘘と新しい世界を常に必要とする全体主義の反響を見ていたのだ。[42]

当時の彼女にとってはそれほど明確なことではなかったかもしれないが、スプートニクは、１９５７年まで10年以上にわたって繰り広げられていた、野蛮な科学的・技術的変革の目に見える小さな（瑣末でさえある）兆候にすぎなかった。「グローバル」に広がっているという認識が一般的に芽生えたのは、バンカーやアイスワームの薄明かり（影の世界）のなかでだった。宇宙空間から見た地球がどんなに美しく見えたとしても、それは軍事化された地球だった。地上は、万力のように地球をじわじわ締めつける兵器であふれていたのである。

第9章

隠れたカリキュラム

冷戦時代、アメリカの専門家は職務上の厄介な問題に直面していた。彼らは科学、医学、工学を「人類の幸福」を目的とした博愛事業とみなすような教育を受けていたが、現実には、軍事化された知識への貢献を避ける明白な方法はなかった。その科学者自身が国防の仕事に携わっていなかったとしても、将来国防の仕事に就く能力や可能性を備えた人材を養成していた。また、完全に民間利用を目的とした発見であっても、数年後、数十年後には動員され、軍事化される可能性があった。科学者のなかには、自分たちが遺憾に思っている国防活動に不本意ながらも知的貢献をしていることに気づいている者もいた。

また、起訴や罰金、さらには国外追放の危険にさらされることもあった。専門知識をもっていることで、セキュリティリスク、国家を崩壊させかねない秘密の持ち主とみなされたからだ。マッカーシズム（赤狩り）によって、多くの科学者が仕事を奪われ、キャリアを棒に振った。1947〜1954年に連邦政府が内偵した人のうち、実に半数以上が科学者だった。

なかには、この緊張状態に閉口してドロップアウトしたり、歴史家や社会学者、活動家になったり、科学自体あるいは科学者に対する批判者になる人もいた。また自己防衛的に、哲学や高尚な理論など、軍事的に実用化されることがないと思われる研究を行うケースも見られた。一方、これが20世紀アメリカの普通の科学だと感じ、非軍事的研究と軍事研究を気楽に移動する人もいた。彼らは、セキュリティクリアランス（機密情報取扱資格）と軍の資金援助を必要とする場合もあれば、そうでない場合もあり、理論的な仕事と応用的な仕事の両方を国立研究所、軍需産業、大学で行っていた。そして一部の人たちは、政治や軍事の担い手としての役割を熱意をもって受け入れ、資金や影響力、権力へのアクセスを享受した。

冷戦初期の自伝的記述や記録史料を読むと、こうした新しい状況にどう対応すべきかについての不安や逡巡がうかがい知れる。１９４５年に第二次世界大戦が終結した直後、多くの研究者は二度と軍事研究をしないことを誓い、この種の研究から撤退した。軍事プロジェクトに割く時間に制限（20％や50％）を設けたり、軍で過ごす年数に期限を定めたりといった「譲れない一線」を引いた者もいた。これに続いて、愛国心という厄介な波が押し寄せ（朝鮮戦争が多くの人の心を動かしたようだが、スプートニクやべトナムもそうだった)、彼らは自分たちが信じる純粋科学の核心的価値に反した知識生産システムに引き戻された。しかし、大半の科学者は、生物兵器や原爆の製造計画を支えている場合でさえ、かたくなに自分たちを「ノンポリ」であると解釈し、受動的に参加していたのである。

デイヴィッド・ヴァン・キューレンが非軍事的な「白い科学」と軍事的な「黒い科学」に関する論文で述べたように、「純粋」科学と国家安全保障の実際のニーズの結びつきは、各種機関、学術界、民間企業、さらには軍の研究組織においてさえ、機能していたのである。「基礎的で、非機密的科学」の文化と「国家安全保障にかかわる機密研究の世界が、同じ研究所のなかで共存していることもあった。両者は別々の知的生活を送っていたが、共通の機関に所属していたために、たがいに共生的な関係で存在することもあった。実際、基礎研究と国家安全保障との並行的追究は、こうした(軍事)研究所内でその完全な発展に達した」[1]。そのような空間は、新しい形の職業人生の教育を提供した。

イェール大学の生物物理学者アーネスト・ポラードは、原子力委員会のある実力者宛の手紙（1954年7月9日付）のなかで、秘密保持に関するこつをどのようにして学んだかを記している。「戦争中、私たち科学者の多くは、秘密の意味とそれにともなう慎重さを学びました」と彼は書いている。「外部からの指示はほとんどありませんでした」。戦争が終わると、ポラードは秘密研究を避けるために意識的な選択をした。「秘密保持と安全保障の問題を熟考した結果、完全に公開してもよい素材だけを扱うことにしました。私はブルックヘブン研究所の設立に少しかかわったことがあるのですが、それに関する文書のうち、1通か2通は開封せずに送り返しました」

しかし、朝鮮戦争の勃発と、ソ連に対する彼自身の懸念が、心変わりのきっかけとなった。ポラードは「科学者として、労働時間の2割分は、アメリカの軍事力を何としても助ける仕事をするべきだ」と考えるようになったのである。その過程で、彼は冷戦下の秘密研究に従事しつつ、極端な社会的規律を身につけた。

私は、四六時中、用心を怠らない方法を身につけました。自宅で家族とくつろいでいるときも、大学の同僚との飲み会に参加するときも、授業後に学生が新聞記事について質問してくるときも、電車のなかでも、さらには教会のなかでさえも、けっして油断はしませんでした。私は、私がもっているかもしれない秘密を守るために、そうした努力を片時も忘れることなく厳格に実行してきました。[2]

ポラードの秘密厳守の実践は、アーリー・ホックシールドの言う「感情労働」[*1]の一形態をなしていた。[3]それは彼のアイデンティティに密接に結びついており、教会や教室、さらには家庭でも展開されていた。国家への献身は人生のあらゆる面に縫い合わされていた。そしてポラードはそのことを知っていた。彼はこの苦闘に自覚的だったが、ほかの人たちはおそらくそれほど自覚的ではなかった。

1962年に行われた心理学者アン・ロー(当時は自著『ある科学者ができるまで』の第2版に取り組んでいた)によるインタビューの席で、古植物学者のラルフ・ワークス・チェイニーは、彼女が尋ねなかった質問に対する答えを披露している。第二次世界大戦中、彼はバークレーの放射線研究所の副所長を務めており、その答えは当時の仕事に関することだった。「そのころ、私は嘘をつくことを学びました」とチェイニーはローに打ち明けた。「私はことあるごとに、実際にしている仕事とは異なる仕事をしていると吹聴していました。スタッフにも、そうするように助言していました。たとえば、私はレーダー関係の仕事をしていると言っていましたが、これは見え透いた嘘でした。だってレーダー開発はMITに任されていたんですから。でも、嘘だと気づく人はほとんどいませんでした。ちょうど一昨日の夜も研究所の要職に就いている人と話していたんですが、彼は、私たちが何の研究をしているか知らないと言っていました」

この告白の後、ローが機転を利かせて、放射線研究所で実際に何をしていたのかを具体的に尋ねなかったので、チェイニーは話題を変えた（その後出版された書籍には、ある放射線研究所に勤める古植物学者がどのような役割を果たしていたかははっきりしないと書かれている）。しかし、インタビューのタイプ原稿の数ページ後で、チェイニーは再びこの話をもち出した。「少し前に言ったように、私は嘘をつくことを覚えました。私がバークレーの放射線研究所で何をしていたかなんて、誰も気にしません。この辺で

＊1　常に感情をコントロールしつつ，模範的な態度で顧客などに対応し続けることが求められる種類の労働を指す。

は特にそうなんです。私は繰り返し嘘をついてきましたが、気づく人はいません。あなたにも言うつもりはありませんが［中略］話題が逸れました。忘れてください[4]」。戦後20年近く経っても、チェイニーの心は真実を話すべきかどうかで揺れ動いていた。彼は嘘をつくことを学んだが、その経験が彼を悩ませ続けていたのだ。

チェイニーは嘘をつくことを学び、ポラードは秘密を守ることを学んだ。彼らの経験は、アメリカの冷戦の中心部で経済成長を刺激し、国防を促進した一般専門家たちの苦闘と戦略に光を当てるものだった。彼らは秘密を守り、嘘をつき、ポリグラフ（うそ発見器）検査をすり抜けることを学ぶとともに、セキュリティクリアランス公聴会での発言内容、ゴミの燃やし方、徴兵を切り抜ける方法、プロジェクトの軍事的関連性を隠匿もしくは誇張する方法、同僚の怒りや不満を切り抜ける方法などに関する秘訣を共有した。そして彼らは、「純粋科学」の目標を強奪するような国防上の利益に振り回される科学の被害を受けやすくなり、忠誠心についての正式な調査に対しても脆弱になった。

彼らの職務には、新しい「隠れたカリキュラム」（職業訓練に必要な部分として学ぶ一連のスキル）が存在していた。それは、嘘をつくことであり、秘密を守ることだった。

こうしたカリキュラムは、科学者たちに、冷戦下の軍事化が生み出した要求に対応するために必要な手引きを提供していた。

「隠れたカリキュラム」というのは、もともとは教育理論の用語である。小中学校では、情報と知識の「見える（顕在的）カリキュラム」（テストや宿題のために学ばなければならない、現実的な経験に基づく内容）が伝えられるが、同時に、社会的なコンプライアンス、権威への服従、規律ある時間管理、ルールの遵守といった「隠れた（潜在的）カリキュラム」も伝えられる。この考え方によれば、現代の教育システムは、代数や三権分立を教えるのはもちろんのこと、画一的で従順な、工業社会に生産的に参加できる生徒を準備するものでもある。「隠れたカリキュラム」はしばしば道徳的側面をともなっており、このカリキュラムによって、善良な市民かつ善良な労働者になる方法が生徒に伝えられる。[5]

本書の主な検討対象である世代は、１９００年以降の学校教育のなかで、科学とは公開されるべきもの、普遍的で国際的なもの、「人類の幸福」を目指す営為であると学んだ。しかし、冷戦の中心部では、多くの科学者にとって、研究は公開されるものではなく秘密にされるものであり、国際的ではなく愛国的なものであり、人間の幸福を追求するものではなく、人間に損傷を与えるための高度な技術的生産(新しい武器、新しい偵察方法、新しい情報システム、さらには囚人を尋問したり、経済を衰退させたり、疫病をはやらせたりする新しい方法)にかかわりをもつものだった。物理学から社会学に至る分野の一般専門家は、自分たちの研究が国家に力を与えるように調整されていることに気づいた。そして、社会に役立つ知識を生み出すために訓練を受けた科学者は、従来とはまったく異なる仕事に従事していることに気づいたのである。

1950〜1970年代を通して、アメリカ科学振興協会、アメリカ微生物学会、アメリカ化学会などの学術団体は、「社会問題」に関する委員会を設置し、科学と「人類の幸福」に関する声明を発表していた。その一方で、会員たちは国防産業で働き、武器をつくっていた。

一部の者は「悲惨な」状況に陥った。数学者のサージ・ラングはこう語る。「政治的に抑圧されたまま生きるのは耐えられないので、二つの矛盾した願望を両立させなければならない。一つは美しい数学の研究をすることであり、もう一つは労働環境を維持すること、哲学的にも知的にも人間的にも受け入れ可能な生活環境を維持することである」[6]。これに呼応して、一部の科学者は、核軍縮団体「パグウォッシュ」、リベラルな「アメリカ科学者連盟」、過激な（そして今なお盛んな）活動家グループ「サイエンス・フォー・ザ・ピープル（ＳｆｔＰ）」などの科学の軍事化に立ち向かう組織に参加するようになった。

私が調べた科学者のなかには、科学から完全に身を引くという選択肢をもった人はいなかった。少なくとも科学を実践し、研究を継続したいと思っている人のなかにはいなかった。彼らが自分たちの状況について理解していたことと、見えなかったことや気がつかなかったことの両方を見てみれば、政治的・経済的権力の総体とも言うべきシステムと対峙する際の個人の戦略と奮闘ぶりが見えてくるだろう。社会科学者のエドワード・シルズは、著書『秘密保持の苦悩』（１９５６年）において、「科学者ほど自らの伝統をこれほどまでに犠牲にすること」を求められた専門家はいないと述べている[7]。では、この犠牲とはどのようなものだったのか。セキュリティ状態はどのような戦略を生み出したのか。20世紀半ばのアメリカの科学者は何を犠牲にし、何を知る必要があったのか。軍事化の「隠れたカリキュラム」とは何だったのか。

確かに、それはすべて秘密を守ることに関係していた。機密情報の取り扱いは、単に沈黙していればよいというものではなかった。そのためには、文書保存のスキル（何を保持し、何を破棄するか）、心理的・社会的スキル（家族や友人を含む人たちを欺く方法）、法的な不備や責任に関する知識が必要だった。研究者は、文書の処分方法（「管理人が証人の立会いのもとで」両者が署名した証明書を作成のうえ、焼却する）を知る必要があった。ゴミを燃やすことは形式的な問題であり、インディアナポリスの海軍研究所の天体物理学者フレッド・ロジャースは、１９４３年に研究所のゴミの燃やし方について３ページの覚書を書いている。[8]

彼らは、セキュリティクリアランス公聴会を乗り切る方法を知る必要があった。科学者はたがいに、特定のキーワード（「断続的な」「職業上の」「現在は終了した」）を使うことや、「もちろん、私は彼らに機密情報を与えたことはありません」と発言することなどを教え合った。疑わしい人物との関係は、「現在はない」「親しくない」「継続していない」と説明するのが、彼らが指導された審査に適う言い回しだった。そのような関係がある場合には、「更新の見込みはない」とされた。更新は、科学者との有意義な関係を続けるために必要なセキュリティ委員会の切り札の一つだった。物理学者のＥ・Ｕ・コンドンは、１９５４年４月の東部産業人材セキュリティ委員会による聞き取り調査でこう断言している。「戦争初期に私はさまざまな国防計画にかかわっていましたが、そこで私はほかの人と同様、機密情報に対処する訓練を受けました。機密情報は、必要なクリアランスをもっている人にのみ伝達され、さらに、職務の一環として必要がある場合にのみ伝達されることになっていました。私はそれ以来、訓練から得た教訓を常に順守してきました[9]」。コンドンはその後の15年間を背信行為容疑の告発との戦いに費やし、最終的には国防の仕事を断念した[10]。研究者は、自らの技術的専門性によって被害を受けやすくなっている法律の世界を知る必要があった。セキュリティクリアランスが取り消された理由には、１９４８年の大統領選挙で進歩党のヘンリー・ウォレスを支持したこと、労働組合を支持したこと、朝鮮戦争を批判したこと、社会化医療を支持したこと、さらには、アメリカ科学者連盟とアメリカ科学振興協会の会員資格を維持したことというのもあった。不採用のハードルは低く、仕組みを理解していない科学者は大きな損失を被る可能性があった。数学者J・バークリー・ロッサーが遺したロッサー文書のなかには、国防総省が研究者向けに作成したパンフレット（1964年7月付）があり、そこには、さまざまな犯罪に対する刑事罰が記されている。それによると、国防に不可欠な機材や施設を損傷させようとたくらんだ場合は、罰金1万ドルと懲役10年の刑、欠陥のある道具や機械をつくった場合も同じ刑罰が科せられた。[11]

科学者は私生活をしっかりと記録しておく必要があった。ロッサーの機密調査ファイルには、ありふれた日常的経験が記録されている。20世紀半ばの多くの研究者と同様に、ロッサーは、幅広い問題にかかわる国家監視対象者となっていた。彼のファイルには、子ども時代、学歴、結婚に関する情報、さらに、以前住んでいたカリフォルニア、ニューヨーク、ワシントン市、ニュージャージーのすべての住所に関する情報が含まれていた。職歴は大まかに記述されていたが、ケベック州への観光旅行とバハマのナッソーへの一泊旅行の記録があり、1968年3月にパキスタンのカラチで滞在する予定だったホテルに変更があったことも説明されている（「飛行機が大幅に遅れた」）。ほかにも、親しい友人や所属団体（数学クラブ、シグマカッパファイ友愛会、デュバルカントリークラブ、プリンストン大学バンド）がリストアップされていた。ロッサーの行っていた数学研究には、刑事罰の対象になる機密研究も含まれており、彼に対しては、高レベルの厳しい監視が行われていた。専門家であることは危険だった。おそらくほかの多くの専門家と同じく、ロッサーも交友関係や社交クラブの会員の地位のすべてを再構築するのにさぞかし苦労したことだろう。ほかにもいくつかの会員になっていたことは確かだが思い出せないとして謝罪しつつ、彼は以下のように調査ファイルを締めくくっている。「私は国防総省とその支部で多くクリアランスを保持していたし、今も保持していますが、詳しいことは覚えていません。私は、ニュージャージー州プリンストンの国防分析研究所の現在のクリアランス、ウィスコンシン大学の陸軍数学研究センター長としての地位にかかわるクリアランス、科学技術局に関連したホワイトハウス経由のクリアランスをもっています。また、１９６５年４月15日には、国防補給局の国防産業セキュリティクリアランス事務所からトップシークレットのクリアランスを取得しました。〔中略〕１９６６年には国家安全保障局のクリアランスが更新されました」。つまり、ロッサーは多くの異なる団体から、さまざまな方法でクリアランスを得ていたということだ。[12]

研究者は、不適切な人物との会話はもちろんのこと、同席することさえ避けなければならなかった。1956年12月、アメリカのプリンストン大学の統計学者ジョン・W・テューキーは、1930年代に共産党員だった著名なイギリスの統計学者ジョージ・バーナード教授と「接触《コンタクト》」しているのを監視員に目撃された。この「接触」とは、ロンドンのインペリアルカレッジで開催されたカンファレンスの公開討論会に出席したことであり、テューキーはバーナードと1時間あまり同席していたが、ひと言も会話をしなかった。その結果、この出来事のセキュリティレポートは滑稽なものとなった。

1956年12月5日午後、C・A・ベネット博士とジョン・W・テューキー博士は、通常の科学活動に従事した。具体的には、インペリアルカレッジでの統計学の討論会に出席し、その後のお茶会に参加した。〔中略〕討論会は2時30分に開かれた。〔中略〕ベネット博士は2時35分ごろ、テューキー博士は3時10分ごろ、バーナード博士は4時00分ごろに到着した。ベネット博士とテューキー博士は、バーナード博士と私的な会話をすることなく、５時15分にその場を去った。

アメリカで最高レベルの原子力委員会のセキュリティクリアランス（Ｑクリアランス）をもっていたテューキーは後日、バーナードと話をした事実はまったくないという最終確認を含む、この筋書きへの署名を求められた。テューキーら研究者は、一挙手一投足を追跡する厳しい監視員と公式の監視システムの目に耐えなければならなかった。[13]

場合によっては、プロジェクトの軍事的関連性を控えめに言ったり、隠したりする方法も知っておく必要があった。これは時として、純粋無垢な同僚に対して「嘘をつく」結果につながった。彼らが騙されて、誘われた研究が軍事的利益と無関係だと信じてしまえば、提案されたプロジェクトに賛意を示すと予想されたからだ。「科学的な部分（またはそれに付随する部分）では、当初の目的である戦闘用途の応用については控えめにした方がよい。つまり、強調するのではなくぼかし、〔中略〕新しい技術（ミリマイクロ化学、『インテリジェント』コンピュータなど）や既知の技術の斬新な組み合わせ（無人音源用電力、超高速水中移動体など）の独創的な研究として記載したほうがよい」[14]。これは、JASON《ジェイソン》(1950年代以降に政府のアドバイザーを務めたエリート科学者のグループで、非公表ではあったが、その存在はよく知られていた)の会議で話し合われた、新しい国立科学研究所の設立構想に関するもので、彼らは機密研究を自由奔放で大学のような知的雰囲気のなかで行えるような研究所を目指していた。その一つの案は、科学者が自分の研究を「発表」できるようにするために、機密扱いの科学雑誌をつくるというものだった[15]。

研究者は、軍の資金援助がどのように機能するかを理解する必要があった。研究結果が当初の見込みとは違っていたとしても、国防目的の資金提供機関はまだ関心をもつだろうか。遺伝学者のエルンスト・カスパーリは、蛾《が》(エフェスティア属の一種)を使った突然変異研究のためにアメリカ原子力委員会(AEC)の支援を受けていたが、その過程で研究の前提条件の一つが間違っていることを発見した。カスパーリはAECの支援にはもはや適さないのではないかと心配し、AECに問い合わせた(1963年12月11日付)。

誠に申し上げにくいのですが、もう一つ気になる点がございますので、お知らせいたします。実験の結果、当初の予想に反して、５－ブロモデオキシウリジンの放射線類似作用が、文献で通常想定されるよりもはるかに少ないことが判明しました。そのため、このプロジェクトに対する原子力委員会の支援をそのまま継続していただいてよいものかと思案しております。[16]

この時点で、カスパーリはＡＥＣから研究契約番号ＡＴ（30－1）２９０２「エフェスティア属の蛾における体細胞変異」の研究のために1年以上の支援を受けていた。ＡＥＣのチャールズ・Ｗ・エディントンは、こう答えている（12月27日付）。「５－ブロモデオキシウリジン（５－ＢｒｄＵ）に関する二つ目の質問には、いささか困惑しております。われわれは基礎研究に関心をもっており、通常想定されているよりも５－ＢｒｄＵの放射線類似作用が少ないという事実によって、貴殿の研究プログラムに対する興味がそがれることはありません。われわれはエフェスティアの体細胞遺伝と成長に関する貴殿の研究方法に興味をもっているのです[17]」

カスパーリがこのような質問をしたことからも、ＡＥＣが特定の種類の成果のみを求めていたこと、つまりＡＥＣの支援が特定の限定された技術的結果を条件としていたことが暗示される。カスパーリはＡＥＣの返事を真に受けたのだろうか。ほかの科学者はどう思っていたのだろうか。

科学者は、多くの場合、アメリカが行う軍事介入に同意する必要もあった。１９６６年、数学者のスティーヴン・スメールは、アメリカのベトナム政策を公然と批判した結果、アメリカ国立科学財団（ＮＳＦ）の助成金をあやうく失いかけた。その数年後、ベトナム戦争批判を公に行ったカリフォルニア大学バークレー校の統計学の教授二人は、海軍研究局と陸軍からの研究助成金を取り消された。１９７０年に数学者のサージ・ラングは、当時のアメリカ数学界は「及び腰」になっており、ＦＢＩのブラックリスト、嫌がらせ、失職、研究支援の停止を恐れていたと述べている。ラングは１９７１年、コロンビア大学当局による反戦活動家の処遇に抗議して辞職した。[18]

ある種の人たちは、性的指向を理由に、セキュリティクリアランスを必要とする科学的地位には不適切と判断されていた。女性はソ連のスパイによる誘惑や脅迫に屈しやすいとみなされることが多かったが、冷戦時代には、同性愛者も多くの科学者や技術者がたどる出世コースからほぼ締め出されていた。[19] 現在サンフランシスコでクリアランスの不服申し立てを専門にしている弁護士のリチャード・ゲイヤーは、以前はアナログ回路設計の技術者だったが、１９７０年に同性愛者団体の会員であることを書類に記載したため、クリアランスを停止された。１９７５年以前は、同性愛者であることが知られているか同性愛者であると思われる人の多くは、セキュリティのレベルにかかわらず、クリアランスを与えられなかった。[20]

１９８３年、ゲイヤーは、サンフランシスコの南に位置する先端技術《ハイテク》センターの労働者７００人で構成された同性愛者団体「ハイテク・ゲイ」の弁護活動を行い、勝利へと導いた。この団体が異議を唱えた国防総省の方針は、クリアランス申請後15年以内に同性愛行為を行ったことがわかっている労働者にまで調査を拡大するよう求めていた。その方針によれば、あらゆる同性愛行為が調査の対象となる。「性行為は、倒錯した行為が人格障害を示す場合や、直接的または間接的な脅迫や強要に至る可能性がある場合には、関連する考慮事項となり得る」。マニュアルでは、「そのような行為には同性愛も含まれる」と記載されている。[21] このように、同性愛者であることが知られている人物のセキュリティクリアランスは、必ずしも拒否されるわけではないが、何年もかかり、キャリアの選択に影響を与えていた。1984年になって、裁判官は、同性愛者による脅迫の証拠はなく、長期にわたる同性愛者のセキュリティ審査にはまったく理由がないとの判決を下した。[22] とはいえ、冷戦のさなかには、異性愛者であることが専門家の必要条件だった。

ハラスメント(嫌がらせ)は、アメリカの軍事的目標を否定または受容するどちらの立場の科学者からも行われることがあった。ペンシルベニア大学の人類学者ウォード・グーデナフは、セキュリティクリアランスをめぐるトラブルを抱えたり、忠誠心に反する行為で非難されることはなかった。しかし、同じ人類学の研究者は、太平洋における海軍の利益との関連性と、海軍研究局(ONR)からの資金援助を理由に、ミクロネシア人類学の調整調査(CIMA)に関する彼の研究の正当性を否定した。CIMAは「アメリカ人類学史上最大の研究プロジェクト」であり、1950年代後半から1960年代初頭にかけて、アメリカの全人類学者の約10%がCIMAのさまざまな大規模フィールドワーク計画に参加していた。イェール大学の大学院で人類学を専攻していたグーデナフは、学位論文執筆のために、ＣＩＭＡの一環としてミクロネシアのトラック（現チューク）諸島の調査を行った。その後、１９７０年代になると、仲間の人類学者たちから「協力者」と揶揄されるようになったという。「私の研究（トラックの言語と社会システムに関する研究）は、ＯＮＲから資金提供を受けているから信用できないといわれているという話を聞きました[23]」

おそらくその人類学者たちは、正反対の政治状況だったとしても、やはりそのような反応を示したのではないだろうか。グーデナフはＯＮＲの資金を受け取ったことで批判されたが、そこには、彼の研究が防衛費に汚染されているという意味が込められていた。しかし、著名な言語学者モリス・スワデシュの場合は、１９４９年にＦＢＩから要注意人物（軍の資金援助に適さない人物）に認定されて失業し、アメリカ人類学会とアメリカ民族学会に所属する人類学者の同僚たちの支援を受けられなくなってしまったのである[24]。セキュリティの問題はあらゆる方向に強い感情をかきたて、専門家は幅広い選択をめぐってほかの研究者からの怒りを買う可能性に直面した。

科学者はまた、ツイッターの荒らし《トロール》の1950年代バージョンに相当するような嫌がらせを受けた。プリンストン大学の物理学者J・ロバート・オッペンハイマーのセキュリティクリアランスの維持(一部の人には非国民的行為とみなされていた)を許可することに賛成票を投じたヘンリー・デウルフ・スミスは、ある「怒れるアメリカ人の家族」から脅迫状を受け取った。そこには、「いつかわれわれアメリカ人はお前たち売国奴全員を処罰するからな」と書かれていた。[25]

遺伝学者のアーサー・スタインバーグも、共産党員であるという不正確な報道のために、驚くばかりの世間の攻撃を受け、住宅購入の契約を反故にされ、一部の仕事を失った。スタインバーグはフィラデルフィアにあるアメリカ哲学協会(APS)のアーカイブに35の文書を寄贈したが、そのすべてが、報道後に受けた残酷な仕打ちを記録したものだった。スタインバーグ夫妻が購入予定だった住宅の不動産業者に宛てた弁護士からの手紙(1954年1月)には、以下のような記述がある。「依頼人がその家に住んだら恐ろしい結果になると脅迫する匿名の電話を何人かの隣人から受けていた」。同僚からの手紙(1948年)には、「共産主義者の嫌疑」の噂を教授陣が耳にしたために、スタインバーグが有力な就職候補者のリストから外されたとはっきり書かれている。[26] APSのアーカイブに寄贈するものを選ぶ際に、スタインバーグは自分のつらい経験が忘れられないようにすることを明確に意図していた。

一方、社会学者は、民間産業や軍の研究所で働く科学者の不幸を記録していた。1965年にチャールズ・D・オースは、こう書いている。

医学であれ、化学であれ、工学であれ、(科学的訓練には)本質的に、ほとんどの組織に存在するような管理プロセスに直面したとき、それを経験した人を不幸にしたり、反抗的にさせたりする傾向があるようだ。科学者や技術者は(中略)、納得していない、あるいは必要だと思っていない組織の要求に従うよう圧力をかけられながら、創造的な潜在能力を遺憾なく発揮することはできないだろう。[27]

こうした社会学的研究は、今日の「科学社会学」のようなものではない。むしろ、この種の社会学者は、組織力学、職場行動、経営管理の観点から、科学者のコミュニティを研究していたのである。彼らの研究目的は、管理職が職場における科学者、技術者、技師との問題を解消する手助けをすることだった。彼らによれば、そのような問題は第二次世界大戦後に始まったという。たとえば、チャールズ・D・オース、ジョセフ・C・ベイリー、フランシス・W・ウォレクは「組織における科学者と技術者の行動」に関する研究（1964年）で、「この新しい人たちは、従来とはまったく異なる新しいニーズをもち込む」と記している。「彼らの意欲をそがないように、私たちは暗中模索しながら研究を進めているところだ[28]」。彼らが追跡した変容は斬新なものだった。

こうした問題は比較的新しいものであり、1920年以前はほとんど知られていなかった。当時は、学外の科学者はほぼ存在せず、学内の科学者は、4、5人の専門家からなる小さな集団に所属しており、少量の安価な機器と自由な時間があるばかりで、実質的には何も管理するものがなかった。今では懐かしい神話の時代は、第二次世界大戦が勃発するやいなや、永遠に消え去ってしまった。[29]

社会学者のジョージ・A・ミラーは、『アメリカン・ソシオロジカル・レビュー』に掲載された論文（1967年）において、産業界の労働条件は科学者や技術者の職業的理想とは相容れないと述べている。[30]

また、このような状況で働いているのは凡庸な科学者ばかりだという声もあった。1961年の海軍研究局人材会議では、ジョンズ・ホプキンス大学応用物理学研究所、海軍調査研究所、海軍兵器研究所、アバディーン性能試験場、デイヴィッド・テイラー・モデルベイスン、海軍電子工学研究所、ライトフィールドで雇用された専門家の質に疑問が呈された。[31] 一部の専門家の目には、冷戦の新しい職業経験が凡庸な科学者の就職を可能にし、個性的な専門家の疎外を招いたように見えたのだ。[32]

おそらく、一部の科学者がドロップアウトした理由は、この一般的な疎外によって説明されるだろう。

1971年7月、「サイエンス・フォー・ザ・ピープル」（物理学者チャールズ・シュワルツをはじめとする科学者たちによるボストンの活動家組織）の会報に、「親愛なる諸兄姉」宛の手紙が掲載された。差出人はラリー・ウェントと名乗る人物で、3年前、化学の学士号の取得まであと3科目というところで大学を中退したという。彼の手紙によると、「突然、これまで受けてきた教育がまったく無意味で非人間的であり、何の価値もないことに気がつきました。化学の学位は金儲けの役にしか立たなかったのです。それ以来、科学から離れて、進路を人間のほうに向け直しました」。彼に言わせれば、それは正しい選択だった。「新しい神経ガスを発明したり〔中略〕大金を稼いだりするようなことはせずに、私は徴兵拒否に対する判決を待っている」からだ。サイエンス・フォー・ザ・ピープルのことを耳にする前は、「ほとんどの科学者は政治的、社会的、感情的な面で知能が遅れている人たちと思っていました」。しかし今では、科学者を無視することはできないとウェントは言う。「科学技術は民衆のものであって、エリートのものではありません。アメリカの支配層は、科学技術を使って、全世界を自分たちの病んだ欲望を満たすためのサーボ機構〔自動制御装置〕に変えようとしています。しかし、同じ科学技術を使って、この地球上のすべての人に食事を与え、健康を提供し、家を建てることもできるのです[33]」

この科学からの難民は、科学は社会正義にかかわるべきなのに、金と暴力ばかりにかかずらわっている、と自らの異議を要約している。すなわち、ウェントは科学に対する嫌悪を述べながら、科学とは純粋で、商売や権力にはかかわらず、人間のニーズと正義に適うものにのみ取り組むもので「あるべき」という力強い職業倫理を表明した。もう少しで化学者になっていたはずのウェントは、入門的な科学的訓練を十分に吸収していた（科学はこうあるべきだという特定の歴史的解釈を教え込まれていた）ので、自分が目にしたものに心をかき乱されたのだ。[34]

ワシントン大学の社会学者ジェフリー・シェヴィッツは、１９７０年代に国防関連の仕事をしていた科学者たちにインタビューを行い、彼らの多くが反対していたベトナム戦争中の兵器製造における彼らの役割についてはっきり尋ねた。シェヴィッツは、このインタビューに基づいた研究書で、兵器の製造に関与した責任に対して科学者や技術者がどのように境界線を引いたのかを強調している。ある者は、自分がなした貢献は「ナパームや何か積極的なもの」とは比較的かけ離れたものであると強調し、関与したことといえば、たとえば敵のレーダーを混乱させ、自国の飛行機が撃墜される可能性を低くする「進行波管」の製造くらいだったとする。またある者は、自分は無力で取るに足らない存在であり、立場が弱すぎて、どのみち大した影響力を与えることはできなかったと述べる（「私個人が抗議したところで、あまり大した違いはない」）。あるいは、兵器開発に取り組んではいたが、ほかの方法で戦争に抗議しており、車に平和を祈願するステッカーを貼ったり、ほかの科学者との昼食会で反戦運動の話をもち出したりした、と言う者もいた。「エレガントな」近接信管の設計を手伝ったある電気技術者は、「あらゆる近接信管の目的は殺傷率を高めることであり、そのことについて考えるのは、私のチームの技術者全員にとって非常に不快なことですが、それでも彼らはそのことについて考えています」と言う。続けて、そうした巧妙な装置と技術的に興味深い現象の唯一の顧客がアメリカ空軍であるのは「本当に厄介な問題ですが」と彼は述べる。「競合他社がいます。私たちがこのデバイスをつくらなければ、競合他社がつくってしまうでしょう[35]」

シェヴィッツはまた、「ドロップアウト」と呼ばれる、国防産業を離れた科学者や技術者にもインタビューを行った。ある技術者は、割り当てられた新しい仕事（「仕事の内容自体はとても楽しかった」という）をしているうちに、「自分の仕事の性質にどんどん悩むようになった」と報告している。その仕事とは、航空機が撃墜されずに都市を爆撃するための最適ルートを見つけることだった。別のドロップアウト者は、「地球科学が、何と言えばいいのか、軍事的な方向を向いているとは思いもしなかった」と言っている。シェヴィッツは、彼が「メアリー」と呼ぶ上級化学博士にもインタビューをした。スタンフォード研究所の上層部にまで上り詰めた彼女は、長年にわたって仕事内容を自己規制していたが、最終的に辞表を提出した。第二次世界大戦中に始まった長いキャリアのなかで、彼女は原爆、燃焼、弾道ミサイル、爆発物の研究をしてきた。そのどれもが、彼女に言わせれば「人を殺すために使われる可能性のある仕事」だった。それで、彼女は研究所の外に出て「何かよいことがしたい」と思った。この科学者にとっては、タイミングこそが問題だったのだ。職業生活の一定期間を損傷の生産に費やしてきたが、その期間は終わった、と彼女はシェヴィッツに言った。[36]

暴力と人類の幸福の適切な割合を計算するという戦略もあった。1969年3月、MIT流体力学研究所のロナルド・F・プロブスタインと同僚研究者たちは、自分たちの研究を「変えるための直接的な努力」を行ったと発表した。彼らは、それまで行っていた軍の委託研究を100%から35%に減らし、残りの65%を「社会目的の研究」に充てたのである。[37] 物理学者のブライアン・イーズリーは、1964年に物理学の教員としてサセックス大学に雇われたが、専門分野を科学史・科学論に転じ、多作の研究者になった。彼が分野を変えたのは、ブラジルで2年間物理学を教えた後だった。イーズリーはそこで、ブラジル国家が科学者や科学を搾取していることを目の当たりにして困惑した。彼の著書(約10年間で4冊)は、フェミニズムの理論を取り入れたもので、その自由奔放で風刺的な、通常の学術論文とはかけ離れた書きっぷりから、正統派の科学史家にはほとんど見向きもされず、科学史の分野では広く引用されることもなかった。しかし、彼はそのなかで挑発的な問いをいくつも提起した。

イーズリーは、多くの社会的・政治的問題を女性嫌悪《ミソジニー》と不安定な男性性(男らしさ)のせいだとし、『解放と科学の目的』(1973年)、『魔女狩り対新哲学:自然と女性像の転換をめぐって』(1980年)、『科学と性的抑圧:女性・自然と家父長制の衝突』(1981年)、『性からみた核の終焉』(1983年)ではいずれも、科学の起源と実践についての斬新でフェミニスト的な考えを提示している。

たとえば、原爆の製造に関する著作『性からみた核の終焉』において、イーズリーは核兵器コミュニティの言語と社会的慣習を解剖し、幼稚で女嫌いの文化を浮き彫りにしている。彼は、爆弾が一般的に生き物として、男性または女性としてみなされていたさまざまな実例を追跡している。リバモア放射線研究所の最初の核実験が失敗したとき、ほかの物理学者たちは、この研究所は「女の子たち」を生産していると揶揄した。あるいは、エドワード・テラーに批判的な人たちは、彼を侮辱するつもりで、テラーは水爆の父ではなく「母」だと言った。水爆のアイデアを考えたのはスタニスワフ・ウラムで、それをテラーに「受精させた」という意味である。テラーをひ弱な「女性」配偶者に見立てて貶めているのだ。実際、イーズリーは核爆弾計画全体を不安定な男性性の表現として構築し、核兵器は、実際の人間によってでも、さらには政治的必要性によってでもなく、「子宮羨望」の深い怒りによって、自然に対する暴力的な征服を生み出したと述べている。[38]

科学の軍事化に対するイーズリーの反応はきわめて多岐にわたっており、科学全般の起源に関するかなり本質的な分析も含まれていた。広く論評されたイーズリー唯一の本は、1980年の『魔女狩り対新哲学』であるが、科学史・医学史の研究者ロイ・ポーターは、1982年に発表した書評で、興奮気味に「刺激的であると同時にもどかしい」本として紹介し、熱狂と困惑の両方を表現している。[39] これはおそらくイーズリーの作品全般に対する公正な評価だろう。イーズリーは2012年末に亡くなったが、今もまだ熱心な支持者がいる。[40] 原子物理学者たちをその輝きに重点を置いて扱った多くの歴史家とは異なり、イーズリーは（多かれ少なかれ彼自身の仲間でもある）彼らを戦争犯罪者として扱った。

サミュエル・スチュワート・ウェストもまたこの批判に加わり、物理学の文化に疑問を投げかけた。イーズリーと同じく、ウェストも物理学から社会学へとキャリアを変えた。彼はカリフォルニア工科大学で物理学の学士号を取得後、1934年に博士号を取得し、1941年と1950年に地球物理学の専門誌に数本の論文を発表した。その後、ワシントン大学シアトル校で社会学の修士号を取得し、彼がさっさと見切りをつけた物理学界の社会的道徳観に関する論文を発表し始めた。

1930年代のカリフォルニア工科大学は、彼が感じるようになった不満の温床だった。デイヴィッド・カイザーは、1945年以降の物理学に対する爆発的な熱狂に、古い世代の物理学者がどのように対応したかを列記している。この分野の指導者たちは、物理学者がもはや天職としての科学に惹かれなくなったことを心配していた。大学院生が欲するのは就職先、レジャー、郊外の家であり、彼らが受けた教育は、先駆的な思想家ではなく、管理者や官僚になるためのものだった。[41]しかし、「大学の科学者のイデオロギー」に疑問を投げかけたサミュエル・スチュアート・ウェストの告発論文（1960年）は、郊外の住宅や知的凡庸さをはるかに超えた問題を扱ったものだった。

ウェストは57人の大学所属の科学者にインタビューを行い、研究に従事し、証拠に基づいて結論を出す自由や、中立性、偏見のなさ、集団への忠誠心などについて質問した。また、創造性も評価した。この研究プログラムの説明において、ウェストはこう述べている。「一般的には、科学研究に従事する人は、新しい知識の生産を促す理想的行動を表した一連の道徳的価値観に固執すると考えられている。しかし、文献に出てくるようなこの価値観の大半は、直観的なものから、せいぜい思いつき程度のものまで多岐にわたる」。彼は、科学史家バーナード・バーバーの著作『科学 社会 人間』（1952

年）に記された価値観をリストアップしていった。そのなかには、感情的中立性、合理性への信頼、普遍主義、無私無欲、不偏不党と（その時点ではいささか矛盾していたが）自由が含まれていた。ウェストは、「合理性への信頼は本質的に非合理的である」と指摘し、想定されるこうした価値観に疑問を呈した。そして、科学研究に関連した道徳的価値観は、おそらく神話的なものであろうと推定した。「科学の古典的道徳」は生産性の向上とは関連しておらず、研究所の責任者は研究室で実際に何が起こっているかを理解する必要がある。「どうやら、科学的価値に関するかなり確固とした合意があったとしても、1920年以降長くは維持されなかったようだ。それは神話以上のものではなかったかもしれない」とウェストは結論づけている。[42]

物理学者のチャールズ・シュワルツもまた、物理学に対する辛口の評論家となった。彼は1954年にMITで物理学の学位を得たのち、1960年にカリフォルニア大学バークレー校の物理学部の教員に採用された。キャリアの初期段階では特に政治的な関心はなかった。1962年には、ワシントン市で開かれた国防分析研究所の夏季研修に参加している。これは、JASONに加入するための登竜門だと広く理解されていた。

当時、彼は科学の軍事化については何の懸念もないと報告していた。しかし、1995年のインタビューにある通り、1966年に起こったパイロットである弟の墜落死と『マルコムX自伝』(1965年)の読書という二つの出来事が、彼が自分の人生を見つめ直すきっかけとなった。[43] 彼はベトナム戦争に、特に物理学者がどのように戦争に貢献しているかについて関心をもち始めた。

それから程なくして、彼は活動家になった。1967年、彼はアメリカ物理学会(APS)の会報『フィジックス・トゥデイ』の編集者にベトナム戦争に疑問を呈する手紙を書いた。編集者は、誌面は「物理学としての物理学および物理学者としての物理学者のためのものである」との理由で、手紙を誌面で公表することを拒否した。シュワルツはその後、いかなる決議案もAPS会員に提示し、会員間で検討できるようにするための会則修正案をAPS会員に提案した。この修正案は言論の自由を問うものであり、ベトナム戦争に触れていないとはいえ、実際には科学者と戦争についての問題だった。この提案がきっかけとなって、『フィジックス・トゥデイ』の編集者宛に手紙が殺到し、物理学誌上で討論が繰り広げられた。この論争にはエドワード・テラーも割って入り、物理学者は「圧力団体」の一員になるべきではないと主張した。『ネイチャー』誌が数週間後に指摘したように、「数年前から国防政策に関するワンマン圧力団体だったエドワード・テラー博士が、今になって圧力団体は厄介な存在であると主張するのは、もちろん喜ばしいことではない」[44]。テラーが多くの爆弾をつくるために役人に多くの資源を投資するよう圧力をかけていたことは周知の事実だった[45]。

1969年、シュワルツの奮闘ぶりは一部の物理学者を刺激し、反戦グループSESPA（Scientists and Engineers for Social and Political Action）の結成につながった。「われわれは、『研究は進歩を意味し、進歩はよいことである』という古い理念を拒否する」[46]。これまで主流の科学団体は、科学者が直面している喫緊の問題からは距離を置いていたが、この新しい団体は距離を置くことを拒否した。「なぜ私たちは科学者なのか。誰の利益のために仕事をしているのか。われわれの道徳的・社会的責任の本質は何か」[47]。SESPAとその後継組織サイエンス・フォー・ザ・ピープルは、連邦政府の政策に対する積極的関与を推進したアメリカ科学者連盟のような団体よりも急進的だった。急進的な科学者は、政治や社会の問題に対する同僚の関心の欠如に困惑していた。

物理学者は軍事的な助言や研究で主導的な役割を果たしていたが、多くはその仕事がもたらす影響には無関心だったのだ。[48]シュワルツは、軍とのかかわりに疑問が投げかけられた際に科学者が行う「合理化」を列記している。「私は国防総省から研究費用をぶんどって国防総省を騙している」「国防総省から資金援助金を受けているが、私は基礎研究をしているだけで、兵器の研究はしていない」「私が兵器の研究を拒否しても、ほかの誰かがやるだろう[49]」

同じことを懸念していたのは、物理学者だけではなかった。

アメリカ微生物学会（ＡＳＭ）がアメリカの生物兵器製造に正式に関与するようになったのは、第二次世界大戦中だった（多くの国が１９２５年以降に生物戦計画を策定した）。微生物学者にとって、この関与は職業的に重要な結果をもたらした。アメリカ微生物学会の歴代会長「91人のうち21人」は、アメリカの主要な生物兵器研究施設フォート・デトリックでの研究歴がある。[50]この種の労働が正当なものか疑問の余地があるものかについて、微生物学者のあいだで意見が常に一致していたわけではなく、合意形成に向けた断続的な取り組みも、第二次世界大戦中には進展が見られなかった。

1967年、ASMの会員のあいだで、メリーランド州のキャンプ・デトリックで行われていた化学・生物兵器研究と学会との関係をめぐって議論が展開された。学会の幹部にはデトリックで(あるいはデトリックのために)働いたことのある人物も多く、微生物学者の大半はデトリックとの密接な関係を支持したが、キャンプ・デトリックを支援する任務を帯びた学会の諮問委員会を解散させるべきだと考える人もいた。第1回目の投票では、解散の提案は否決された。ある会員は、諮問委員会を解散することは「政治的な」イニシアチブであり、「道徳的または政治的見解で組織を覆い尽くしてしまうことになる」と述べ、別の会員は「多数決によって、学会にはふさわしくない暗黙の倫理的・道徳的な立場に会員を追い込むことになる」と述べた。[51] 生物兵器研究に対する支援は、ふさわしくない暗黙の倫理的・道徳的な立場には当たらないということだ。

1968年、退陣を迫られたASMのサルヴァドール・ルリア会長は、学会と防衛機構との密接な関係は、科学系学会の適切な役割・機能と倫理的に相容れないと述べ、諮問委員会を解散した。しかし、特別総会において、会員はルリア会長の意見を覆し、諮問委員会を再設置した。[52]

　このような失敗した取り組みには、科学界の現実が反映されていた。多くの科学者はアメリカの軍事研究を支持し、国防プロジェクトと職業的な価値観とのあいだに矛盾はないと考えていた。にもかかわらず、非主流派の異議申し立ては重要で意義深いものだったと私は思う。軍の資金援助とその影響に批判的な活動家には、サイバネティックス研究者のノーバート・ウィーナー、元ロスアラモスの物理学者ジョセフ・ロートブラット、生化学者でノーベル賞受賞者のライナス・ポーリングらがいた。国防志向の科学、特にベトナム戦争の正当性をめぐって科学界に亀裂が生じた。[53] サイエンス・フォー・ザ・ピープルのような活動家グループが、アメリカ科学振興協会の会議で悪ふざけをしたり、世間を混乱させるような派手な戦術を採用したのは、科学者が戦争における史上最悪の技術の一部に直接関与しているという事実に対する反応だった。最も急進的だったのは、１９７２年にサイエンス・フォー・ザ・ピープルの指導者たちが、優れた科学を行うためには社会の再構築が必要だと主張したことだ。なぜなら、資本主義、人種差別、性差別、帝国主義は、ヒエラルキーと社会的不公平を強化する類いの知識をもたらすからだ。

この団体は、資本主義的民主主義における科学の適切な役割を探っていると見ることができる。彼らはまた、個々の科学者が何をすべきかを問うていた。国防費の影響を大きく受けるネットワークに巻き込まれた専門家の適切な立場とは何だったのか。多くの科学者は、個人の選択によって科学全般で起こっていることを変えることはできそうにないと認識していた。科学ネットワークを行き交う金と権力は前例のないものだったため、構造的・制度的な力は変えられないように思えたのも無理はない。

1945年末、原子爆弾の使用をめぐる論争の高まりを受けて、パサデナ科学者協会が結成された。この団体は、「『人類の幸福』と安定した世界平和の達成を促進するという科学者の明白な責任」を専門家が果たせるようにすることを目的としていた。同じような文言は、さまざまな団体の設立文書に見られる。たとえば、アメリカ科学者連盟（1945年）、シカゴ原子力科学者の会（1945年）、科学の社会的責任を考える会（1949年）、パグウォッシュ会議（1957年）、社会的責任を果たすための医師団（1961年）、公共情報のための科学者協会（1963年）、憂慮する科学者同盟（1969年）、サイエンス・フォー・ザ・ピープル（1969年）、核戦争防止国際医師会議（1980年）、社会的責任を考えるコンピュータ専門家の会（1981年）、社会的責任を考える心理学者の会（1982年）、平和をめざすハイテク専門家の会（1984年）などである。こうした動きは、ASMの倫理規定にまで及んだ。数十年にわたる激しい議論の末に、微生物学者は一致団結して「人類の幸福に反する微生物学の利用を阻止すべきである」と結論づけた。デトリック諮問委員会は最終的に解散した。アメリカ科学振興協会（AAAS）やアメリカ化学会などのほかの学術団体も、1960～1970年代には、科学は人類の幸福を促進することを目的とするという条項を採択した。

ところで、学術団体によるこうした倫理規定、告知、特別声明は何のために必要だったのだろうか。科学は人類の幸福を促進するためのものであり、科学者、技術者、医師は人間を損傷するものをつくることに関与してはならないという考えを押しつけるためだったのだろうか。

真の部内者、つまり権力構造のトップにいるエリート物理学者にとって、冷戦時代は、影響力、発見、関連性という点において、自己陶酔できる魅惑的な時代だったのかもしれない。水爆の製造を手伝ったハーバート・ヨークは、歴史的出来事に居合わせていることを実感しつつ、自らを30歳にして「伝説的でありながら生きているヒーロー」と交流した重要人物とみなしていた。[54] しかし、ほかの多くの科学者にとっては、暴力的な人間損傷を生み出した自分たちの役割に不安を感じていた時代だった。科学は、社会的にも職業的にもそれ以前とは異なる労働になった。以前とは異なる規則やプロトコルをもち、その中核には科学界に緊張を生み出す矛盾をはらんでいた。科学は人類の幸福のためにあるという教育を受けた専門家の選び得る道は、認知的不協和[*2]と格闘するか、それを無視するかのどちらかだった。多くの科学者は無視する道を選んだ。

科学界における暴力は、ジェンダーに似ていると思う。ジェンダーは「幽霊」のようなもので、明確な言葉で表現しようがしまいが、気づこうとしようがしまいが、その重要性を信じようが信じまいが、今なお社会的ネットワークに存在し、社会的・感情的な相互作用を方向づけ、人生を導いている。人間社会は絶えずジェンダーに基づいて労働を組織化してきたため、ジェンダーシステムは見えないほど自然化されている。それは社会的に、あるいは戦略的にとさえいえるほどに、目に見えない存在なのだ。

同様に、戦後科学における暴力も幽霊のような存在であり、本書で考察している技術ネットワークにおいて、存在すると同時に不在であったのだ。ある視点から見れば、また一部の関係参加者にとっては、暴力の存在は明白だった。しかし、ほかの人たちにはどうしてもそれが見えなかった。あるいは気づくことができなかった。多くの場合、暴力は意図的に目に見えないように隠されていたのだ。だから、いきなり検討するには、多くの専門家にとってある種の困難がともなうだろう。

それは、私がこの章で概説しようとした慣行、職業的戦略、感情的反応における扱いづらい難問である。その重要性は戦後科学の多くの公式的説明からは欠落しているかもしれないが、軍事的暴力における科学の深い矛盾に満ちた役割は常に存在していたし、今も存在している。

ジェシカ・ワンは、ある論文で、物理学者のマール・チューヴが、純粋科学というロマンチックなビジョンと軍事技術の生産における重要な役割との折り合いをどのように

＊2　個人がもつ二つの認知のあいだに矛盾が生じている状態を指す。

してつけたのかを見事に説明しているが、そこでは、彼の一貫性のなさが共感をもって描かれている。[55] 冷戦時代の科学者にとって、この純粋無垢さと罪悪感が交差する暗闇は、時には職業上の苦悩を生むこともあった。ワンが指摘したように、20世紀半ばには、科学の本質とその人間的側面の究明に真摯に取り組む組織や会議が数多く生まれた。「科学・哲学・宗教に関する会議」(1939~1960年代)、「科学的精神と民主的信念に関する会議」(1943年、1946年)、「科学と価値に関する委員会」(1951年にアメリカ芸術科学アカデミーによって組織された)、「科学時代の宗教研究所」(1955年~)、「基礎研究シンポジウム」(1959年に、アメリカ科学アカデミー、アメリカ科学振興協会、アルフレッド・P・スローン財団の共催で開催)などがそうだ。この時期には、ほかにも多くの公開会議が開かれ、近代科学の本質、新しい科学的知識や技術の道徳的な意味合いといった問題が議論された。ジェイコブ・ブロノフスキー『科学と人間の価値』やヴァネヴァー・ブッシュ『科学:無限のフロンティア』のような広く読まれた書物には、科学と「文明」のつながりが明確に述べられていた。

私の専門分野である科学史はこの時期にアメリカの大学で制度化されたが、この学問分野は、西洋文明における科学の力と重要性（さらには純粋性）を確認・促進する教育的役割も担っていた。第二次世界大戦後、化学者のジェームズ・コナント（両大戦中に化学の重要性を訴え、その後ハーバード大学の学長を務めた）は、科学史を自由と市民権を教えるための公民の授業と捉えていた。

しかし、サイエンス・フォー・ザ・ピープルの指導者たちは、コナントの主張をほぼ反転させ、よい科学を実践するには社会を改革する必要があると考えた。知識は強力な制度によって方向づけられるのであり、適切な知識は公正な社会でしか生み出されないからだ。けれども、1960年代に展開された、この科学界内部からの科学批判には、皮肉な結末が待っていた。もし科学が実際にいつも政治、信念、仮定によって方向づけられるのだとしたら、もし軍国主義、人種差別、帝国主義、資本主義、性差別の産物である（あるいはその可能性がある）のだとしたら、科学が信頼に値するという理由はどこにあるのだろうか[56]。

終章

理性、恐怖、大混乱

軍事技術や科学の成果物は誘惑的だ。それはさまざまな薄明かりのなかで働き、付随データを生成することで、将来の暴力への導きの糸となる。戦争が科学化されていく過程で、理性の力が働くのは多くの場合、霧のなかだった。その霧のなかで、理性によって不合理なものが生み出されてきた。

今日、新しい種類のテロ戦争が多発しているが、その原動力はどれも似かよっている。強大な国家に挑みかかる者たちは科学技術を利用して、その科学技術を生み出した理性、合理性、秩序のシステムそのものを破壊しようとしている。同様に、工業化された科学戦争においては、感情が決定的な標的となった。航空戦力、潜水艦、人工衛星、インターネット、軍の資金提供を受けた神経科学、ドローン科学、精神医学などはみな、恐怖や不確かな状態を生み出し、感情をコントロールすることに関与している。今日では、強力な国家を弱体化させようとする非国家主体もまた、感情を標的にしている。恐怖、怒り、混乱、憎しみ、さらには多様な愛の形さえも、敵を弱体化させるための資源となりうるのだ。

キャロル・コーンは、国防知識人を対象とした古典的な民族誌的研究において、国防計画の会議では、参加者があまりに容易に怒り、激情、失望といった感情をさらけ出すのに衝撃を受けたと書いている。一方で、悲しみや同情の表現は事実上禁じられており、社会的に大きな反感を買う対象だった。1993年の論文の記憶に残る冒頭部で、コーンは「ある白人男性物理学者が話してくれた実話」を紹介している。この物理学者は、核攻撃に対する報復攻撃をモデル化する研究チームと作業をしており、そのチームはさまざまな配備によって生じる即時死亡者数の現実的な推定値を得ようとしていた。「あるとき、攻撃パターンの想定を少し変えてモデル化してみたところ、即時死亡者数が3600万人ではなく、3000万人にとどまることがわかった。みんなはうなずきながら、口々に『たったの3000万人か、それはすばらしい』と言っていた。突然、私はその言葉の意味を理解し、大声でこう言った。『ちょっと待ってください。今、たった3000万人と言っているのが聞こえました。たった3000万人の人間が瞬殺されるだけ？』部屋は静寂に包まれた。誰も何も言わなかった。彼らは私を見てさえいなかった。実に不愉快だった。私は女々しい思いがした。[1]」彼の「女々しい」感情は、ジェンダーシステムの強力なシンボルとその現実世界への影響を反映していた。それはある部屋で行われた、将来の核戦争の予測に関する議論での出来事にすぎなかったが、おそらく同じ出来事がほかの部屋で取り上げられたほかの議題で何度も繰り返されてきたことだろう。

20世紀前半の生物学者・哲学者ルドヴィック・フレックは、中立的または合理的と思われているもの、つまり感情の領域外にあると考えられているものにこそ、重要な価値観や前提が表現されていると考えた。生前はほとんど注目されていなかったフレックの研究書『科学的事実の起源と発展』（1935年）は、1960年代に科学史家によって科学全般を理解するための強力なモデルとして取り上げられた。[2] フレックの最も重要な解釈者の一人が、物理学者から科学史家に転じたトーマス・クーンである。クーンは「パラダイムシフト」という概念で広く影響を与えた『科学革命の構造』（1962年）の中心的部分として、思考集団と思考様式に関するフレックの考えを採用している。この本は科学史の分野できわめて頻繁に引用される有名な研究書だが、クーンはフレックの思想を取り入れる際、フレックの感情に対する深遠で切実な関心をぬぐい去ってしまった。ウファ・イェンセンが指摘するように、フレックの考えでは、科学者は従来の常識と

図20　2015年8月6日、広島原爆投下60周年の日に、私が平和のメッセージを書いた灯籠を川に流してくれた少年。［著者提供］

矛盾する何か、（クーン流に言えば）パラダイムシフトにつながるかもしれない何かに遭遇したとき、「感情の混沌状態に入る」。そして、この不確かな状態と不安は、新しい思考様式（別の自然モデル）に基づく新しい説明が構築されるまで持続する。だから、フレックにとっては、ある種の感情（混乱、安心、自信、当惑など）は自然科学の研究プロセスに欠かせない部分であり、知識創造プロセスとしての科学を理解するうえで非常に重要な要素だった。「この種の感情は、科学的観察と知識生産の核心的部分である」とイェンセンは書く。しかし、フレックの「観察、説明、理論構築という科学的プロセスにおいて重要な役割を果たしている感情に対するこだわりは、クーンには見当たらなかった」[3]。

フレック自身も、おそらくクーンの省略が有益であったことを評価しているだろう。なぜなら、社会に関するフレックの基本的前提の一つは、感情はあらゆる場所、あらゆる行為のなかに存在するというものだったからである。もし感情が消え去りそうだったら、その消えた点はある種の決定的なコンセンサスの点である。フレックは、中立性と合理性を文化的盲点と見なしていた。中立性と合理性は、感情が不在のように見えるくらいにコンセンサスが濃密な概念だった。だから、クーンがフレックの考えを選択的に取り入れながら感情を排除したことは、フレック自身の洞察と一致していたわけだ。冷戦のさなか、さまざまな熱情が渦巻き、科学界は危機に陥っていた。クーンが在職していたプリンストン大学の科学者たちも、科学の本質と価値をめぐって激しい論争を繰り広げていた。そうしたなかで、クーンは激情とは無縁の科学の中立性を支える科学像を構築しようとしたのだ。

歴史学などの人文学と社会科学の学者は、感情についてどのように考え、扱えばよいのかという問題に悩まされてきた。一部の科学史家にとっては、感情に注目すると、心理学や精神分析の研究に近いものになったり、歴史上の人物に現代的なパーソナリティの理論を事後的に押しつけたり、権力構造やイデオロギーではなく、個人の感情という観点から過去を説明したりすることになる恐れがある。政治学や国際関係論の学者も、感情を明確に検討しない傾向がある。これについて政治学者のネタ・クロフォードは、国家行動を知的なもの、理性の働き（費用対便益の認知的計算）によって動かされているものと解釈する「合理性の仮定」に原因があると指摘している。国際関係における「非合理的」な行動を研究している人でさえ、感情ではなく認知バイアスを探している、と彼女は指摘する。一部の感情（特に憎しみ）は国際関係に関連するものとして広く受け入れられており、国際関係の専門家には問題視されない傾向がある。あまりに当然のことのように思えるからだ。しかし、それ以外の感情は、実際には世界政治の理論に組み込まれているとしても、あまり受け入れられてはおらず、注目もされていない。クロフォードによれば、「恐怖その他の感情は行為主体の属性であるだけでなく、世界政治の構造やプロセスにおいて制度化されている」。しかし、感情の存在と重要性は一貫して消し去られてしまっている。[4] 近年関心を集めている感情史の文献によれば、感情は世界中で作用しており、社会や歴史の分析をするのに、「現実の」内面的な感情や心理的プロセスに関するデータを抽出する必要はない。むしろ、感情がどのように引き合いに出されて理解・説明され、どのような役割を演じているのかに気づくよい機会なのだ。クロフォードによれば、感情は一般的かつ物語的な慣習に従う言語ゲームとみなすことができ、感情の規則は表象の文法で符号化されている。

表象の文法の観点から感情を見ることは、内面的な心理状態についてのある種の不可知論をもたらす。不可知論は、実際の感情や経験した感情についての仮説を必要としない。同時に私は、人体の内部には、科学技術的に可視化できる、生物学的な、感情の相関物があるという考えさえ、近代科学の産物であることを明らかにしたいと思う。実験室で研究可能なこの身体的変化（神経回路と脳器質状態を通して機械化された感情）は、近代化、近代科学とともに生まれてきたものだ。それは知識システムの産物であり、その存在は内部メカニズムを追跡するというやり方で確認できる。

私が声を大にして言いたいのは、感情は一般的に力関係の表現であるということだ。感情は、力強く人目につく方法で個人を社会に結びつけている。感情は常にクロフォードの言う「エナクション（行為性）」にかかわっており、社会的・政治的秩序を通して形成される。[5]

本書の最終章を感情をめぐる議論から始めたのは、戦争が強烈な感情の領域であるからだ。クラウゼヴィッツはそのことを知っていたし、現代の現役軍人もおそらく知っているだろう。今日、そうした感情がどのように思われ、何を意味し、軍隊や非国家主体によってどのように展開されるのかといったことを規定するのは、機械や科学である。21世紀のテロリズム戦略は未開で残忍で前近代的に見えるかもしれないが、それはテクノクラシー的合理性と世界的な理性の力を反映したものである。激しいテクノクラシー戦争がテロリズム戦略を生み出しているのだ。想像を絶する可能性を秘めた科学兵器を意のままに操る強大国に挑む者にとって、被害をもたらすために恐怖を生み出すことは、技術的に実現可能な選択肢の一つなのだ。

言語学者のI・ウィリス・ラッセルは、1946年に公表した新語一覧のなかで、

「mass-produced（大量生産された）」「bamboo railroad（竹鉄道）」「incentive pay（奨励金）」などを挙げている。１９４４～１９８４年のあいだアメリカ方言協会の新語調査委員会の代表を務めたラッセルは、新語を社会や政治に論評を加えるのに適した場だと心得ていたようで、１９４６年の報告書には、「terror bombing（恐怖爆撃）」という新しい一般用語も記載されている。ラッセルは、この表現を「敵国民を恐怖に陥れる」ことによって戦争の終結を早めるための爆撃と定義し、ドイツの都市への恐怖爆撃（無差別爆撃）は「周到な軍事政策」だと述べている。ラッセルが鋭く見抜いたように、恐怖は航空戦力の意図した結果だった。陸軍航空軍の指導的立場にある人たちの多くは、アメリカは「the man on the street（一般市民）」を標的にしないと宣言していたが、アメリカその他の「空軍」は「路上の男性（man）」だけでなく、女性（woman）や子どもまで標的にしていた。その際、彼らは民衆の感情を標的にしていると考えていたのだ。[6]

１９４３年、アメリカ陸軍参謀総長ジョージ・マーシャルは、「ミュンヘンに避難している人たちに希望がないことを示せる」という理由で、ミュンヘン爆撃の重要性を訴えた。[7] 航空戦力はこのように感情（絶望）を生み出し、そうした感情が連合国の勝利につながると考えられていたのである。実際、感情の生成こそ爆撃機が最も得意としていたことだった。戦争が進展するにつれ、無差別的被害を与えて人々を恐怖に陥れるために、両軍ともどもこの技術を広く展開するようになった。工場や鉄道路線に慎重に的を絞って爆撃するという当初の計画は、計画立案者が期待していたほど効果的ではなかった（ドイツ経済にはまったく影響がなかったというガルブレイスの見解を思い出そう）。それが爆弾と焼夷弾による無差別爆撃に道を譲ったのは、目標に命中させるのがかなり難しく、たとえ命中しても工業生産やドイツの軍事機構に対する影響は限定的だったことが一因である。

戦後数十年のあいだに、目標に正確に命中させることが国防総省の最優先事項になり、ドローン戦はその解決策の一つとなった。しかし、おそらく驚くべきことに、ドローンも最終的には恐怖を生み出すことによって部分的に政治的影響をもたらすようになった。

第二次世界大戦中、ドローンは大量生産された。ドローン工場で働いていた若きノーマ・ジーン・ダハティ（のちのマリリン・モンロー）は、ドローンの生産ラインで初めて写真を撮られる機会を得た。彼女は、戦時生産を記録するカメラマンに「発見」されたのだ（図21）。とはいえ、この工場でつくられていたのは「ターゲットドローン（無人標的機）」と呼ばれるもので、照準の練習としてパイロットや砲兵チームを訓練するために使われる小型のリモコン飛行機（遠隔操縦による無人航空機）だった。「ドローン（drone）」という語にはオスのミツバチという意味があり、針をもたないオスのミツバチは使い捨てと見られていた。ターゲットドローンは破壊されることが前提とされていたのだ[8]。

　1950年代には、遠隔操縦航空機（RPA）が偵察支援機としてテストされ始めた。1960年にはゲイリー・パワーズが操縦するCIAのU－2偵察機がソ連上空で撃墜されるという事件が発生し、それ以降、偵察飛行は早急に対応すべき喫緊の課題になった。当時、高高度を飛行するU－2の撃墜はソ連のミサイルには不可能と思われていたが、実際には撃ち落とされた。パワーズはパラシュートで脱出したが、スパイ容疑で逮捕され、ソ連の裁判所で禁固刑の判決を受けた。この事件は米ソ関係をさらに緊張させ

図21　ドローンをつくる若きマリリン・モンロー。［David Conover / United States Army］

た。パイロットが搭乗しない偵察機という考えは、より魅力的になっていった。[9]

そこで、ライアン・エアロノーティカル社が生産していた、ジェットエンジン搭載のターゲットドローン「ファイアービー」が、長距離の空中偵察用に改良された（積載燃料を増やし、機体を若干大きくした）。この新しいドローン（コードネーム「ファイアーフライ」）は、ドローン輸送機DC－130の翼の下に取りつけられ、輸送機に搭乗しているオペレーターと一緒に離陸した。オペレーターは、どこに向かうべきか、何をすべきかをドローンに指示できた。

ドローンでの作業は極秘だった。フライオーバーは国際法に抵触する恐れがあり、空軍関係者でさえ無人ドローンによる監視計画に反対する者がいた。戦術航空司令部（TAC）司令官ウォルター・スウィーニー将軍は、ドローンのような「無人機で行われる偵察計画への参加を断固拒否した」。ある会議の同席者の回想によれば、「会議の最後にスウィーニーの怒号が響き渡った。『空軍参謀本部がこの司令部に46cmのパイロットを配属しやがったら、突き返してやる！』」[10]

1964年、技術者のジョン・W・クラークは、「過酷な環境下での遠隔操作」に関する研究を行った。危険な状況で人間の身代わりになる技術を理論化した彼以前の技術者と同様に、クラークは深海での自律的作業を思い描いた。事実上、そのようなロボットを操作する人間の意識は「不死身の機械のボディーに転送される」[11]。クラークは1964年4月に『ニュー・サイエンティスト』誌に掲載された論文で、このシステムを「テレキリック(遠隔操作)システム」と名づけている[12]。

1934年、アメリカ・ラジオ会社(RCA)の技術者ウラジミール・ツヴォルキンは、世界で初めて無線操縦式爆弾搬送航空機を発案した。このシステムが日本の自爆パイロットというアイデアに基づいて理論化されたことは、おそらく些細なことではないだろう。キャサリン・チャンドラーは2014年の論文で、テレビの「先駆者」であるツヴォルキンが、RCAの社長デイヴィッド・サーノフに「電気の目をもつ空飛ぶ魚雷」というアイデアをメモ書きで伝えたことを記している[13]。かいつまんでいえば、カメラで撮影した空中魚雷の映像をオペレーターに送信し、オペレーターが空中魚雷(実質的には空飛ぶ爆弾)を遠隔操作するという仕組みだ。ツヴォルキンが影響を受けたのは、少なくとも部分的には、日本の自爆攻撃訓練を報じた1930年代の新聞記事だった。

「問題の解決策を発見したのは明らかに日本人だ。新聞によると、彼らは地上と空中の魚雷を制御するために自爆攻撃隊を組織したそうだ」[*1]。チャンドラーは、「無人」戦争がどのようにして構想され、ドローンによってどのようにして実現したかを追跡し、ツヴォルキンが技術を身体と文化の限界を乗り越える方法として見ていたと指摘している。「この国では、そのような方法が導入されることはまず期待できない」とツヴォルキンは言う。「だから、問題を解決するにはわれわれの技術的優位性に頼らざるを得ない。自爆パイロットと実質的に同じ結果を得るための可能な手段の一つは、電気の目をもつ無線操縦式魚雷を用意することである」[14]。ツヴォルキンの「知能をもつ」無線操縦飛行機の概念は、リアルタイムで標的を確認し、任務完了後に戻ってくるというものので、これはすでに開発され、のちに第二次世界大戦で広く使用されたミサイルやロケットの発想とはかなり異なっていた。ツヴォルキンは、たとえパイロットが飛行機に乗っていなくても、パイロットに類する者が存在する乗り物を想像していたのだ。

1972年、カリフォルニア州パロアルトにある太平洋研究センターのロバート・バーカン（ベル研究所の元技術者）は、パイロットがいなければ、国防総省のコスト削減戦略の一つになると考えた。「最近の戦闘機はかなり高価（F4ファントムでは300万ドル以上）だが、そのコストの大半は、人間の乗組員が生還する確率を高めるために費やされている」。一方、無人航空機なら、複数の生命維持装置や射出座席、信頼性の高いエンジン、頑丈な機体などの必要がなくなるとバーカンは指摘する。無人機にすれば軽量化が可能で、「飛行機から人間を除外してしまえば」、機動力と移動速度の向上も期待できる。[15]

現在広く使用されている武装ドローン「プレデター」は、こうした未来像を21世紀に実現したものである。プレデターは、1990年代後半にイスラエルが標的型攻撃と武装ドローンを実現させた後、CIAの使用のために開発されたドローンで、完全に非対称的なリスクと強烈な殺傷力を組み合わせたものである。紛争地域から遠く離れた場所から無人航空機（UAV）を使って個人を殺害するというCIAの極秘計画は、ブッシュ大統領のもとで始まり、オバマ大統領のもとで拡大された。ドローンを使った標的

＊1　実際に自爆攻撃を戦略とする部隊（特攻隊）が編成されたのは太平洋戦争中のことである。

型攻撃の最初の犠牲者は2004年6月に出た。それ以来、パキスタン、イエメン、ソマリア、リビアで何百回ものプレデターによる攻撃が行われてきた。2016年、オバマ政権は、アメリカは473回の攻撃で2436人を殺害したと報告した。公式報告書によると、殺された人のうち、非戦闘員は64～116人にすぎないという。現地のジャーナリストは、この数字、特に非戦闘員の数字がかなり少ないことに異議を唱えている。

哲学者のグレゴワール・シャマユーは、勇猛さと自己犠牲を重んじる伝統的な原則に照らしてみれば、ドローンは「臆病者の兵器」のように見えると述べている。ソマリアやリビアで個別の標的を攻撃するとき、ドローンのパイロットはネバダ州にいるのだ。リスクはまったくもって非相互的である。以前の兵器システムの多くは、弓矢から銃、大砲、V2ロケットに至るまで、非対称的なリスクを生み出してきた。これは近代戦争の一般的な傾向だが、現代のドローンは、まったく別次元の非対称性と極度の精度を生み出している。ロバート・バーカンは、1972年の『ニューリパブリック』誌に掲載された論考でこう述べている。「最終的に戦争は機械同士の争いになるだろう[16]」。機械は血を流すこともなければ、死んでしまうこともない。依存症になったり、味方の将校を撃ったり、戦闘を拒否したりすることもないのだ。

バーカンが言うように、ドローン戦争は軍事機関内部のさまざまな関係を変えてしまうかもしれない。と同時に、国民と国家の関係も変えてしまう可能性がある。このような技術は、アメリカ軍兵士の戦闘死の可能性さえ排除してしまうので、暴力的国家行動を正当化するための方程式を書き換えてしまう。その結果、ハードルが低くなり、アメリカ国民は他者への暴力的攻撃を追求することに何のリスクも冒さなくて済むようになる。このことは、「コスト」のかからない軍事行動を可能にするという意味で、不安定化を招く。

パイロットに対するリスクの完全排除はプレデターその他のドローンの主な利点であり、一部の国防総省当局者は、ドローンは人間よりも「うまく仕事をこなす」だろうと予測している。国防研究者のピーター・W・シンガーは、こんな話を聞かされたという。「ドローンは空腹にならないし、恐怖を感じない。命令を忘れないし、隣のドローンが撃たれても気にしない。ドローンは人間よりもうまく仕事をこなすかと聞かれれば、答えはイエスだ」[17]。ドローンはまた、新たな恐怖を生み出す。北ワジリスタン（パキスタン北西部）のある部族のリーダーは『ニューヨーカー』誌の記者に、ドローンは攻撃を始めるまでの準備時間が長く、そのせいで「みな精神をやられてしまった」と語っている。攻撃の数時間前、場合によっては数日前からドローンは上空を旋回しており、地上からは約6000mの高さでホバリングしている姿が見える。しかも、ドローンは虫の羽音のようにブンブンと単調な音を発する。「F16戦闘機の場合は、精度は低いのだろうが、現れてはすぐ消える」[18]

シャマユーによれば、紛争地帯の外であっても、CIAや国防総省が狙いを定めたすべての場所でドローンが使えるようになり、全世界が狩猟場と化した。しかし、紛争地帯とは何だろうか。「武力紛争の概念を敵の人間に付随する移動可能な場所と定義し直せば、武力紛争法を隠れ蓑にして、紛争地域と非紛争地域の区別なしに世界中のどこででも、自国民を含む容疑者を正式な追加手続きなく不当に処刑するにも等しい権利を正当化することになる」[19]

1930～1980年代の航空戦理論が想定していた敵は、その生産手段を爆弾で破壊できるような「安定した」敵だった。生産手段を物理的に破壊すれば、製品や技術が不足して戦争を継続できなくなり、国家の敗北につながると考えられていた。しかし、この種の理論では、もはや21世紀の武力紛争は説明できない。今ではアメリカのように防衛力の高い強大国に対してさえ、以前よりもかなり少ない人員と資源で被害を与えられるようになったからだ。被害をもたらす手段はやはり科学技術であることが多いが、その技術は敵の兵器工場で製造される必要はない。いや、兵器である必要すらない。非軍事目的でつくられたものであっても、混乱を生じさせたい者は利用する可能性がある。２００1年にワールドトレードセンターを破壊した民間機は、航空会社が商業的な航空路線ネットワークで使用するためにつくられたものだ。民間機が爆弾の物理的等価物になったのは、その使われ方のためである。また、ＩＳＩＳ（Islamic State of Iraq and Syria）のような非国家主体は生産資源が限られており、兵器を製造するための安定した（防御された）工場がないので、世界中の技術的装備の末端部分や一般製品の部品などを利用する可能性がある。彼らは、消費者向けにつくられた携帯電話を即席爆発装置（ＩＥＤ）に変えたり、アメリカのハンヴィー（ＨＭＭＷＶ）、アメリカのＭ－

198榴弾砲、中国の野砲、旧ソ連のAK－47といった軍事技術を取り込んで利用したりする可能性があるのだ。暴力的な非国家集団は、事故、放棄された資材、略奪した銃など、兵器の過剰性から利益を得ている。兵器そのものは中立的であり、製造後、どこでどのように使われるようになるかは予測できない。オハイオ州で製造され、アメリカ軍を支援するためシリアに運ばれ、戦闘中に放棄され、鹵獲《ろかく》されて再利用され、アメリカ軍を殺害するために使用されることもある。

新しい科学技術はまた、感情に損傷を与えるためのまったく新しい戦略を生み出す。2016年6月にフロリダ州オーランドのナイトクラブで起きた銃乱射事件[*2]は、死者49人、負傷者53人の被害者を出し、さらには数百、数千の人たちが心にトラウマを負ったが、そのなかの誰一人として軍事攻撃を仕掛けようとはしていなかった。この人たち一人ひとりが生きようが死のうが、実際に戦闘が行われている前線や戦場には何の影響もなかった。実際には参加していない戦争で殺されたのだ。そして、彼らは「付随的」被害者ではなく、意図された犠牲者だった。この事件の被害者は、知らず知らずのうちに、科学技術とバーチャルな目撃体験を効果的に用いた残虐な見世物に参加させられていた。彼らを殺害し、負傷させる理由は、マスメディアを通して殺人劇を見られるようにし、彼らのトラウマを視聴者に追体験させるためだった。被害者は心理戦計画に組み込まれており、恐怖と苦悩を生み出すために殺されたのである。

グローバルウェブは、さまざまな意味で興味をそそる新たな軍事フロンティアになった。サイバーセキュリティが専門のアメリカ海軍大学校教授クリス・デムチャクは、サイバー戦争についての恐ろしい考察のなかで、人類は全世界的に「捕食の民主化」の時代に入ったと述べている。「すべての構築、所有、委託、維持、更新、監視、防御、破壊が人の手によって行われる」サイバースペースの誕生によって、暴力は以前よりも気楽に扱えるものになり、「これまでどうにもならなかった、捕食行動システムにおける三つの障害（規模、近接性、精度）を取り除いた[20]」。

過去の戦争では、軍隊を組織し軍隊に供給するための資源が必要だった。長距離を移動して積極的な戦いを繰り広げるにしても、研究、技術、生産、訓練を支援するにして

＊2　ISISとのかかわりも指摘されているが、射殺された犯人の犯行動機ははっきりしていない。

も、資源が欠かせなかった。現在はサイバー戦争の技術さえあれば、攻撃を仕掛けようとする者は、限られた資源と人員で、どこにいてもあらゆる標的を攻撃できるようになった。「世界中につながり、自由度と不透明性が高いサイバースペースは、多くの富を生み出しただけでなく、欲望や成功を抑制するための管理や社会統制がほとんど利かないなかで、見知らぬ人に対する自由な捕食を民主化してきた」。彼女によれば、このグローバルウェブの「バーチャルな無政府状態」は、「私たちが知っているような戦争ではなく、アクセス権と時間と基本機器さえあれば誰でも国家と対等に関与できる、平和と戦争の狭間における紛争をもたらした[21]」。

サイバー戦争には、軍服を着た軍人も、目に見える侵略も、物理的な軍事力も必要ない。それはむしろ、複雑なシステム闘争のようなものであり、この闘争においては、「作戦を展開するのに何年もかかる可能性がある。敵の特定が可能で、責任の所在が明確化でき、直接的で物理的な攻撃とは異なり、この作戦は、できるだけ匿名を装い、敵のシステムをじわじわと根深く弱体化させていくという多層性に覆い隠されているからである」。この「平和とも言えないが明らかに伝統的な戦争でもない戦争」は、当面の戦争を変えてしまう。サイバースペースは今日、「多数の紛争を抱えた生息環境のようなものであり、そこでは、接続したあらゆる社会の重要システムが全世界に共有されている」。1648年に三十年戦争を事実上解決したのは国家主権と独立であるという伝統的な考え方を参照しながら、デムチャクは、グローバルウェブを管理するための新しいサイバー・ウェストファリア・システムの出現が必要になると予測している。彼女によれば、国家主権にとってのグローバルウェブの重要性は、一般的には認識も理解もされていない。デムチャクは技術決定論という単純な形式を援用しつつ、サイバースペースが、「あぶみ、長弓、火薬、蒸気機関、電報、レーダー、核分裂」など、過去の戦争を変容させてきた技術の仲間入りしたことを示している。[22]

国防総省は国家安全保障への影響という観点から、グローバルウェブを従来の陸、海、空（宇宙）の領土と同等の領土と定義している。しかし、軍事理論家や科学者は、従来の戦争とサイバー攻撃の問題と格闘している。軍隊による物理的侵略を受けた場合は、軍事的な反撃の正当な理由になる。これは世界各国の合意が得られており、武力と暴力の行使は正当な対応である。しかし、主権国家の銀行システムがサイバー攻撃を受けて停止し、大混乱に陥った場合、もし攻撃を受けた国の秘密諜報部員が攻撃元を突き止めたとしたら、被害国の正当な対応として、サイバー攻撃を仕掛けた国に物理的侵略や爆撃を加えることは許されるのだろうか。また、サイバー攻撃が選挙結果や世論を操作することによって民主主義制度を弱体化させた場合はどうだろうか。民主主義への攻撃は世界中で実際に行われている。こうした方法を用いる攻撃者は、選挙や世論の操作が国家の存続に大きな影響を与えることを認識している。新しい科学技術は既存の法律や理論の限界を押し広げており、デムチャクによれば、近代国家とその権力や自律性を理解する新しい方法にかかわっている可能性さえある。

技術的専門知識は今では徹底的に軍事化されており、研究者、科学者、政治指導者、さらには一般市民にとっても、そこから抜け出す手だてがない。人類の幸福に明確にかかわりをもつ取り組みが、個人の選択の問題ではなく構造の問題として、大規模な人体の損傷を予見し、実際に発生させてきた。私は序章で、暴力は20世紀の知識システムの核心であり、この時代に戦場が重要な実験場となったこと、私が検討している傷（正式な文書に記録された実験的な傷）は、自然と歴史両方の証拠であることを提示した。この傷は、それを生み出した人たちがどのように考え、彼らがどのような世界に住んでいたのか、彼らにとってはどのような問いが重要だったのかなどを理解するのに役立つ。

今日の暴力についての深い洞察を得ることは、高度な訓練を受けた世界中の化学者、物理学者、コンピュータ科学者、海洋学者、数学者が行っている主要な仕事の一つである。自然に関するあらゆる知識は、国家権力のための資源になる可能性がある。どんな知識も諸刃の剣なのだ。経済がどのように機能し、何がその成長を促すかを知っていれば、経済を崩壊させることもできる。人間の心が安全と秩序を維持するために何を必要としているかを理解していれば、その心を不安定にさせることもできる。橋の工学技術を熟知していれば、橋を壊すこともできる。病原体やウイルス、細菌を阻止する方法を知っていれば、その拡散を最大化することもできる。

20世紀を通して、科学者や技術者は人間に損傷を負わせるための方法を数多く考え出した。それは、人間の知能の使い方としてはきわめて理解しにくい方法ではあったが、きわめて重要な使用法だった。このような状況が生じた経緯と理由を説明する際、私は効率性と理性という概念(私が説明する合理性のモデルの中心となる考え)を援用し、この科学的努力の少なくとも一部には、人間の能力と才能のかなりの浪費が含まれていることを示唆してきた。知識を再び「人類の幸福」へと方向づける簡単な方法はないだろうが、問題を明確に認識することがその第一歩になると思っている。

謝辞

学者なら誰でも知っていることだが、1冊の本をつくるというプロジェクトには多くの人の協力が欠かせない。

まずは、私がペンシルベニア大学で長年教えてきた「科学・技術・戦争」の授業に参加してくれた何百人もの学部生にお礼を言いたい。彼らが検討に値する挑発的な質問を次々と投げかけてくれたおかげで、私は知識と暴力の問題をじっくり考えることができた。かなり入り組んだ厄介な問題を彼らに理解してもらえるよう努力するなかで、私は多くのことを学んだ。私はこうした問題を解明しようと努力を重ねたが、それはもとはといえば、彼らの意欲的な質問に答えるためだった。彼らは私の時としてとりとめのない講義に我慢強くつき合い、大きな課題に興味をもって取り組んでくれた。教えるということは名誉ある特権であり、自分の人生を深化させるのに有効な方法の一つだ。私は彼らのことを考えて本書の構想を練った。

次に、たえず私を啓発してくれる、ペンシルベニア大学のすばらしい同僚たちにも深く感謝を申し上げたい。ロバート・アロノヴィッツ、デイヴィッド・バーンズ、エティエンヌ・ベンソン、ステファニー・ディック、セバスティアン・ヒル＝リアーニョ、ハルン・クチュク、ベス・リンカー、ラマー・マッケイ、ジョナサン・モレノ、プロジット・ムカルジ、アーデルハイト・フォスクール。彼らは私を笑わせ、私が物事を理解するのを助け、私と昼食や夕食（ほかにも教授会など）をともにし、私の仕事を全面的に支えてくれた。ペンシルベニア大学の科学史・科学社会学という優れた学科の一員になれたことを、私は幸せに感じている。

博士課程の学生（彼らの多くについて本書で言及している）も、私の研究の重要な支援者だった。ジョン・テリーノは草稿を読み、的確なコメントをくれた。メアリー・X・ミッチェルは、本書の核心的議論を練り上げる手助けをしてくれた。ケイト・ドルシュは、支離滅裂な典拠のリストを美しい参考文献一覧に変えてくれた。さらに、私たちの研究プログラムにたどり着き、ともに研究することを選んでくれたすばらしい研究生たちにも感謝する。彼らと一緒に仕事をすることで、私は多くのことを学んだ。ジョアンナ・ラディンロザンナ・デント、ブリット・シールズ、畠山澄子、カーチャ・バビンツェヴァ、ジョイ・ローデ、ペリン・セルサー、オースティン・クーパー、アンディ・ホーガン、サマンサ・ムカ、ジェイソン・オークス、クリストファー・ホイットニー、ジェシカ・マルトゥッチ、ロジャー・ターナー、アンディ・ジョンソン、ポール・バーネット、クロイー・シルヴァーマン。かなり以前に私の学生だったアウドラ・ウルフは、原稿を読んで有益な批評をくれた。

会話、洞察力、発想を通して、本書の研究に有益な情報を与えてくれた多くの学者の方々に深く感謝する。ジェシカ・ワン、ジョン・クリッジ、ケリー・ムーア、サラ・ブリジャー、ワーウィック・アンダーソン、アンジェラ・クリーガー、イアン・バーニー、チャールズ・ローゼンバーグ、ハンス・ポルス、モリス・ロー、ポール・フォーマン、ベティ・スモコヴィティス、スティーヴン・ファイアーマン、マーティ・シャーウィン、ギセラ・マテオス、エドナ・スアレス、アリソン・クラフト、エレナ・アロノヴァ、マイケル・ゴーディン、ジョアンナ・ラディン、マリア・ヘスス・サンテスマセス。

サンティアゴ・ペラルト・ラモスは、画像選択と使用許諾に関して手伝ってくれた。

プロの編集者である息子のグラント・スカクンは、原稿全体を丹念に読み、多くの問題点を指摘してくれた。そのおかげで、文章がより明確になった。

本書のもととなる着想を発表したワークショップやカンファレンスでは、参加者の方々から有益なフィードバックをいただいた。ここに厚くお礼申し上げる。パデュー大学、マンチェスター大学、イェール大学、ダークマターズ会議（バルセロナ、2013年）、マサチューセッツ大学、広島大学、メキシコシティのメキシコ国立自治大学、日本の葉山にある総合研究大学院大学、神戸大学、シンガポールの南洋理工大学、日本の科学技術社会論学会、ジョンズ・ホプキンス大学、シドニー大学。

身近な人たちにも深く感謝している。ミリアム・ソロモン、アネット・ラロー。最愛の姉妹、マルグリットとローレン。兄弟のマイケル、ハーバート、チャールズ。親愛なる友人たち。ジョージ・ガートン、カレン＝スー・タウシグ、マリア・サンチェス・スミス、ベティ・スモコヴィティス、スコット・ギルバート、ジャン＝マリー・ニーリー、アミラ・ソロモン、イヴ・トラウト・パウエル、ジェシカ・ゲットソン、パット・ペレリン、サリー・サイラー、イモジェン・ウォレン。友人や家族は私のジョークで笑い、バードウオッチングやハイキングに連れ出してくれた。暴力についての長話にも我慢強くつき合ってくれた。

息子のトラヴィス・スカクンに感謝する。トラヴィスはおいしい炒め物やパスタソースをつくりに来てくれた。

ハーバード大学出版局の編集・製作スタッフは、このプロジェクト全体を通して支援的で建設的な役割を果たしてくれた。仕事熱心な編集者ジャニス・オーデットは、一冊の本をつくり上げるという困難な作業のあいだ、忍耐強く思いやりをもって私との共同作業に励んでくれた。ジャニスが各ページを丹念に読み、隅々までチェックしてくれたおかげで、最終稿は見違えるほどよくなった。名前は存じ上げないが、4名の校閲者の方々も私を励まし、文章を校正してくれた。エメラルド・ジェンセン＝ロバーツは画像の使用許諾に詳しく、有益な情報をいろいろと教えてくれた。

もう一人、感謝しなければならない人がいる。

このプロジェクトの後半、私は偶然、ドロシー・ネルキンの研究書『大学と軍事研究：ＭＩＴにおけるモラルポリティクス』（１９７２年）のボロボロになった古いペーパーバック版を見つけた。正直に言うと、見つけたのは我が家の地下収納庫で、古い旅行本数冊と一緒にしまってあった。別にこの本を捜していたわけではなかったが、手に取って読み始めると、すぐに夢中になってしまった。

この本は、科学技術と公共のニーズ、論争、制約が交錯する時事問題を扱ったシリーズの3冊目で、ネルキンの著作としては5冊目の本だった。最初の2冊は移民労働者に関するもので、その後、『原子力発電とその批判者たち』(原子力発電所の建設をめぐるカユガ湖論争に関するもの)、『住宅イノベーション政策』と続いた。

私がこのプロジェクトを終えようとしていたときに、MITに関するネルキンの本を読んで、彼女の深遠で永続的な影響を思い知らされた。ドット(私たちは彼女をそう呼んでいた)は、私の助言者であり、師であり、共著者であり、友人だった。私はこの1972年の本が出版されたずっと後に彼女に会ったが、その内容について議論はまったくしなかった。しかし、彼女はその本において、私が本書で扱った主題の多くを探究していた。ある意味、私はそうとは知らずに、彼女の後を追っていたのだった。

ドットは2003年の春にガンで亡くなった。彼女が私たちのコミュニティに残した空白は、決して埋められることはないだろう。
本書を彼女に捧げる。

注　釈

序　章

1. Harvey, 1948; Owens, 2004.
2. Hughes, 2004; Cowan, 1983; Alder, 1997.
3. Malone, 2000; R. M. Price, 1997.
4. 私がここで使った「読み取りやすい（legible）」という用語はジェームズ・スコットの研究書『*Seeing Like a State*』から借用したもので、社会的・政治的生活のある種の側面が気づかれ、注目される（つまり読み取りやすい）一方で、ほかの側面が無視されたり、無関係だとみなされたりする方法を指している。J. Scott, 1988.
5. Forman, 1973.
6. Zachary, 1997; Owens, 1994; Kevles, 1975.
7. Bousquet, 2009; Van Keuren, 1992, 2001; Rees, 1982.
8. Westwick, 2003 を参照。
9. Dennis, 2015.
10. Rohde, 2009; Moore, 2008; Bridger, 2015.
11. Dennis, 1994; 初期の議論の一つを社会学的に解明した研究として、Nelkin, 1972 を参照。
12. Relyea, 1994.
13. Hollinger, 1995, p. 442.
14. Swartz, 1998.
15. すべて Hollinger, 1995, pp. 442–446 からの引用。
16. Beecher, 1955.
17. Lindee, 1994.
18. Haraway, 1988, pp. 579, 583.
19. ピーター・パレットの研究は、クラウゼヴィッツを彼の生きた時代において理解するだけでなく、彼が亡くなった後の世界に影響を与えたその思想として理解するのに役立つ。

Paret, 2004; 2007; 2015 を参照。

20. Paret, 2007, p. 9.
21. 草稿に対するマリーの影響については、Bellinger, 2015 を参照。
22. Ghamari-Tabrizi, 2005.
23. Kaldor, 1981.
24. 特に Krige and Barth, 2006 の論文を参照。
25. Galison, 2004, p. 237.
26. 似たような論旨の研究には、Bousquet, 2009Hacker, 1994 などがある。
27. Schwartz, 1998.

第1章：銃を持つ

1. Lorge, 2008.
2. Roberts, 1956 や、それほど露骨ではないが、McNeill, 1982; Parker, 1996 を参照。
3. Evans, 1964 を参照。
4. Gat, 1988; Cassidy, 2003.
5. McNeill, 1982; B. S. Hall, 1997.
6. 木炭の重要性については、Buchanan, 2008 を参照。
7. Cressy, 2011, 2012; Frey, 2009.
8. Frey, 2009.
9. Cushman, 2013.
10. 化学者と火薬製造をめぐる歴史については、シーモア・マウスコフの研究が特に重要である。Mauskopf, 1988; 1995; 1999 を参照。Buchanan, 2014 も参照。
11. Buchanan, 2006.
12. Nayar, 2017.
13. Nayar, 2017, p. 521.
14. Parker, 2007, p. 353.
15. Kleinschmidt, 1999; Parker, 2007.
16. Kleinschmidt, 1999.
17. McNeill, 1995.

18. Malone, 2000; Silverman, 2016.
19. Silverman, 2016.
20. Silverman, 2016.
21. Diamond, 1997.
22. Perrin, 1979; Kleinschmidt, 1999.
23. Parker, 2007.
24. Perrin, 1979.
25. Kleinschmidt, 1999, p. 626.
26. Perrin, 1979.
27. Buchanan, 2012, p. 924.
28. Buchanan, 2012. また、Ágoston, 2005; Gommans, 2002 も参照。
29. Ralston, 1990.
30. Ralston, 1990.
31. Gross, 2019.
32. Inikori, 1977, 2002; Richards, 1980; Hacker, 2008.
33. Marshall, 1947.
34. Marshall, 1947; Grossman, 1995.
35. Spiller, 2006; Strachan, 2006; Rowland and Speight, 2007.
36. Grossman, 1995.
37. Grossman, 1995.
38. Grossman, 1995.
39. Diamond, 1997.

第2章：大量生産の論理

1. Bousquet, 2009, p. 75.
2. Bousquet, 2009, p. 76.
3. Carnahan, 1998, p. 213.
4. Kaempf, 2009 を参照。
5. Faust, 2005, p. 28.
6. Alder, 1997.
7. Small, 1998; Diamond and Stone, 1981.
8. Williams, 2008.
9. Diamond and Stone, 1981.

10. Diamond and Stone, 1981.
11. Diamond and Stone, 1981, p. 69.
12. Immerwahr, 2019.
13. とはいえ、Carpenter, 1995を参照。
14. Sumida, 1997.
15. Mahan, 1890.
16. Karsten, 1971; LaFeber, 1962.
17. Kennedy, 1988; Sumida, 1997.
18. Fairbanks, 1991.
19. Mindell, 1995; 2000.
20. Fairbanks, 1991.
21. O'Connell, 1993.
22. Anderson, 2006.

第3章：塹壕、戦車、化学兵器

1. たとえば、Stichekbaut and Chielens, 2013; Shell, 2012; Finnegan, 2006などを参照。
2. Travers, 1987; Selcer, 2008.
3. 相対的観点からの有益な研究として、Sachse and Walker, 2005を参照。
4. McNeill, 1982.
5. Nickles, 2003; Winkler, 2015.
6. Ashworth, 1968.
7. Ashworth, 1968.
8. R. M. Price, 1997; E. Jones, 2014を参照。
9. E. Russell, 2001.
10. R. M. Price, 1997; E. Russell, 2001; Haber, 1986.
11. ハーバーの息子ルートヴィヒ・ハーバーが出版した、父の仕事に関する解説書は一読の価値あり。Haber, 1986.
12. R. M. Price, 1997.
13. George, 2012.
14. D. P. Jones, 1980.
15. R. M. Price, 1997.

16. Müller, 2016を参照。
17. McNeill and Unger, 2010.
18. Cohn, 1993.
19. Szabo, 2002; Wessely, 2006.
20. Loughran, 2012.
21. Loughran, 2012.
22. Johnson, 2015.
23. Shephard, 2000; Wessely, 2006; Winter, 2006を参照。
24. Badash, 1979.
25. Gordin, 2015b.
26. E. Crawford, 1988.
27. Stanley, 2003.
28. Heilbron, 2000.
29. Kevles, 1971.
30. E. Crawford, 1988; 1990, p. 252.
31. E. Crawford, 1988, p. 164.
32. Doel, Hoffman, and Krementsov, 2005.
33. Irwin, 1921, p. 44.
34. Irwin, 1921, p. 44.
35. T. Biddle, 2002, pp. 264, 268を参照。
36. T. Biddle, 2002, p. 265.
37. T. Biddle, 2002, p. 267.
38. すべてT. Biddle, 2002, p. 268からの引用。
39. T. Biddle, 2002, p. 268からの引用。
40. 1915年の小論からの引用。Freud, 1957, p. 307.
41. 書簡集からの引用。Rilke, 1947.
42. Einstein and Freud, 1933.

第4章：動員

1. アメリカ研究評議会の会合（ワシントン市、1946年5月17日）での発言。Records of the National Research Council, Archives of the National Academy of Sciences, Washington, D.C. グロウの『*Surgeon Grow: An American in the Russian Fighting*』（1918. New

York: Frederick A. Stokes）は、第一次世界大戦のロシア戦線における自らの体験の詳細な記録である。
2. United States Department of Commerce, Office of Technical Services, 1947.
3. Owens, 1994を参照。
4. T. Biddle, 2002, p. 266; S. Biddle, 2004.
5. Owens, 1994.
6. Kevles, 1977, p. 11.
7. Daemmrich, 2009; Lindee, unpublished manuscript.
8. Grier, 2005.
9. Kevles, 1977. Feffer, 1998も参照。
10. Herman, 1995.
11. Galston, 1972; Bridger, 2015. Anonymous, 2008も参照。
12. Owens, 1994, p. 523.
13. Zachary, 1997.
14. Zachary, 1997.
15. Stewart, 1948と、アメリカ商務省技術サービス局のリスト（1947年）に記載されたOSRDの全報告書（Office of Technical Services, 1947; Navy Research Section, 1950）を参照。
16. Zachary, 1997は、この特質を捉えた伝記である。
17. Owens, 1994, p. 530.
18. Liebenau, 1987.
19. Fleming, 1929, p. 227.
20. Selcer, 2008.
21. Bud, 1998; Neushul, 1993.
22. Wright, 2004, p. 495からの引用。
23. Harris, 1999.
24. Hobby, 1985.
25. Daemmrich, 2009.
26. Daemmrich, 2009; Swann, 1983.
27. Adams, 1991; Keefer, 1948.
28. Rasmussen, 2001.
29. E. Russell, 1999; Perkins, 1978.

30. Dunlap, 1978; E. P. Russell, 1996; E. Russell, 1999.
31. E. Russell, 1999.
32. Quinn, 1995.
33. Siegfried, 2011.
34. Sime, 1996, p. 92.
35. Sime, 2012.
36. グローヴスについては、Bernstein, 2003 を参照。
37. オッペンハイマーについては、Bird and Sherwin, 2005 を参照。
38. Andrew Brown, 2012. Veys, 2013 も参照。
39. Landers et al., 2012.
40. Carson, 1962.
41. Masco, 2008, p. 362.
42. Masco, 2008, p. 362.

第5章：忘れがたき炎

1. Japan Broadcasting Corporation, 1981.
2. Committee for the Compilation, 1981, p. xv.
3. Gentile, 2000, p. 1085 を参照。
4. Dower, 1986; Hasegawa, 2005.
5. Blackett, 1949; Alperovitz, 1995, 1998.
6. Stimson, 1947; Fussell, 1981.
7. Miyamoto, 2005.
8. Stimson, 1947; R. P. Newman, 1998; Malloy, 2008.
9. Blackett, 1949.
10. Walker, 1996; Sherwin, 1975; Alperovitz, 1995; Blackett, 1949; Stimson, 1947; Malloy, 2008 を参照。
11. ソ連の原爆については、Holloway, 1994、特に Gordin, 2009 を参照。
12. Hedges et al., 1986.
13. US Strategic Bombing Survey Reports, http://www.ibiblio.org/hyperwar/AAF/USSBS/.
14. Gordin, 2015a.
15. Committee for the Compilation, 1981.

16. Hasegawa, 2005.
17. Galison, 2001, p. 8.
18. US Strategic Bombing Survey, 1946a; 1946b; 1946c; 1947.
19. US Strategic Bombing Survey, 1946c, p. 39.
20. US Strategic Bombing Survey, 1946c, p. 41.
21. US Strategic Bombing Survey, 1946c, p. 41.
22. Hasegawa, 2005.
23. Gentile, 1997.
24. US Strategic Bombing Survey, 1946c, p. 43.
25. US Strategic Bombing Survey, 1946c, p. 45.
26. US Strategic Bombing Survey, 1946c, p. 5.
27. US Strategic Bombing Survey, 1946c, p. 23.
28. US Strategic Bombing Survey, 1946c, p. 24.
29. 初期の議論については、Willis, 1997; Yavenditti, 1974; Hopkins, 1966; Kaur, 2013; Boller, 1982を参照。周知の通り、1945年8月、ローマ教皇ピウス12世は原子爆弾を「人間の心が考え出した最も恐ろしい兵器」と呼んだ。
30. Lindee, 1994; 2016.
31. Lindee, 2016.
32. Lindee, 2016.
33. Zwigenberg, 2014, pp. 163–175.
34. Lifton, 1968.
35. Lifton, 1963.
36. Lifton, 1963.
37. Committee for the Compilation, 1981, p. xvii.
38. Committee for the Compilation, 1981.
39. Lindee, 2016.
40. Kuchinskaya, 2013, p. 78.
41. Lindee, 2016からの引用。

第6章：身体という戦場

1. Bourke, 1996を参照。Bourke, 1999; 2015も参照。
2. J・F・フルトンからE・N・ハーヴェイ宛書簡（1943年9月

29日付）。Papers of E. N. Harvey, American Philosophical Society, Philadelphia, Penn.

3. Bynum, 1991.
4. T. Biddle, 2002; W. Mitchell, 1930.
5. Schultz, 2018を参照。
6. Kennett, 1991.
7. Schultz, 2018, pp. 7, 35.
8. Schultz, 2018, pp. 35–36.
9. Fulton, 1948; Leake, 1960.
10. J・C・アダムスからスミス将軍（海軍）宛報告書（1942年9月2日付）「Development of the Sands Point Research Project (Guggenheim Properties)」。Box 9, General Records 1940–1946, CMR, OSRD, RG227, NARA. この報告書は、サンズポイントに航空医学研究所を新設するというコーネル大学の生理学者ユージン・デュボイスの提案に対して開かれた公聴会（議長はA・N・リチャーズ）を受けてのもので、この提案は結局承認されなかった。リチャーズはデュボイスに、その理由を「海軍軍医総監および航空軍軍医総監は航空医学研究所の必要性を認めておらず、既存の軍の研究施設で十分だと考えている」（1942年9月4日）からだと伝えている。Box 9, General Records 1940–1946, Committee on Medical Research, OSRD, RG227, NARA. また、Mackowski, 2006も参照。
11. 医学研究委員会における、「Sands Point Research Project (Guggenheim Properties)」の実現可能性に関するD・N・W・グラント准将の発言（1942年9月1日）。Box 9, General Records 1940–1946, Committee on Medical Research, OSRD, RG227, NARA.
12. 減圧症小委員会（1948年1月27日）におけるJ・F・フルトンの報告。Box 46, Folder 689, Papers of John F. Fulton, Yale University Library.
13. ルイス・B・フレックスナーの報告書（1942年）に記載されたプロジェクト。Box 12, RG 227, NARA.
14. Flexner, “Report on Flexner’s Visits to New Haven, The Fatigue

Laboratory and Clark University, July 19–23, 1942," Box 12, RG 227, Committee on Medical Research, NARA. 当時建設中だったイェール大学の減圧室を訪れたフレックスナーは、FBI捜査官とも面会し、施設の安全を確保するには24時間体制の警備が必要だと忠告された。

15. ランポートからフルトン宛書簡（1942年9月18日付）。Box 105, Folder 1435, Papers of John F. Fulton, Yale University.
16. Schmidt, 1943; Koelle, 1995.
17. Schultz, 2018, pp. 90–92.
18. この議論の多くは、私の2011年の論文「Experimental Wounds」に基づく。Lindee, 2011.
19. Andrus et al., 1948, pp. 232–262, 251.
20. Dill, 1959; Aub, 1962 を参照。
21. Kehrt, 2006.
22. Kuhn, 1962.
23. Stark, 2016. レデラーは、ポッドキャスト「The Evolution of Beecher's Bombshell」において、彼女が現在進めている、ビーチャーの思想に関する研究について語っている（https://www.primr.org/podcasts/may2/）。
24. 「もうすぐ、ずいぶん前に教授職を辞したハーバード大学医学部に戻ることになると思います。私はこれまでに得た機会から計り知れないほどの利益を得ました。ハーバードではその経験を活かすつもりです」。ビーチャーからドイツ管理理事会アメリカグループのモリソン・C・ステイヤー陸軍少将宛書簡（1945年7月17日付）。Papers of Beecher, Countway Library.
25. ビーチャーからA・N・リチャーズ宛書簡（1942年10月16日付）。Folder 10, Papers of Walter B. Cannon, Countway Medical Library, Boston, Mass.
26. ビーチャーからA・N・リチャーズ宛書簡（1942年10月16日付）。Folder 10, Papers of Walter B. Cannon, Countway Medical Library, Boston, Mass.
27. Board for the Study of the Severely Wounded, 1952, pp. 311–

312.
28. Beecher, 1946.
29. Beecher, 1955.
30. Walter Reed Army Institute of Research, 1955, p. 24.
31. Prokosch, 1995, p. 11 からの引用。
32. Prokosch, 1995, p. 12.
33. Prokosch, 1995, p. 13.
34. Prokosch, 1995, p. 13.
35. Prokosch, 1995, pp. 14–15.
36. Prokosch, 1995, p. 16.
37. Coates, 1962, pp. 734–737, and Appendix H, pp. 843–853.
38. Coates, 1962, p. 592.
39. Prokosch, 1995, pp. 39, 41.
40. Stellman et al., 2003.
41. W. J. Scott, 1988.
42. Hannel, 2017.
43. Hannel, 2017.
44. Scarry, 1985, p. 73.
45. Scarry, 1985, p. 62.

第7章：心という戦場

1. Bernays, 1947, p. 113.
2. Tye, 1998; Justman, 1994.
3. Bernays, 1923, p. 128.
4. Bernays, 1942, p. 240.
5. Bernays, 1942, p. 242; Tye, 1998.
6. Dillon and Kaestle, 1981; Kaestle, 1985.
7. G. S. Hall, 1919, p. 211.
8. Creel, 1941, p. 340.
9. ラスウェルについてはMerelman, 1981を参照。
10. Rohde, 2013; Solovey, 2013; Solovey and Cravens, 2012.
11. Rohde, 2013.
12. Simpson, 1996.

13. 1945年以降のこうした問題をはらんだ境界領域についての有益な研究としては、Krige, 2006; Wolfe, 2013, 2018; Cohen-Cole, 2009を参照。
14. Tye, 1998.
15. Tye, 1998.
16. Merelman, 1981.
17. ソ連における関連研究の軌跡については、Gerovitch, 2002を参照。
18. Ascher and Hirschfelder-Ascher, 2004.
19. Simpson, 1996.
20. 海洋学については、Hamblin, 2005、AECについては、Creager, 2013を参照。
21. Simpson, 1996.
22. Santos, Lindee, and Souza, 2014.
23. Pribilsky, 2009.
24. Pribilsky, 2009からの引用。
25. D. H. Price, 2004, p. xi. また、D. H. Price, 2008; Nader, 1997も参照。
26. Watson, 1924; Woodworth, 1959; Kreshel, 1990.
27. Kreshel, 1990.
28. Woodworth, 1959.
29. Farber, Harlow, and West, 1957. また、Lemov, 2011を参照。
30. Lemov, 2011.
31. Zweiback, 1998.
32. Zweiback, 1998.
33. Biderman, 1956.
34. Lifton, 1961.
35. Lifton, 1961; 1963.
36. Arendt, 1963.
37. Arendt, 1963; Benhabib, 1996.
38. Nicholson, 2011; Zweiback, 1998.
39. Milgram, 1963.
40. Nicholson, 2011.

41. Jacobsen, 2017a は、CIA プログラムとその影響についての実に興味深い著作である。Moreno, 2006; Albarelli, 2009 も参照。
42. Jacobsen, 2017b.
43. Zilboorg, 1938.

第8章：ブルーマーブル

1. E. Clark, 1965; Wiener, 2012; Cloud, 2001; https://www.cia.gov/news-information/featured-story-archive/2015-featured-story-archive/corona-declassified.html.
2. Møller and Mousseau, 2015; Webster et al., 2016; K. Brown, 2019 も参照。
3. Masco, 2004, p. 542, note 6.
4. Jacobs, 2010, 2014; Nixon, 2011.
5. Jacobs, 2014.
6. Pearson, Coates, and Cole, 2010; Kirsch, 2005 を参照。
7. Stacy, 2010, p. 418.
8. K. Brown, 2013.
9. Stacy, 2010.
10. Bruno, 2003. p. 239; Hacker, 1987, p. 92.
11. Gordin, 2009.
12. Stacy, 2010.
13. https://en.wikipedia.org/wiki/The_Conqueror_(1956_film).
14. Bruno, 2003.
15. Bruno, 2003.
16. Bauer et al., 2005 を参照。
17. Masco, 2004.
18. Makhijani and Schwartz, 1998.
19. Macfarlane, 2003.
20. Walker, 2009.
21. 科学実験場としての島については、DeLoughrey, 2013 を参照。「核家族」(島に住む軍事関係者の家族)については、Hirschberg, 2012 を参照。

22. 島を奪う過程については、S. Brown, 2013を参照。
23. M. X. Mitchell, 2016.
24. M. X. Mitchell, 2016; A. L. Brown, 2014を参照。
25. M. X. Mitchell, 2016.
26. E. Clark, 1965, p. 1.
27. Farish, 2013.
28. Nielsen, Nielsen, and Martin-Nielsen, 2014.
29. Cloud, 2001.
30. Cloud, 2001, p. 237.
31. Cloud, 2001.
32. Barnes and Farish, 2006.
33. Wiener, 2012; Vanderbilt, 2002; Graff, 2017.
34. Wiener, 2012.
35. Spencer, 2014.
36. Spencer, 2014.
37. Spencer, 2014.
38. Spencer, 2014.
39. Spencer, 2014.
40. Spencer, 2014, p. 166.
41. Poole, 2008を参照。
42. Lazier, 2011.

第9章：隠れたカリキュラム

1. Van Keuren, 2001, p. 208.
2. ポラードからトーマス・マレー宛書簡（1954年7月9日付）。Papers of Henry DeWolf Smyth, American Philosophical Society, Philadelphia.
3. Hochschild, 1983.
4. チェイニーの発言の文字起こし。Papers of Anne Roe, APS.
5. Giroux and Purpel, 1983.
6. Lang, 1971, p. 77.
7. Hamblin, 2005, p. 55からの引用。
8. フレッド・ロジャースからトンプソン博士宛書簡（1943年6

月14日付）。Papers of Fred T. Rogers, Rice University.

9. 東部産業人材セキュリティ委員会による聞き取り調査のためにコンドンが準備した陳述原稿、p. 26（1954年4月）。Condon Papers, APS, File Eastern Industrial Personnel Security Board, Hearing—April 1954, #2.
10. Wang, 1992.
11. Papers of Rosser, Dolph Briscoe Center for American History, University of Texas at Austin.
12. Papers of Rosser, Dolph Briscoe Center for American History, University of Texas at Austin.
13. 「Memorandum for the Record」（1956年12月7日付）。ワシントン州リッチランドのハンフォード原子力生産会社（ゼネラルエレクトリック社）研究統合事業部長C・A・ベネット博士、プリンストン大学数理統計学教授J・W・テューキー博士、両名の署名あり。Papers of John W. Tukey, Rice University.
14. JASONによる提案書（1960年）から。Pieces of #137 First Draft Report, "Suggestions on Presentation of Results," "An Editorial Suggestion," Papers of John Wheeler, APS.
15. Aaserud, 1995; Finkbeiner, 2006.
16. エルンスト・カスパーリからAEC生物部門の遺伝学者チャールズ・W・エディントン宛書簡（1963年12月11日付）。Papers of Caspari, APS.
17. エディントンからカスパーリ宛書簡（1963年12月27日付）。Papers of Caspari, APS.
18. Chang and Leary, 2005.
19. 冷戦期の同性愛者に対する一般的迫害については、Johnson, 2006、冷戦期の女性科学者については、Rossiter, 1995; 2012を参照。
20. ゲイヤーへのインタビュー（https://outhistory.org/exhibits/show/philadelphia-lgbt-interviews/int/richard-gayer）を参照。
21. https://casetext.com/case/high-tech-gays-v-disco.
22. https://casetext.com/case/high-tech-gays-v-disco.
23. 著者によるウォード・グーデナフへのインタビュー（2007年

12月14日、ペンシルベニア州ハバフォード）。また、Kirch, 2015も参照。
24. S. Newman, 1967.
25. Papers of Henry DeWolfe Smyth, APS.
26. Papers of Arthur Steinberg, APS.
27. Orth, Bailey, and Wolek, 1965, p. 141.
28. Orth, Bailey, and Wolek, 1965, p. 5; Hower and Orth, 1963.
29. Orth, Bailey, and Wolek, 1965, p. 1.
30. Miller, 1967.
31. ONR主催の人材会議（1961年11月27日）での議論。Box 1, E-@, RG359, Minutes of FCST Meeting, 1959–1973, NARA. ホイーラー文書のウィリアム・ブラッドリーからジョン・ホイーラー宛書簡（1958年1月24日付）も参照。Jason (Project 137) #1, Papers of John Wheeler, APS.
32. Kaiser, 2004を参照。
33. Larry Wendt, July 1971 Science for the People newsletter, p. 31, "Dear Brothers and Sisters"—copy found in Van Pelt Library, University of Pennsylvania.
34. Larry Wendt, July 1971 Science for the People newsletter, p. 31, "Dear Brothers and Sisters." https://scienceforthepeople.org/ も参照。
35. Schevitz, 1979, pp. 51–60.
36. Schevitz, 1979, pp. 51–60.
37. Probstein, 1969.
38. Easlea, 1983.
39. Porter, 1982.
40. Millstone, 2012.
41. Kaiser, 2004.
42. West, 1960, p. 61.
43. C. L. Schwartz, 1995.
44. Charles Schwartz, 1971からの引用。
45. テラーは、核兵器の推進に関する自らの役割について、自己賛美的な（かなり疑問の余地がある）説明をしている。

Teller and Shoolery, 2001. また、Bernstein, 1990 も参照。
46. Moore, 2008, p. 151 からの引用。
47. Moore, 2008, p. 151; M. Brown, 1971.
48. Moore, 2008, p. 153; Charles Schwartz, 1996.
49. Charles Schwartz, 1971.
50. Cassell, Miller, and Rest, 1992.
51. Cassell, Miller, and Rest, 1992 を参照。
52. Nelson, 1969; Lappé, 1990, p. 115 を参照。
53. Oreskes and Krige, 2014; Rubinson, 2016.
54. Easlea, 1983, p. 138 からの引用。
55. Wang, 2012.
56. Oreskes, 2019.

終　章：理性、恐怖、大混乱

1. Cohn, 1993, p. 227.
2. Fleck, 1979.
3. Jensen, 2014, p. 264. 戦後の科学における感情については、Biess and Gross, 2014 も参照。
4. N. Crawford, 2000.
5. N. Crawford, 2000.
6. I. W. Russell, 1946, p. 295.
7. T. Biddle, 2002.
8. Chamayou and Lloyd, 2015 における議論を参照。
9. Chamayou and Lloyd, 2015.
10. R. C. Hall, 2014 からの引用。
11. Chamayou and Lloyd, 2015.
12. J. Clark, 1964.
13. Zworykin, (1934) 1946.
14. すべて Chandler, 2014, pp. 36–39 からの引用。
15. Barkan, 1972, p. 14.
16. Barkan, 1972, p. 15.
17. Singer, 2009.
18. Coll, 2014.

19. Chamayou and Lloyd, 2015, pp. 57–58.
20. Demchak, 2016.
21. Demchak, 2016.
22. Demchak, 2016.

参考文献

Aaserud, Finn. 1995. Sputnik and the "Princeton Three": The National Security Laboratory That Was Not to Be. *Historical Studies in the Physical and Biological Sciences* 25 (2): 185–239.

Adams, David P. 1991. *The Greatest Good to the Greatest Number: Penicillin Rationing on the American Home Front, 1940–1945*. New York: Peter Lang.

Ágoston, Gábor. 2005. *Guns for the Sultan: Military Power and the Weapons Industry in the Ottoman Empire*. Cambridge: Cambridge University Press.

Albarelli, H. P. 2009. *A Terrible Mistake: The Murder of Frank Olson, and the CIA's Secret Cold War Experiments*. Walterville, Ore.: Trine Day.

Alder, Ken. 1997. Innovation and Amnesia: Engineering Rationality and the Fate of Interchangeable Parts Manufacturing in France. *Technology and Culture* 38 (2): 273–311.

Alperovitz, Gar. 1995. *The Decision to Use the Atomic Bomb and the Architecture of an American Myth*. New York: Alfred A. Knopf.

———. 1998. Historians Reassess: Did We Need to Drop the Bomb? In *Hiroshima's Shadow: Writings on the Denial of History and the Smithsonian Controversy*, edited by Kai Bird and Lawrence Lifschultz. Stony Creek, Conn.: Pamphleteer's Press, 5–21.

Anderson, Benedict R. O'G. 2006. *Imagined Communities: Reflections on the Origin and Spread of Nationalism*. Revised edition. London: Verso.〔ベネディクト・アンダーソン『定本 想像の共同体：ナショナリズムの起源と流行』白石隆・白石さや訳、書籍工房早山、2007年〕

Andrus, E. C., D. W. Bronk, G. A. Carden, Jr., C. S. Keefer, J. S. Lockwood, J. T. Wearn, and M. C. Winternitz. 1948. *Advances in Military Medicine, Made by American Investigators*. Vol. 1. Boston:

Little, Brown.

Anonymous. 2008. In Memoriam: Arthur Galston, Plant Biologist, Fought Use of Agent Orange. *YaleNews* (July 18). Available online at https://news.yale.edu/2008/07/18/memoriam-arthur-galston-plant-biologist-fought-use-agent-orange.

Arendt, Hanna. 1963. *Eichmann in Jerusalem: A Report on the Banality of Evil*. New York: Viking Press.〔ハンナ・アーレント『エルサレムのアイヒマン：悪の陳腐さについての報告』大久保和郎訳、みすず書房（新版）、2017年〕

Ascher, William, and Barbara Hirschfelder-Ascher. 2004. Linking Lasswell's Political Psychology and the Policy Sciences. *Policy Sciences* 37 (1): 23–36.

Ashworth, A. E. 1968. The Sociology of Trench Warfare 1914–1918. *British Journal of Sociology* 19 (4): 407–423.

Aub, J. C. 1962. *Eugene Floyd DuBois 1882–1959*. Washington, D.C.: National Academy of Sciences.

Badash, Lawrence. 1979. British and American Views of the German Menace in World War I. *Notes and Records of the Royal Society of London* 34 (1): 91–121.

Barkan, Robert. 1972. Nobody Here but Us Robots. *New Republic* 166 (18) (April 29): 14–15.

Barnes, Trevor J., and Matthew Farish. 2006. Between Regions: Science, Militarism, and American Geography from World War to Cold War. *Annals of the Association of American Geographers* 96 (4): 807–826.

Bauer, Susanne, Boris I. Gusev, Ludmila M. Pivina, Kazbek N. Apsalikov, and Bernd Grosche. 2005. Radiation Exposure Due to Local Fallout from Soviet Atmospheric Nuclear Weapons Testing in Kazakhstan: Solid Cancer Mortality in the Semipalatinsk Historical Cohort, 1960–1999. *Radiation Research* 164 (4): 409–419.

Beecher, H. K. 1946. Pain in Men Wounded in Battle. *Annals of Surgery* 123 (1): 96–105.

———. 1955. The Powerful Placebo. *Journal of the American Medical Association* 159 (17): 1602–1606.

Bellinger, Vanya. 2015. *Marie von Clausewitz: The Woman behind the Making of "On War"*. Oxford: Oxford University Press.

Benhabib, Seyla. 1996. Identity, Perspective and Narrative in Hannah Arendt's "Eichmann in Jerusalem." *History and Memory* 8 (2): 35–59.

Bernays, Edward L. 1923. *Crystallizing Public Opinion*. New York: Boni and Liveright.

———. 1942. The Marketing of National Policies: A Study of War Propaganda. *Journal of Marketing* 6 (3): 236–244.

———. 1947. The Engineering of Consent. *Annals of the American Academy of Political and Social Science* 250: 113–120.

Bernstein, Barton J. 1990. Essay Review—From the A-bomb to Star Wars: Edward Teller's History. *Technology and Culture* 31 (4): 846–861.

———. 2003. Reconsidering the "Atomic General": Leslie R. Groves. *Journal of Military History* 67 (3): 883–920.

Biddle, Stephen. 2004. *Military Power: Explaining Victory and Defeat in Modern Battle*. Princeton, N.J.: Princeton University Press

Biddle, Tami Davis. 2002. *Rhetoric and Reality in Air Warfare: The Evolution of British and American Ideas about Strategic Bombing, 1914–1915*. Princeton, N.J.: Princeton University Press.

Biderman, Albert D. 1956. *Communist Techniques of Coercive Interrogation*. Lackland Air Force Base, San Antonio, Tex.: United States Air Force Office for Social Science Programs, Air Force Personnel and Training Research Center.

Biess, Frank, and Daniel M. Gross, eds. 2014. *Science and Emotions after 1945: A Transatlantic Perspective*. Chicago: University of Chicago Press.

Bird, Kai, and Martin Sherwin. 2005. *American Prometheus: The Triumph and Tragedy of J. Robert Oppenheimer*. New York: Alfred A. Knopf.

Blackett, P. M. S. 1949. *Fear, War, and the Bomb: Military and Political Consequences of Atomic Energy*. New York: Whittlesey House. 〔P・M・S・ブラッケット『恐怖・戦争・爆弾：原子力の軍事的・政治的意義』田中慎次郎 訳、法政大学出版局、1951年〕
Board for the Study of the Severely Wounded, North African–Mediterranean Theater of Operations. 1952. *The Physiologic Effects of Wounds: Surgery in World War II*. Washington, D.C.: Office of the Surgeon General, Department of the Army.
Boller, Paul F. 1982. Hiroshima and the American Left: August 1945. *International Social Science Review* 57 (1): 13–28.
Bourke, Joanna. 1996. *Dismembering the Male: Men's Bodies, Britain and the Great War*. Chicago: University of Chicago Press.
———. 1999. *An Intimate History of Killing: Face to Face Killing in 20th Century Warfare*. London: Granta Books.
———. 2015. *Deep Violence: Military Violence, War Play, and the Social Life of Weapons*. New York: Counterpoint Press.
Bousquet, Antoine. 2009. *The Scientific Way of Warfare: Order and Chaos on the Battlefields of Modernity*. New York: Columbia University Press.
Bridger, Sarah. 2015. *Scientists at War: The Ethics of Cold War Weapons Research*. Cambridge, Mass.: Harvard University Press.
Brown, Andrew. 2012. *Keeper of the Nuclear Conscience: The Life and Work of Joseph Rotblat*. Oxford: Oxford University Press.
Brown, April L. 2014. No Promised Land: The Shared Legacy of the Castle Bravo Nuclear Test. *Arms Control Today* 44 (2): 40–44.
Brown, Kate. 2013. *Plutopia: Nuclear Families, Atomic Cities, and the Great Society and American Plutonium Disasters*. Oxford: Oxford University Press.
———. 2019. *Manual for Survival: A Chernobyl Guide to the Future*. New York: W. W. Norton.
Brown, Martin, ed. 1971. *The Social Responsibility of the Scientist*. London: Collier-MacMillan.
Brown, Steve. 2013. Archaeology of Brutal Encounter: Heritage and

Bomb Testing on Bikini Atoll, Republic of the Marshall Islands. *Archaeology in Oceania* 48 (1): 26–39.

Bruno, Laura. 2003. The Bequest of the Nuclear Battlefield: Science, Nature, and the Atom during the First Decade of the Cold War. *Historical Studies in the Physical and Biological Sciences* 33 (2): 237–260.

Buchanan, Brenda J. 2006. *Gunpowder, Explosives, and the State: A Technological History*. Aldershot, England: Ashgate.

———. 2008. Charcoal: "The Largest Single Variable in the Performance of Black Powder." *Icon* 14: 3–29.

———. 2012. Reviewed Work(s): *Islamic Gunpowder Empires: Ottomans, Safavids, and Mughals*, by Douglas E. Streusand. *Technology and Culture* 53 (4): 923–925.

———. 2014. Gunpowder Studies at ICOHTEC. *Icon* 20 (1): 56–73.

Bud, Robert. 1998. Penicillin and the Elizabethans. *British Journal for the History of Science* 31 (3): 305–333.

Bynum, Caroline Walker. 1991. Material Continuity, Personal Survival, and the Resurrection of the Body: A Scholastic Discussion in Its Medieval and Modern Contexts. In *Fragmentation and Redemption: Essays on Gender and the Human Body in Medieval Religion*. New York: Zone Books, 239–297.

Carnahan, Burrus M. 1998. Lincoln, Lieber and the Laws of War: The Origins and Limits of the Principle of Military Necessity. *American Journal of International Law* 92 (2): 213–231.

Carpenter, Ronald H. 1995. *History as Rhetoric: Style, Narrative, and Persuasion*. Columbia: University of South Carolina Press.

Carson, Rachel. 1962. *Silent Spring*. Boston: Houghton Mifflin.〔レイチェル・カーソン『沈黙の春』青樹簗一訳、新潮文庫（改版）、1974年〕

Cassell, G., Linda Miller, and Richard Rest. 1992. Biological Warfare: The Role of Scientific Societies. In *The Microbiologist and Biological Defense Research: Ethics, Politics, and International Security*, edited by Raymond A. Zilinskas. New York: New York

Academy of Sciences, 230–238.

Cassidy, Ben. 2003. Machiavelli and the Ideology of the Offensive: Gunpowder Weapons in "The Art of War." *Journal of Military History* 67 (2): 381–404.

Chamayou, Grégoire, and Janet Lloyd. 2015. *A Theory of the Drone*. New York: New Press.〔グレゴワール・シャマユー『ドローンの哲学：遠隔テクノロジーと〈無人化〉する戦争』渡名喜庸哲訳、明石書店、2018年〕

Chandler, K. F. 2014. *Drone Flight and Failure: The United States' Secret Trials, Experiments and Operations in Unmanning, 1936–1973*. (Unpublished doctoral dissertation.) University of California, Berkeley.

Chang, Kenneth, and Warren Leary. 2005. Serge Lang, 78, a Gadfly and Mathematical Theorist, Dies. *New York Times* (September 25).

Clark, Elmer F. 1965. *Camp Century Evolution of Concept and History of Design Construction and Performance*. Technical Report No. 174. Hanover, N.H.: US Army Materiel Command, Cold Regions Research and Engineering Laboratory.

Clark, John W. 1964. Remote Control in Hostile Environments. *New Scientist* 22 (389): 300–304.

Cloud, John. 2001. Imaging the World in a Barrel: CORONA and the Clandestine Convergence of the Earth Sciences. *Social Studies of Science* 31 (2): 231–251.

Coates, James Boyd, ed. 1962. *Wound Ballistics*. Washington, D.C.: Office of the Surgeon General, Department of the Army.

Cohen-Cole, Jamie. 2009. The Creative American: Cold War Salons, Social Science, and the Cure for Modern Society. *Isis* 100 (2): 219–262.

Cohn, Carol. 1993. Wars, Wimps, and Women: Talking Gender and Thinking War. In *Gendering War Talk*, edited by Miriam Cooke and Angela Woollacott. Princeton, N.J.: Princeton University Press, 227–246.

Coll, Steve. 2014. The Unblinking Stare: The Drone War in Pakistan. *New Yorker* (November 17). Available online at http://www.newyorker.com/magazine/2014/11/24/unblinking-stare.

Committee for the Compilation of Materials on Damage Caused by the Atomic Bombs in Hiroshima and Nagasaki. 1981. *Hiroshima and Nagasaki: The Physical, Medical, and Social Effects of Atomic Bombings*. Translated by Eisei Ishikawa and David L. Swain. New York: Basic Books.

Cowan, Ruth. 1983. *More Work for Mother: The Ironies of Household Technology from the Open Hearth to the Microwave*. New York: Basic Books.〔ルース・シュウォーツ・コーワン『お母さんは忙しくなるばかり：家事労働とテクノロジーの社会史』高橋雄造訳、法政大学出版局、2010年〕

Crawford, Elisabeth. 1988. Internationalism in Science as a Casualty of the First World War: Relations between German and Allied Scientists as Reflected in Nominations for the Nobel Prizes in Physics and Chemistry. *Information (International Social Science Council)* 27 (2): 163–201.

———. 1990. The Universe of International Science, 1880–1939. In *Solomon's House Revisited: The Organization and Institutionalization of Science*, edited by Tore Frängsmyr. Canton, Mass.: Science History Publications, 251–269.

Crawford, Neta C. 2000. The Passion of World Politics: Propositions on Emotion and Emotional Relationships. *International Security* 24 (4): 116–156.

Creager, Angela. 2013. *Life Atomic: A History of Radioisotopes in Science and Medicine*. Chicago: University of Chicago Press.

Creel, George. 1941. Propaganda and Morale. *American Journal of Sociology* 47 (3): 340–351.

Cressy, David. 2011. Saltpetre, State Security and Vexation in Early Modern England. *Past & Present* 212 (1): 73–111.

———. 2012. *Saltpeter: The Mother of Gunpowder*. Oxford: Oxford University Press.

Cushman, Gregory T. 2013. *Guano and the Opening of the Pacific World: A Global Ecological History*. New York: Cambridge University Press.

Daemmrich, Arthur. 2009. Synthesis by Microbes or Chemists? Pharmaceutical Research and Manufacturing in the Antibiotic Era. *History and Technology* 25 (3): 237–256.

DeLoughrey, Elizabeth M. 2013. The Myth of Isolates: Ecosystem Ecologies in the Nuclear Pacific. *Cultural Geographies* 20 (2): 167–184.

Demchak, Chris C. 2016. Cybered Ways of Warfare: The Emergent Spectrum of Democratized Predation and the Future of Cyber-Westphalia Interstate Topology. In *Cyberspace: Malevolent Actors, Criminal Opportunities, and Strategic Competition*, edited by Phil Williams and Dighton Fiddner. Carlisle Barracks, Penn.: United States Army War College Press, 603–640.

Dennis, Michael A. 1994. "Our First Line of Defense": Two University Laboratories in the Postwar American State. *Isis* 85 (3): 427–455.

———. 2015. Our Monsters, Ourselves: Reimagining the Problem of Knowledge in Cold War America. In *Dreamscapes of Modernity: Sociotechnical Imaginaries and the Fabrication of Power*, edited by Sheila Jasanoff and Sang-Hyun Kim. Chicago: University of Chicago Press, 56–78.

Diamond, Jared. 1997. *Guns, Germs, and Steel: The Fates of Human Societies*. New York: W. W. Norton.〔ジャレド・ダイアモンド『銃・病原菌・鉄：1万3000年にわたる人類史の謎（上下）』倉骨彰訳、草思社、2000年〕

Diamond, Marion, and Mervyn Stone. 1981. Nightingale on Quetelet. *Journal of the Royal Statistical Society, Series A (General)* 144 (1): 66–79.

Dill, D. B. 1959. Eugene F. DuBois, Environmental Physiologist. *Science* 130 (3391): 1746–1747.

Dillon, David A., and Carl F. Kaestle. 1981. Perspectives: Literacy and

Mainstream Culture in American History. *Language Arts* 58 (2): 207–218.

Doel, Ronald E., Dieter Hoffman, and Nikolai Kremenstov. 2005. National States and International Science: A Comparative History of International Science Congresses in Hitler's Germany, Stalin's Russia, and Cold War United States. *Osiris*, 2nd series, vol. 20, *Politics and Science in Wartime: Comparative International Perspectives on the Kaiser Wilhelm Institute*. Chicago: University of Chicago Press, 49–76.

Dower, John W. 1986. *War without Mercy: Race and Power in the Pacific War*. New York: Pantheon Books.〔ジョン・W・ダワー『容赦なき戦争：太平洋戦争における人種差別』猿谷要監修、斎藤元一訳、平凡社ライブラリー、2001年〕

Dunlap, Thomas R. 1978. Science as a Guide in Regulating Technology: The Case of DDT in the United States. *Social Studies of Science* 8 (3): 265–285.

Easlea, Brian. 1983. *Fathering the Unthinkable: Masculinity, Scientists and the Nuclear Arms Race*. London: Pluto Press.〔ブライアン・イーズリー『性からみた核の終焉』里深文彦監修、相良邦夫・戸田清訳、新評論、1988年〕

Einstein, Albert, and Sigmund Freud. 1933. *Why War?* Dijon, France: International Institute of Intellectual Co-operation, League of Nations.〔アルバート・アインシュタイン、ジグムント・フロイト『ひとはなぜ戦争をするのか』浅見昇吾訳、講談社学術文庫、2016年〕

Evans, John X. 1964. Shakespeare's "Villainous Salt-Peter": The Dimensions of an Allusion. *Shakespeare Quarterly* 15 (4): 451–454.

Fairbanks, Charles H. 1991. The Origins of the Dreadnought Revolution: A Historiographical Essay. *International History Review* 13 (2): 246–272.

Farber, I. E., Harry F. Harlow, and Louis Jolyon West. 1957. Brainwashing, Conditioning, and DDD (Debility, Dependency, and Dread). *Sociometry* 20 (4): 271–285.

Farish, Matthew. 2013. The Lab and the Land: Overcoming the Arctic in Cold War Alaska. *Isis* 104 (1): 1–29.

Faust, Drew Gilpin. 2005. "The Dread Void of Uncertainty": Naming the Dead in the American Civil War. *Southern Cultures* 11 (2): 7–32.

Feffer, Loren Butler. 1998. Oswald Veblen and the Capitalization of American Mathematics: Raising Money for Research, 1923–1928. *Isis* 89 (3): 474–497.

Finkbeiner, Ann K. 2006. *The JASONs: The Secret History of Science's Postwar Elite*. New York: Viking.

Finnegan, Terrence. 2006. *Shooting the Front: Allied Aerial Reconnaissance and Photographic Interpretation on the Western Front–World War I*. Washington, D.C.: NDIC Press.

Fleck, Ludwig. 1979. *Genesis and Development of a Scientific Fact*. Edited by Thaddeus J. Trenn and Robert K. Merton. Translated by Frederick Bradley and Thaddeus J. Trenn from the German. Chicago: University of Chicago Press.

Fleming, Alexander. 1929. On the Antibacterial Action of Cultures of a Penicillium, with Special Reference to Their Use in the Isolation of B. Influenza. *British Journal of Experimental Pathology* 10 (3): 226–236.

Forman, Paul. 1973. Scientific Internationalism and the Weimar Physicists: The Ideology and Its Manipulation in Germany after World War I. *Isis* 64 (2): 150–180.

Freud, Sigmund. 1957. *The Standard Edition of the Complete Psychological Works of Sigmund Freud: Translated from the German under the General Editorship of James Strachey, in Collaboration with Anna Freud XIV, 1914–1916*. Edited and translated by James Strachey. London: Hogarth Press and the Institute of Psychoanalysis.

Frey, James W. 2009. The Indian Saltpeter Trade, the Military Revolution, and the Rise of Britain as a Global Superpower. *The*

Historian 71 (3): 507–554.

Fulton, John F. 1948. *Aviation Medicine in Its Preventive Aspects: An Historical Survey*. London: Oxford University Press.

Fussell, Paul. 1981. Hiroshima: A Soldier's View: "Thank God for the Atom Bomb." *New Republic* 185 (8) (August 22/29): 26–30.

Galison, Peter. 2001. War against the Center. *Grey Room*, no. 4: 5–33.

———. 2004. Removing Knowledge. *Critical Inquiry* 31 (1) 229–243.

Galston, Arthur W. 1972. Science and Social Responsibility: A Case Study. *Annals of the New York Academy of Sciences* 196 (4): 223–235.

Gat, Azar. 1988. Machiavelli and the Decline of the Classical Notion of the Lessons of History in the Study of War. *Military Affairs* 52 (4): 203–205.

Gentile, Gian P. 2000. Shaping the Past Battlefield, "For the Future": The United States Strategic Bombing Survey's Evaluation of the American Air War against Japan. *Journal of Military History* 64 (4): 1085–1112.

Gentile, Gian Peri. 1997. Advocacy or Assessment? The United States Strategic Bombing Survey of Germany and Japan. *Pacific Historical Review* 66 (1): 53–79.

George, Isabel. 2012. *The Most Decorated Dog in History: Sergeant Stubby*. New York: HarperCollins.

Gerovitch, Slava. 2002. *From Newspeak to Cyberspeak: A History of Soviet Cybernetics*. Cambridge, Mass.: MIT Press, 2002.

Ghamari-Tabrizi, Sharon. 2005. *The Worlds of Herman Kahn: The Intuitive Science of Thermonuclear War*. Cambridge, Mass.: Harvard University Press.

Giroux, Henry, and David Purpel, eds. 1983. *The Hidden Curriculum and Moral Education: Deception or Discovery?* Berkeley, Calif.: McCutcheon.

Gommans, Jos. 2002. *Mughal Warfare: Indian Frontiers and High Roads to Empire*. London: Routledge.

Gordin, Michael. 2009. *Red Cloud at Dawn: Truman, Stalin, and the End*

of the Atomic Monopoly. New York: Farrar, Straus, and Giroux.
———. 2015a. *Five Days in August: How World War II Became a Nuclear War*. Princeton, N.J.: Princeton University Press.〔マイケル・ゴーディン『原爆投下とアメリカ人の核認識：通常兵器から「核」兵器へ』林義勝ほか訳、彩流社、2013年〕
———. 2015b. *Scientific Babel: How Science Was Done Before and After Global English*. Chicago: University of Chicago Press.
Graff, Garrett M. 2017. *Raven Rock: The Story of the U.S. Government's Secret Plan to Save Itself—While the Rest of Us Die*. New York: Simon & Schuster.
Grier, David Alan. 2005. Dr. Veblen at Aberdeen: Mathematics, Military Applications and Mass Production. In *Instrumental in War: Science, Research, and Instruments between Knowledge and the World*, edited by Steven A. Walton. Boston: Brill, 263–270.
Gross, Rachel S. 2019. Layering for a Cold War: The M-1943 Combat System, Military Testing, and Clothing as Technology. *Technology and Culture* 60 (2): 378–408.
Grossman, David. 1995. *On Killing: The Psychological Cost of Learning to Kill in War and Society*. Boston: Little, Brown.〔デーヴ・グロスマン『戦争における「人殺し」の心理学』安原和見訳、ちくま学芸文庫、2004年〕
Haber, Ludwig Fritz. 1986. *The Poisonous Cloud: Chemical Warfare in the First World War*. London: Clarendon Press.〔ルッツ・F・ハーバー『魔性の煙霧：第一次世界大戦の毒ガス攻防戦史』井上尚英監修、佐藤正弥訳、原書房、2001年〕
Hacker, Barton C. 1987. *The Dragon's Tail: Radiation Safety in the Manhattan Project, 1942–1946*. Berkeley: University of California Press.
———. 1994. Military Institutions, Weapons, and Social Change: Toward a New History of Military Technology. *Technology and Culture* 35 (4): 768–834.
———. 2008. Firearms, Horses, and Slave Soldiers: The Military History of African Slavery. *Icon* 14: 62–83.

Hall, Bert S. 1997. *Weapons and Warfare in Renaissance Europe: Gunpowder, Technology, and Tactics*. Baltimore: Johns Hopkins University Press.

Hall, G. Stanley. 1919. Some Relations between the War and Psychology. *American Journal of Psychology* 30 (2): 211–223.

Hall, R. Cargill. 2014. Reconnaissance Drones: Their First Use in the Cold War. *Air Power History* 61 (3): 20–27.

Hamblin, Jacob Darwin. 2005. *Oceanographers and the Cold War: Disciples of Marine Science*. Seattle: University of Washington Press.

Hannel, Eric. 2017. Gulf War Syndrome. In *The SAGE Encyclopedia of War: Social Science Perspectives*, edited by Paul Joseph. Thousand Oaks, Calif.: SAGE Publications, 760–763.

Haraway, Donna. 1988. Situated Knowledges: The Science Question in Feminism and the Privilege of Partial Perspective. *Feminist Studies* 14 (3): 575–599.

Harris, Henry. 1999. Howard Florey and the Development of Penicillin. *Notes and Records of the Royal Society of London* 53 (2): 243–252.

Harvey, E. Newton. 1948. The Mechanism of Wounding by High Velocity Missiles. *Proceedings of the American Philosophical Society* 92 (4): 294–304.

Hasegawa, Tsuyoshi. 2005. *Racing the Enemy: Stalin, Truman, and the Surrender of Japan*. Cambridge, Mass.: Belknap Press of Harvard University Press.

Hedges, John I., John R. Ertel, Paul D. Quay, Pieter M. Grootes, Jeffrey E. Richey, Allan H. Devol, George W. Farwell, Fred W. Schmidt, and Eneas Salati. 1986. Organic Carbon-14 in the Amazon River System. *Science* 231 (4742): 1129–1131.

Heilbron, J. L. 2000. *The Dilemmas of an Upright Man: Max Planck as Spokesman for German Science*. With a new afterword. Cambridge, Mass.: Harvard University Press.

Herman, Ellen. 1995. *The Romance of American Psychology: Political*

Culture in the Age of Experts. Berkeley: University of California Press.

Hirschberg, Lauren. 2012. Nuclear Families: (Re)producing 1950s Suburban America in the Marshall Islands. *OAH Magazine of History* 26 (4): 39–43.

Hobby, Gladys. 1985. *Penicillin: Meeting the Challenge*. New Haven, Conn.: Yale University Press.

Hochschild, Arlie. 1983. *The Managed Heart: The Commercialization of Human Feelings*. Berkeley: University of California Press.〔A・R・ホックシールド『管理される心：感情が商品になるとき』石川准・室伏亜希訳、世界思想社、2000年〕

Hollinger, David. 1995. Science as a Weapon in *Kulturkampfe* in the United States during and after World War II. *Isis* 86 (3): 440–454.

Holloway, David. 1994. *Stalin and the Bomb: The Soviet Union and Atomic Energy, 1939–1956*. New Haven, Conn.: Yale University Press.〔デーヴィド・ホロウェイ『スターリンと原爆（上下）』川上洸・松本幸重訳、大月書店、1997年〕

Hopkins, George E. 1966. Bombing and the American Conscience during World War II. *The Historian* 28 (3): 451–473.

Hower, Ralph Merle, and Charles Orth. 1963. *Managers and Scientists: Some Human Problems in Industrial Research Organizations*. Boston: Division of Research, Graduate School of Business Administration, Harvard University.

Hughes, Thomas. 2004. *Human-Built World: How to Think about Technology and Culture*. Chicago: University of Chicago Press.

Immerwahr, Daniel. 2019. *How to Hide an Empire: A History of the Greater United States*. New York: Farrar, Straus & Giroux.

Inikori, J. E. 1977. The Import of Firearms into West Africa, 1759–1807: A Quantitative Analysis. *Journal of African History* 18 (3): 339–368.

———. 2002. *Africans and the Industrial Revolution in England: A Study in International Trade and Development*. Cambridge: Cambridge

University Press.
Irwin, Will. 1921. *The Next War: An Appeal to Common Sense*. New York: E. P. Dutton & Co.
Jacobs, Robert. 2010. *The Dragon's Tail: Americans Face the Atomic Age*. Amherst: University of Massachusetts Press.
———. 2014. The Radiation That Makes People Invisible: A Global Hibakusha Perspective. *Asia-Pacific Journal* 12 (31): 1–11.
Jacobsen, Annie. 2017a. *Phenomena: The Secret History of the U.S. Government's Investigations into Extrasensory Perception and Psychokinesis*. New York: Little, Brown.
———. 2017b. The U.S. Military Believes People Have a Sixth Sense. *Time* (April 3). Available at http://time.com/4721715/phenomena-annie-jacobsen/.
Japan Broadcasting Corporation, ed. 1981. *Unforgettable Fire: Pictures Drawn by Atomic Bomb Survivors*. Translated by the World Friendship Center in Hiroshima from the Japanese. New York: Pantheon Books.
Jensen, Uffa. 2014. Across Different Cultures? Emotions in Science during the Early Twentieth Century. In *Science and Emotions after 1945: A Transatlantic Perspective*, edited by Frank Biess and Daniel M. Gross. Chicago: University of Chicago Press, 263–277.
Johnson, David. 2015. *Executed at Dawn: The British Firing Squads of the First World War*. Cheltenham, UK: History Press.
Johnson, David K. 2006. *The Lavender Scare: The Cold War Persecution of Gays and Lesbians in the Federal Government*. Chicago: University of Chicago Press.
Jones, Daniel P. 1980. American Chemists and the Geneva Protocol. *Isis* 71 (3): 426–440.
Jones, Edgar. 2014. Terror Weapons: The British Experience of Gas and Its Treatment in the First World War. *War in History* 21 (3): 355–375.
Justman, Stewart. 1994. Freud and His Nephew. *Social Research* 61 (2): 457–476.

Kaempf, Sebastian. 2009. Double Standards in US Warfare: Exploring the Historical Legacy of Civilian Protection and the Complex Nature of the Moral-Legal Nexus. *Review of International Studies* 35 (3): 651–674.

Kaestle, Carl F. 1985. The History of Literacy and the History of Readers. *Review of Research in Education* 12: 11–53.

Kaiser, David. 2004. The Postwar Suburbanization of American Physics. *American Quarterly* 56 (4): 851–888.

Kaldor, Mary. 1981. *The Baroque Arsenal*. New York: Hill and Wang.〔メアリー・カルドー『兵器と文明：そのバロック的現在の退廃』芝生瑞和・柴田郁子訳、技術と人間、1986年〕

Karsten, Peter. 1971. The Nature of "Influence": Roosevelt, Mahan and the Concept of Sea Power. *American Quarterly* 23 (4): 585–600.

Kaur, Raminder. 2013. Atomic Schizophrenia: Indian Reception of the Atom Bomb Attacks in Japan, 1945. *Cultural Critique* 84: 70–100.

Keefer, Chester S. 1948. Penicillin: A Wartime Achievement. In *Advances in Military Medicine*, vol. 2, edited by E. C. Andrus. Boston: Little, Brown, 717–722.

Kehrt, Christian. 2006. "Higher, Always Higher": Technology, the Military and Aviation Medicine during the Age of the Two World Wars. *Endeavour* 30 (4): 138–143.

Kennedy, Paul. 1988. The Influence and Limitations of Sea Power. *International History Review* 10 (1): 2–17.

Kennett, Lee B. 1991. *The First Air War, 1914–1918*. New York: Free Press.

Kevles, Daniel J. 1971. "Into Hostile Political Camps": The Reorganization of International Science in World War I. *Isis* 62 (1): 47–60.

———. 1975. *The Debate over Postwar Research Policy, 1942–1945: A Political Interpretation of Science: The Endless Frontier*. Social Science Working Paper No. 93. Pasadena, Calif.: California Institute of Technology, Division of the Humanities and Social

Sciences. Available online at https://authors.library.caltech.edu/82789/1/sswp93.pdf.
———. 1977. The National Science Foundation and the Debate over Postwar Research Policy, 1942–1945: A Political Interpretation of Science—The Endless Frontier. *Isis* 68 (1): 5–26.
Kirch, Patrick V. 2015. *Ward H. Goodenough, 1919–2013: A Biographical Memoir*. Washington D.C.: National Academy of Sciences.
Kirsch, Scott. 2005. *Proving Grounds: Project Plowshare and the Unrealized Dream of Nuclear Earthmoving*. New Brunswick, N.J.: Rutgers University Press.
Kleinschmidt, Harald. 1999. Using the Gun: Manual Drill and the Proliferation of Portable Firearms. *Journal of Military History* 63 (3): 601–630.
Koelle, George B. 1995. Carl Frederic Schmidt: July 29, 1893–April 4, 1988. In *Bibliographic Memoirs*, vol. 68, National Academy of Sciences. Washington, D.C.: National Academies Press.
Kreshel, Peggy J. 1990. John B. Watson at J. Walter Thompson: The Legitimation of "Science" in Advertising. *Journal of Advertising* 19 (2): 49–59.
Krige, John. 2006. *American Hegemony and the Postwar Reconstruction of Science in Europe*. Cambridge, Mass.: MIT Press.
Krige, John, and Kai-Henrik Barth, eds. 2006. *Global Power Knowledge: Science and Technology in International Affairs*. *Osiris*, 2nd series, vol. 21, *Historical Perspectives on Science, Technology, and International Affairs*. Chicago: University of Chicago Press.
Kuchinskaya, Olga. 2013. Twice Invisible: Formal Representations of Radiation Danger. *Social Studies of Science* 43 (1): 78–96.
Kuhn, Thomas. 1962. *The Structure of Scientific Revolutions*. Chicago: University of Chicago Press.〔トーマス・クーン『科学革命の構造』中山茂訳、みすず書房、1971年〕
LaFeber, Walter. 1962. A Note on the "Mercantilistic Imperialism" of Alfred Thayer Mahan. *Mississippi Valley Historical Review* 48 (4): 674–685.

Landers, Timothy, Bevin Cohen, Thomas E. Wittum, and Elaine L. Larson. 2012. A Review of Antibiotic Use in Food Animals: Perspective, Policy, and Potential. *Public Health Reports (1974–)* 127 (1): 4–22.

Lang, Serge. 1971. The DoD, Government and Universities. In *The Social Responsibility of the Scientist*, edited by Martin Brown. London: Collier-MacMillan, 51–79.

Lappé, Marc. 1990. Ethics in Biological Warfare Research. In *Preventing a Biological Arms Race*, edited by Susan Wright. Cambridge, Mass.: MIT Press, 78–99.

Lazier, Benjamin. 2011. Earthrise; or, the Globalization of the World Picture. *American Historical Review* 116 (3): 602–630.

Leake, Chauncey D. 1960. Eloge: John Farquhar Fulton, 1899–1960. *Isis* 51 (4): 486, 560–562.

Lemov, Rebecca. 2011. Brainwashing's Avatar: The Curious Career of Dr. Ewen Cameron. *Grey Room*, no. 45: 61–87.

Liebenau, Jonathan. 1987. The British Success with Penicillin. *Social Studies of Science* 17 (1): 69–86.

Lifton, Robert Jay. 1961. *Thought Reform and the Psychology of Totalism: A Study of "Brainwashing" in China*. New York: W. W. Norton.〔ロバート・J・リフトン『思想改造の心理：中国における洗脳の研究』小野泰博訳、誠信書房、1979年〕

———. 1963. Psychological Effects of the Atomic Bomb in Hiroshima: The Theme of Death. *Daedalus* 92 (3): 462–497.

———. 1968. *Death in Life: Survivors of Hiroshima*. New York: Random House.〔ロバート・J・リフトン『ヒロシマを生き抜く：精神史的考察（上下）』桝井迪夫ほか訳、岩波現代文庫、2009年〕

Lindee, M. Susan. 1994. *Suffering Made Real: American Science and the Survivors at Hiroshima*. Chicago: University of Chicago Press.

Lindee, Susan. 2011. Experimental Wounds: Science and Violence in Mid-Century America. *Journal of Law, Medicine & Ethics* 39 (1): 8–20.

———. 2016. Survivors and Scientists: Hiroshima, Fukushima, and the

Radiation Effects Research Foundation, 1975–2014. *Social Studies of Science* 46 (2): 184–209.

Lorge, Peter Allan. 2008. *The Asian Military Revolution: From Gunpowder to the Bomb*. Cambridge: Cambridge University Press.〔ピーター・A・ロージ『アジアの軍事革命：兵器から見たアジア史』本野英一訳、昭和堂、2012年〕

Loughran, Tracey. 2012. Shell Shock, Trauma, and the First World War: The Making of a Diagnosis and Its Histories. *Journal of the History of Medicine and Allied Sciences* 67 (1): 94–119.

Macfarlane, Allison. 2003. Underlying Yucca Mountain: The Interplay of Geology and Policy in Nuclear Waste Disposal. *Social Studies of Science* 33 (5): 783–807.

Mackowski, Maura Phillips. 2006. *Testing the Limits: Aviation Medicine and the Origins of Manned Space Flight*. College Station: Texas A&M University Press.

Mahan, A. T. 1890. *The Influence of Sea Power upon History, 1660–1783*. Boston: Little, Brown. Available via Project Gutenberg at https://www.gutenberg.org/ebooks/13529.〔アルフレッド・T・マハン『マハン海上権力史論』北村謙一訳、原書房（新装版）、2008年〕

Makhijani, Arjun, and Stephen I. Schwartz. 1998. Victims of the Bomb. In *Atomic Audit: The Costs and Consequences of U.S. Nuclear Weapons Since 1940*, edited by Stephen I. Schwartz. Washington, D.C.: Brookings Institution Press, 395–431.

Malloy, Sean L. 2008. *Atomic Tragedy: Henry L. Stimson and the Decision to Use the Bomb against Japan*. Ithaca, N.Y.: Cornell University Press.

Malone, Patrick M. 2000. *The Skulking Way of War: Technology and Tactics among the New England Indians*. 1st paperback edition. Lanham, Md.: Madison Books.

Marshall, S. L. A. 1947. *Men against Fire: The Problem of Battle Command in Future War*. Washington, D.C.: Infantry Journal.

Masco, Joseph. 2004. Mutant Ecologies: Radioactive Life in Post–

Cold War New Mexico. *Cultural Anthropology* 19 (4): 517–550.
———. 2008. "Survival Is Your Business": Engineering Ruins and Affect in Nuclear America. *Cultural Anthropology* 23 (2): 361–398.
Mauskopf, Seymour H. 1988. Gunpowder and the Chemical Revolution. *Osiris* 4, The Chemical Revolution: Essays in Reinterpretation: 93–118.
———. 1995. Lavoisier and the Improvement of Gunpowder Production. *Revue d'histoire des sciences* 48 (1/2): 95–121.
———. 1999. "From an Instrument of War to an Instrument of the Laboratory: The Affinities Certainly Do Not Change": Chemists and the Development of Munitions, 1785–1885. *Bulletin of the History of Chemistry* 24: 1–14.
McNeill, John, and Corinna Unger, eds. 2010. *Environmental Histories of the Cold War*. New York: Cambridge University Press.
McNeill, William H. 1982. *The Pursuit of Power: Technology, Armed Force, and Society since A.D. 1000*. Chicago: University of Chicago Press.〔ウィリアム・H・マクニール『戦争の世界史：技術と軍隊と社会』高橋均訳、刀水書房、2002年；中公文庫（上下）、2014年〕
———. 1995. *Keeping Together in Time: Dance and Drill in Human History*. Cambridge, Mass.: Harvard University Press.
Merelman, Richard M. 1981. Harold D. Lasswell's Political World: Weak Tea for Hard Times. *British Journal of Political Science* 11 (4): 471–497.
Milgram, Stanley. 1963. Behavioral Study of Obedience. *Journal of Abnormal and Social Psychology* 67: 371–378.
Miller, George A. 1967. Professionals in Bureaucracy: Alienation among Industrial Scientists and Engineers. *American Sociological Review* 32 (5): 755–768.
Millstone, Erik. 2012. Obituary: Dr Brian Easlea. *Bulletin*, University of Sussex (December 7). Available online at http://www.sussex.ac.uk/internal/bulletin/staff/2012-13/071212/brianeaslea.

Mindell, David A. 1995. "The Clangor of That Blacksmith's Fray": Technology, War, and Experience aboard the USS Monitor. *Technology and Culture* 36 (2): 242–270.

———. 2000. *War, Technology, and Experience aboard the USS Monitor*. Baltimore: Johns Hopkins University Press.

Mitchell, M. X. 2016. *Test Cases: Reconfiguring American Law, Technoscience, and Democracy in the Nuclear Pacific*. (Unpublished doctoral dissertation.) University of Pennsylvania, Philadelphia.

Mitchell, William. 1930. *Skyways: A Book on Modern Aeronautics*. London: J. B. Lippincott.

Miyamoto, Yuki. 2005. Rebirth in the Pure Land or God's Sacrificial Lambs? Religious Interpretations of the Atomic Bombings in Hiroshima and Nagasaki. *Japanese Journal of Religious Studies* 32 (1): 131–159.

Møller, A. P., and T. A. Mousseau. 2015. Biological Indicators of Ionizing Radiation in Nature. In *Environmental Indicators*, edited by R. H. Armon and O. Hanninen. Netherlands: Springer, 871–881.

Moore, Kelly. 2008. *Disrupting Science: Social Movements, American Scientists and the Politics of the Military, 1947–1975*. Princeton, N.J.: Princeton University Press.

Moreno, Jonathan D. 2006. *Mind Wars: Brain Research and National Defense*. New York: Dana Press.

Müller, Simone M. 2016. "Cut Holes and Sink 'em": Chemical Weapons Disposal and Cold War History as a History of Risk. *Historical Social Research / Historische Sozialforschung* 41 (1 (155, Risk as an Analytical Category: Selected Studies in the Social History of the Twentieth Century)): 263–284.

Nader, Laura. 1997. The Phantom Factor: Impact of the Cold War on Anthropology. In *The Cold War and the University: Toward an Intellectual History of the Postwar Years*, edited by Noam Chomsky. New York: New Press, 107–146.

Navy Research Section. 1950. *A Catalog of OSRD Reports*. Washington, D.C.: Library of Congress.

Nayar, Sheila J. 2017. Arms or the Man I: Gunpowder Technology and the Early Modern Romance. *Studies in Philology* 114 (3): 517–560.

Nelkin, Dorothy. 1972. *The University and Military Research: Moral Politics at MIT*. Ithaca, N.Y.: Cornell University Press.

Nelson, Bryce. 1969. Salvador Luria Excluded by HEW. *Science* 166 (3904): 487.

Neushul, Peter. 1993. Science, Government, and the Mass Production of Penicillin. *Journal of the History of Medicine and Allied Sciences* 48 (4): 371–395.

Newman, Robert P. 1998. Hiroshima and the Trashing of Henry Stimson. *New England Quarterly* 71 (1): 5–32.

Newman, Stanley. 1967. "Morris Swadesh" *Language* 43 (4): 948–957.

Nicholson, Ian. 2011. "Shocking" Masculinity: Stanley Milgram, "Obedience to Authority," and the "Crisis of Manhood" in Cold War America. *Isis* 102 (2): 238–268.

Nickles, David Paull. 2003. *Under the Wire: How the Telegraph Changed Diplomacy*. Cambridge, Mass.: Harvard University Press.

Nielsen, Kristian H., Henry Nielsen, and Janet Martin-Nielsen. 2014. City under the Ice: The Closed World of Camp Century in Cold War Culture. *Science as Culture* 23 (4): 443–464.

Nixon, Rob. 2011. *Slow Violence and the Environmentalism of the Poor*. Cambridge, Mass.: Harvard University Press.

Noyes, W. A., Jr., ed. 1948. *Chemistry: A History of the Chemical Components of the National Defense Research Committee, 1940–1946*. Science in World War II, Office of Scientific Research & Development. Boston: Little, Brown.

O'Connell, Robert L. 1993. *Sacred Vessels: The Cult of the Battleship and the Rise of the U.S. Navy*. New York: Oxford University Press.

Office of Technical Services, Bibliographic and Reference Division. 1947. *Bibliography and Index of Declassified Reports Having OSRD Numbers*. Washington D.C.: Library of Congress.

Oreskes, Naomi. 2019. *Why Trust Science? Why the Social Nature of*

Science Makes It Trustworthy. Edited by Stephen Macedo. Princeton: Princeton University Press.

Oreskes, Naomi, and John Krige, eds. 2014. *Science and Technology in the Global Cold War*. Cambridge, Mass.: MIT Press.

Orth, Charles D., Joseph C. Bailey, and Francis W. Wolek. 1965. *Administering Research and Development: The Behaviour of Scientists and Engineers in Organizations*. London, Tavistock Publications.

Owens, Larry. 1994. The Counterproductive Management of Science in the Second World War: Vannevar Bush and the Office of Scientific Research and Development. *Business History Review* 68 (4): 515–576.

———. 2004. The Cat and the Bullet: A Ballistic Fable. *Massachusetts Review* 45 (1): 178–190.

Paret, Peter. 2004. From Ideal to Ambiguity: Johannes von Müller, Clausewitz, and the People in Arms. *Journal of the History of Ideas* 65 (1): 101–111.

———. 2007. *Clausewitz and the State: The Man, His Theories, and His Times*. Princeton, N.J.: Princeton University Press.

———. 2015. *Clausewitz in His Time: Essays in the Cultural and Intellectual History of Thinking about War*. New York: Berghahn Books.

Parker, Geoffrey. 1996. *The Military Revolution: Military Innovation and the Rise of the West, 1500–1800*. 2nd edition. New York: Cambridge University Press.

———. 2007. The Limits to Revolutions in Military Affairs: Maurice of Nassau, the Battle of Nieuwpoort (1600), and the Legacy. *Journal of Military History* 71 (2): 331–372.

Pearson, Chris, Peter A. Coates, and Tim Cole, eds. 2010. *Militarized Landscapes: From Gettysburg to Salisbury Plain*. London: Continuum UK.

Perkins, John H. 1978. Reshaping Technology in Wartime: The Effect of Military Goals on Entomological Research and Insect-Control

Practices. *Technology and Culture* 19 (2): 169–186.

Perrin, Noel. 1979. *Giving Up the Gun: Japan's Reversion to the Sword, 1543–1879*. Boston: D. R. Godine.〔ノエル・ペリン『鉄砲を捨てた日本人：日本史に学ぶ軍縮』川勝平太訳、中公文庫、1991年〕

Poole, Robert K. 2008. *Earthrise: How Man First Saw the Earth*. New Haven, Conn.: Yale University Press.

Porter, Roy. 1982. Review: *Witch-Hunting, Magic, and the New Philosophy, an Introduction to Debates of the Scientific Revolution 1450–1750*, by Brian Easlea. *Social History* 7 (1): 85–87.

Pribilsky, Jason. 2009. Development and the "Indian Problem" in the Cold War Andes: "Indigenismo," Science, and Modernization in the Making of the Cornell-Peru Project at Vicos. *Diplomatic History* 33 (3): 405–426.

Price, David H. 2004. *Threatening Anthropology: McCarthyism and the FBI's Surveillance of Activist Anthropologists*. Durham, N.C.: Duke University Press.

———. 2008. *Anthropological Intelligence: The Deployment and Neglect of American Anthropology in the Second World War*. Durham, N.C.: Duke University Press.

Price, Richard M. 1997. *The Chemical Weapons Taboo*. Ithaca, N.Y.: Cornell University Press.

Probstein, Ronald F. 1969. Reconversion and Non-Military Research Opportunities. *Astronautics and Aeronautics* (October): 50–56.

Prokosch, Eric. 1995. *The Technology of Killing: A Military and Political History of Antipersonnel Weapons*. London: Zed Books.

Quinn, Susan. 1995. *Marie Curie: A Life*. New York: Simon & Schuster.

Ralston, David B. 1990. *Importing the European Army: The Introduction of European Military Techniques and Institutions in the Extra-European World, 1600–1914*. Chicago: University of Chicago Press.

Rasmussen, Nicolas. 2001. Plant Hormones in War and Peace: Science, Industry, and Government in the Development of Herbicides in 1940s America. *Isis* 92 (2): 291–316.

Rees, Mina. 1982. The Computing Program of the Office of Naval Research, 1946–1953. *Annals of the History of Computing* 4 (2): 102–120.

Relyea, Harold C. 1994. *Silencing Science: National Security Controls and Scientific Communication*. Norwood, N.J.: Ablex.

Richards, W. A. 1980. The Import of Firearms into West Africa in the Eighteenth Century. *Journal of African History* 21 (1): 43–59.

Rilke, Rainer Maria. 1947. *Letters of Rainer Maria Rilke*. Vol. 2, *1910–1926*. Translated by Jane Bannard Greene and M. D. Herter Norton from the German. New York: W. W. Norton.

Roberts, Michael. 1956. *The Military Revolution: An Inaugural Lecture Delivered before the Queen's University of Belfast*. Belfast: Boyd.

Rohde, Joy. 2009. Gray Matters: Social Scientists, Military Patronage, and Democracy in the Cold War. *Journal of American History* 96 (June): 99–122.

———. 2013. *Armed with Expertise: The Militarization of American Social Research during the Cold War*. Ithaca, N.Y.: Cornell University Press.

Rossiter, Margaret W. 1995. *Women Scientists in America: Before Affirmative Action, 1940–1972*. Baltimore: Johns Hopkins University Press.

———. 2012. *Women Scientists in America: More Struggles and Strategies since 1972*. Baltimore: Johns Hopkins University Press.

Rowland, D., and L. R. Speight. 2007. Surveying the Spectrum of Human Behaviour in Front Line Combat. *Military Operations Research* 12 (4): 47–60.

Rubinson, Paul. 2016. *Redefining Science: Scientists, the National Security State, and Nuclear Weapons in Cold War America*. Amherst: University of Massachusetts Press.

Russell, Edmund. 1999. The Strange Career of DDT: Experts, Federal Capacity, and Environmentalism in World War II. *Technology and Culture* 40 (4): 770–796.

———. 2001. *War and Nature: Fighting Humans and Insects with*

Chemicals from World War I to Silent Spring. Cambridge: Cambridge University Press.

Russell, Edmund P. 1996. Speaking of Annihilation: Mobilizing for War against Human and Insect Enemies, 1914–1945. *Journal of American History* 82 (4): 1505–1529.

Russell, I. Willis. 1946. Among the New Words. *American Speech* 21 (4): 295–300.

Sachse, Carola, and Mark Walker, eds. 2005. *Politics and Science in Wartime: Comparative International Perspectives on the Kaiser Wilhelm Institute*. *Osiris*, 2nd series, vol. 20. Chicago: University of Chicago Press.

Santos, Ricardo Ventura, Susan Lindee, and Vanderlei Sebastião de Souza. 2014. Varieties of the Primitive: Human Biological Diversity Studies in Cold War Brazil (1962–1970). *American Anthropologist* 116 (4): 723–735.

Scarry, Elaine. 1985. *The Body in Pain: The Making and Unmaking of the World*. Oxford: Oxford University Press.

Schevitz, Jeffrey M. 1979. *The Weaponsmakers: Personal and Professional Crisis during the Vietnam War*. Cambridge, Mass.: Schenkman.

Schmidt, Carl. 1943. Some Physiological Problems of Aviation. *Transactions & Studies of the College of Physicians of Philadelphia* 11: 57–64.

Schultz, Timothy P. 2018. *The Problems with Pilots: How Physicians, Engineers, and Airpower Enthusiasts Redefined Flight*. Baltimore: Johns Hopkins University Press.

Schwartz, Carl Leon. 1995, July 19. Interview by Patrick Catt [tape recording]. Oral History Interviews. Niels Bohr Library & Archives. American Institute of Physics, College Park, Maryland. Available online at http:/www.aip.org/history-programs/niels-bohr-library/oral-histories/5913.

Schwartz, Charles. 1971. A Physicist on Professional Organization. In *The Social Responsibility of the Scientist*, edited by Martin Brown.

London: Collier-MacMillan, 17–34.
———. 1996. Political Structuring of the Institutions of Science. In *Naked Science: Anthropological Inquiry into Boundaries, Power, and Knowledge*, edited by Laura Nader. New York: Routledge, 148–159.
Schwartz, Stephen I., ed. 1998. *Atomic Audit: The Costs and Consequences of U.S. Nuclear Weapons Since 1940*. Washington, D.C.: Brookings Institution Press.
Scott, James. 1988. *Seeing Like a State: How Certain Schemes to Improve the Human Condition Have Failed*. New Haven, Conn.: Yale University Press.
Scott, Wilbur J. 1988. Competing Paradigms in the Assessment of Latent Disorders: The Case of Agent Orange. *Social Problems* 35 (2): 145–161.
Selcer, Perrin. 2008. Standardizing Wounds: Alexis Carrel and the Scientific Management of Life in the First World War. *British Journal for the History of Science* 41 (1): 73–107.
Shell, Hanna Rose. 2012. *Hide and Seek: Camouflage, Photography, and the Media of Reconnaissance*. New York: Zone Books.
Shephard, Ben. 2000. *A War of Nerves: Soldiers and Psychiatrists, 1914–1994*. London: Jonathan Cape.
Sherwin, Martin J. 1975. *A World Destroyed: The Atomic Bomb and the Grand Alliance*. New York: Alfred A. Knopf.
Siegfried, Tom. 2011. Atomic Anatomy: A Century Ago, Ernest Rutherford Inaugurated the Nuclear Age. *Science News* 179 (10) (May 7): 30–32.
Silverman, David J. 2016. *Thundersticks: Firearms and the Violent Transformation of Native America*. Cambridge, Mass.: Harvard University Press.
Sime, Ruth Lewin. 1996. Meitner, Frisch Got to Fission Theory First—The Rest Found It in Nature. *Physics Today* 49 (7): 92.
———. 2012. The Politics of Forgetting: Otto Hahn and the German Nuclear-Fission Project in World War II. *Physics in Perspective* 14

(1): 59–94.
Simpson, Christopher. 1996. *Science of Coercion: Communication Research and Psychological Warfare, 1945–1960*. Oxford: Oxford University Press.
Singer, P. W. 2009. Robots at War: The New Battlefield. *The Wilson Quarterly* 33 (1): 30–48.
———. 2010. *Wired for War: The Robotics Revolution and Conflict in the Twenty-first Century*. New York: Penguin Books.
Small, Hugh. 1998. *Florence Nightingale: Avenging Angel*. New York: St. Martin's Press.
Solovey, Mark. 2013. *Shaky Foundations: The Politics-Patronage-Social Science Nexus in Cold War America*. New Brunswick, N.J.: Rutgers University Press.
Solovey, Mark, and Hamilton Cravens. 2012. *Cold War Social Science: Knowledge Production, Liberal Democracy, and Human Nature*. New York: Palgrave Macmillan.
Spencer, Brett. 2014. Rise of the Shadow Libraries: America's Quest to Save Its Information and Culture from Nuclear Destruction during the Cold War. *Information & Culture* 49 (2): 145–176.
Spiller, Roger. 2006. Military History and Its Fictions. *Journal of Military History* 70 (4): 1081–1097.
Stacy, Ian. 2010. Roads to Ruin on the Atomic Frontier: Environmental Decision Making at the Hanford Nuclear Reservation, 1942–1952. *Environmental History* 15 (3): 415–448.
Stanley, Matthew. 2003. "An Expedition to Heal the Wounds of War": The 1919 Eclipse and Eddington as Quaker Adventurer. *Isis* 94 (1): 57–89.
Stark, Laura. 2016. The Unintended Ethics of Henry K Beecher. *The Lancet* 387 (10036): 2374–2375.
Stellman, Jeanne Mager, Steven D. Stellman, Richard Christian, Tracy Weber, and Carrie Tomasallo. 2003. The Extent and Patterns of Usage of Agent Orange and Other Herbicides in Vietnam. *Nature* 422 (17): 681–687.

Stewart, Irvin. 1948. *Organizing Scientific Research for War: The Administrative History of the Office of Scientific Research and Development*. Boston: Little, Brown.

Stichekbaut, Birger, and Piet Chielens. 2013. *The Great War Seen from the Air in Flanders Fields, 1914–1918*. Brussels: Mercatorfonds.

Stimson, Henry L. 1947. The Decision to Use the Atomic Bomb. *Harper's Magazine* (February): 97–107.

Strachan, Hew. 2006. Training, Morale, and Modern War. *Journal of Contemporary History* 41 (2): 211–227.

Sumida, Jon Tetsuro. 1997. *Inventing Grand Strategy and Teaching Command: The Classic Works of Alfred Thayer Mahan Reconsidered*. Baltimore: Johns Hopkins University Press.

Swann, John Patrick. 1983. The Search for Synthetic Penicillin during World War II. *British Journal for the History of Science* 16 (2): 154–190.

Swartz, Louis H. 1998. Michael Polanyi and the Sociology of a Free Society. *American Sociologist* 29 (1): 59–70.

Szabo, Jason. 2002. Seeing Is Believing? The Form and Substance of French Medical Debates over Lourdes. *Bulletin of the History of Medicine* 76 (2): 199–230.

Teller, Edward, and Judith Shoolery. 2001. *Memoirs: A Twentieth-Century Journey in Science and Politics*. Cambridge, Mass.: Perseus Publishing.

Travers, Timothy. 1987. *The Killing Ground: The British Army, the Western Front, and the Emergence of Modern Warfare, 1900–1918*. London: Allen & Unwin.

Tye, Larry. 1998. *The Father of Spin: Edward L. Bernays & the Birth of Public Relations*. New York: Crown.

US Strategic Bombing Survey. 1946a. *The Effects of Atomic Bombs on Hiroshima and Nagasaki*. Washington, D.C.: US Government Printing Office.

———. 1946b. *Japan's Struggle to End the War*. Washington, D.C.: US Government Printing Office.

———. 1946c. *Summary Report (Pacific War)*. Washington, D.C.: US Government Printing Office.

———. 1947. *Index to Records of the United Stated Strategic Bombing Survey*. June. http://www.ibiblio.org/hyperwar/NHC/NewPDFs/USAAF/United%20States%20Strategic%20Bombing%20Survey/USSBS%20Index%20to%20Records.pdf.

Van Keuren, David K. 1992. Science, Progressivism, and Military Preparedness: The Case of the Naval Research Laboratory, 1915–1923. *Technology and Culture* 33 (4): 710–736.

———. 2001. Cold War Science in Black and White: U.S. Intelligence Gathering and its Scientific Cover at the Naval Research Laboratory, 1948–1962. *Social Studies of Science* 31 (2): 207–229.

Vanderbilt, Tom. 2002. *Survival City: Adventures among the Ruins of Atomic America*. New York: Princeton Architectural Press.

Veys, Lucy. 2013. Joseph Rotblat: Moral Dilemmas and the Manhattan Project. *Physics in Perspective* 15 (4): 451–469.

Walker, J. Samuel. 1996. The Decision to Use the Bomb: A Historiographical Update. In *Hiroshima in History and Memory*, edited by Michael J. Hogan. Cambridge: Cambridge University Press, 11–37.

———. 2009. *The Road to Yucca Mountain: The Development of Radioactive Waste Policy in the United States*. Berkeley: University of California Press.

Walter Reed Army Institute of Research. 1955. *Battle Casualties in Korea: Studies of the Surgical Research Team. Vol. 1, The Systemic Response to Injury*. Washington, D.C.: Walter Reed Army Medical Center. Available online at https://achh.army.mil/history/book-korea-vol1-battlecasualties-vol1bc.

Wang, Jessica. 1992. Science, Security, and the Cold War: The Case of E. U. Condon. *Isis* 83 (2): 238–269.

———. 2012. Physics, Emotion, and the Scientific Self: Merle Tuve's Cold War. *Historical Studies in the Natural Sciences* 42 (5): 341–

388.

Watson, John B. 1924. *Behaviorism*. New York: W. W. Norton.

Webster, S. C., M. E. Byrne, S. L. Lance, C. N. Love, T. G. Hinton, D. Shamovich, and J. C. Beasley. 2016. Where the Wild Things Are: Influence of Radiation on the Distribution of Four Mammalian Species within the Chernobyl Exclusion Zone. *Frontiers in Ecology and the Environment* 14 (4): 185–190.

Wessely, Simon. 2006. Twentieth-Century Theories on Combat Motivation and Breakdown. *Journal of Contemporary History* 41 (2): 269–286.

West, S. S. 1960. The Ideology of Academic Scientists. *IRE Transactions on Engineering Management* EM-7 (2): 54–62.

Westwick, P. J. 2003. *The National Labs: Science in an American System, 1947–1974*. Cambridge, Mass.: Harvard University Press.

Wiener, Jon. 2012. The Graceland of Cold War Tourism: The Greenbrier Bunker. *Dissent* 59 (3): 66–69.

Williams, Keith. 2008. Reappraising Florence Nightingale. *British Medical Journal* 337 (7684): 1461–1463.

Willis, Kirk. 1997. "God and the Atom": British Churchmen and the Challenge of Nuclear Power 1945–1950. *Albion: A Quarterly Journal Concerned with British Studies* 29 (3): 422–457.

Winkler, Jonathan Reed. 2015. Telecommunications in World War I. *Proceedings of the American Philosophical Society* 159 (2): 162–168.

Winter, Jay. 2006. *Remembering War: The Great War between Memory and History in the 20th Century*. New Haven, Conn.: Yale University Press.

Wolfe, Audra. 2013. *Competing with the Soviets: Science, Technology, and the State in Cold War America*. Baltimore: Johns Hopkins University Press.

———. 2018. *Freedom's Laboratory: The Cold War Struggle for the Soul of Science*. Baltimore: Johns Hopkins University Press.

Woodworth, Robert S. 1959. John Broadus Watson: 1878–1958.

American Journal of Psychology 72 (2): 301–310.
Wright, Pearce. 2004. Obituary: Norman George Heatley. *The Lancet* 363 (February 7): 495.
Yavenditti, Michael. 1974. The American People and the Use of Atomic Bombs on Japan: The 1940s. *The Historian* 36 (2): 224–247.
Zachary, G. Pascal. 1997. *Endless Frontier: Vannevar Bush, Engineer of the American Century*. New York: Free Press.
Zilboorg, Gregory. 1938. Propaganda from Within. *Annals of the American Academy of Political and Social Science* 198: 116–123.
Zweiback, Adam J. 1998. The 21 "Turncoat GIs": Nonrepatriations and the Political Culture of the Korean War. *The Historian* 60 (2): 345–362.
Zwigenberg, Ran. 2014. *Hiroshima: The Origins of Global Memory Culture*. Cambridge: Cambridge University Press.
Zworykin, Vladamir K. (1934) 1946. Flying Torpedo with an Electric Eye. In *Television*, vol. 4, edited by Arthur F. Van Dyck, Edward T. Dickey, and George M. K. Baker. Princeton, N.J.: RCA Review, 293–302.

著者　**M・スーザン・リンディー**（M. Susan Lindee）

ペンシルベニア大学科学史・科学社会学教授。2004年、グッゲンハイム・フェロー。著書に『*Suffering Made Real: American Science and the Survivors at Hiroshima*』（University of Chicago Press）、『*Moments of Truth in Genetic Medicine*』（Johns Hopkins University Press）、共著に『*The DNA Mystique: The Gene as a Cultural Icon*』（University of Michigan Press）などがある。

監訳者　**河村 豊**（かわむら・ゆたか）

東京工業高等専門学校名誉教授。1956年、東京都生まれ。東京工業大学大学院博士課程単位取得満期退学。博士（学術）。専門は科学史、科学技術史。太平洋戦争中の日本における科学者動員などを主要な研究テーマとしている。共著に『科学史概論』『電気技術史概論』（共にムイスリ出版）などがある。

訳者　**小川浩一**（おがわ・こういち）

1964年、京都市生まれ。東京大学大学院総合文化研究科修士課程修了。英語とフランス語の翻訳を児童書から専門書まで幅広く手がける。主な訳書に『アーティストのための形態学ノート』（青幻舎）、『*GRAPHIC DESIGN THEORY*』（ビー・エヌ・エヌ新社）、『いろんなたまご』（大日本絵画）、『ディープラーニング 学習する機械』（講談社）などがある。

軍事の科学

二〇二二年九月十五日発行

著者　M・スーザン・リンディー
監訳者　河村 豊
訳者　小川浩一
翻訳協力　株式会社トランネット
https://www.trannet.co.jp
編集協力　松川琢哉
編集　道地恵介、目黒真弥子
表紙デザイン　株式会社ライラック
発行者　高森康雄
発行所　株式会社 ニュートンプレス
〒一一二-〇〇一二
東京都文京区大塚 三-十一-六
https://www.newtonpress.co.jp

ISBN　978-4-315-52601-1
カバー、表紙画像：alexyz3d/stock.adobe.com